地井昭夫——著

漁師はなぜ、海を向いて住むのか？——

漁村・集住・海廊

工作舎

序

漁師はなぜ、海を向いて住むのか？

私が、建築・住居の研究に取り組んでからの課題は多いが、中でも〈人はなぜ、集まって住むのか〉というのが、最も長期的かつ重要な課題の一つである。家族もそうだが、時には深刻な〈いがみあい〉をしながらも、どうして集住するのだろうか。野獣が恐ろしかった時代や戦国時代ならいざしらず、高度情報化の社会になっても、軒と軒を接して暮らす傾向は当分続きそうである。いや砺波平野の散居村は違うと言われるかもしれないが、これも日本的なひとつの「集住」に他ならない。

そんな課題を抱えながら日本の漁村を研究しているうちに、〈漁師はなぜ、海を向いて集住するのか〉という事が気になりだした。これも、そんなことは教科書に書いてある、「土地が狭いのと、海に近いほうが便利だから」であると言われるかもしれない。しかし、これも事実の半面しか語っていないようである。なぜなら、土地の広い漁村もあるし、海から遠くに住む漁師も多いからである。むしろ、〈漁師は、朝の海を見てその日の出漁を決めるのだ〉という説明のほうが説得的であろう。しかし、これも海況予報の発達した現代では弱い説明だろう。だから私は、最近では〈漁師は、海を向いていたいからなのだ〉と考えることにしている。そして昔から、〈海の幸〉を迎えるようなかたちで軒を並べることが、海の幸を豊かにそして平等に分け合うことになるのだ、ということを学んできたのだと思っている。たとえば能登・赤崎には海に向かって見事に軒を並べた美しい漁師集落を見ることができるが、こうした漁村における短冊形の地割りの形式は、純漁村型生活様式の確立という点からも重要なものであったと考えている。この短冊型地割りというのは、町家や外国にも見られるが、人が高度に集まって住むための、人類に共通するすばらしい知恵なのである。

こうした漁師集落の形成の論理は、あれこれの機能的、断片的説明を超えて、いっきょに〈来訪神型空間形式〉と呼ぶにふさわしい、歴史と実体を持つものであろうと思われる。来訪神とは言うまでもなく〈海の彼方から、幸が訪れる〉という意味であるが、丹後の浦島伝説をはじめ、能登の寄り神信仰（これについては、『能登—寄り神と海の村』小林、高桑共著を参照）や沖縄のニライカナイ（東方海上の至福の国）信仰などに見られるように、日本の多くの漁村は、こうした〈来訪神への祭祀形態〉として形成されてきたと仮説することによって、多くの了解が得られるようである。沖縄における仲松弥秀による『古層の村』などの優れた研究成果は、こうした仮説を琉球的に実証したものと言えよう。

また私たちの民間信仰の歴史は、龍宮城やニライカナイが、彼岸の国として〈神となった私たちの祖先〉の住む国であり、また自らもそこへ行くことを祈る所であることを教えている。だからそこでは、神の国へ近づきつつあるお年寄りたちは、とくに大切にされるのだ。そして龍宮城には、気の遠くなるような悠久の歴史の中で、祖先たちが疫病神に対しては一致して立ち向かい、海の幸に対しては協同の労働と平等の分配を通して築き上げてきた〈平和世界の記憶〉が、豊かに蓄えられているのであろう。だからおそらく、現代の漁師とその家族たちも、かつて先輩たちが築き上げつつあった〈平和な海の世界〉の再興を願って、〈そこに共に生きる〉ことを決意しているのだと言えよう。

だが近年、私たちを支えてきた〈母なる海〉に対するバラ色の海洋開発論も盛んである。しかし、能登とその海が私たちに教えてくれているものは、私たちの祖先がどこから来たのか、そして私たちがどこへ行くのかということであり、そのルートと資源を悠久の歴史の中で守り通してきたということであろう。だからまた私たちにとって、〈海は、子孫からの預かり物〉でもあると言えるだろう。

●——『北国新聞』1985.11.7

漁師はなぜ、海を向いて住むのか？　目次

2 しなやかな家族

4 エトスの表現としての農村空間

5 島と本土の防災地政学

1 来訪神空間としての漁村

1-1 住宅と集落はどこからきたのか?——海と漁村の視点から

無人島の住居跡との出会い

一九八四年の夏は、私の住居・住生活研究にとって忘れることのできない重要な夏であった。当時、私は石川県自然保護課の「七ッ島動植物調査」の調査船に無理を言って便乗させてもらい、七ツ島に渡ることかできた。七ツ島とは、能登の北端の輪島市と海女で有名な絶海の孤島・舳倉(へくら)島の中間にある無人島群である。かつてこの島には、夏に多くの海女家族が移住して粗末な小屋を建てて、アワビ獲りや刺網などに従事していたが、今はその住居跡が残るだけと聞いていた。私は、その住居跡を是非確認したかったのである。それは長い間、私が私淑していた民俗学の故・宮本常一先生が、あたかも遺言のように残していった「舟住まいの陸上がりによる漁家住宅の形成」という壮大な仮説を、もしや実証できるかも知れない住居跡を発見したかったからである。そして一つ、二つ、三つと島に渡って住居跡を調べるうちに、私は、膝のふるえをおさえることができなくなっていた。それは、まさに宮本仮説の「生き証人」とも言うべき住居跡が、続々と発見されたからである。

国際居住年に思う

さて宮本仮説と住居跡の話は、また後から触れることにして、国際居住年ということについて、若干考えてみたいと思う。私は、国連によるこの「国際居住年」の制定には、格別の意見や批判は持っていないし、むしろ賛成であり、さらに考えようによっては、遅すぎるぐらいだと思っている。それは以下のような主旨からである。

私は、ここ二十数年間日本の漁村や農村の集落や共同体、その住生活や家族構造の研究を行なってきたが、いつも不満に思ってきたことは、とくに漁村の場合に、その住居や共同体、漁村史など、どの分野をとっても、科学的というよりも国際的な調査・研究の方法論を持っていないということであった。住居学や住居史においても、多くの場合に漁家住宅は、取り上げられないか取り上げられるとしても、せいぜい農家住宅の変形か極小土間型などという、いささか〈突然変異〉のような形容で満足させられている、というのが現状なのである。

私は、住居学の専門家ではないが、しかし住居に限らず集落形成論や共同体論という観点から見ても、国際比較

❶

❷

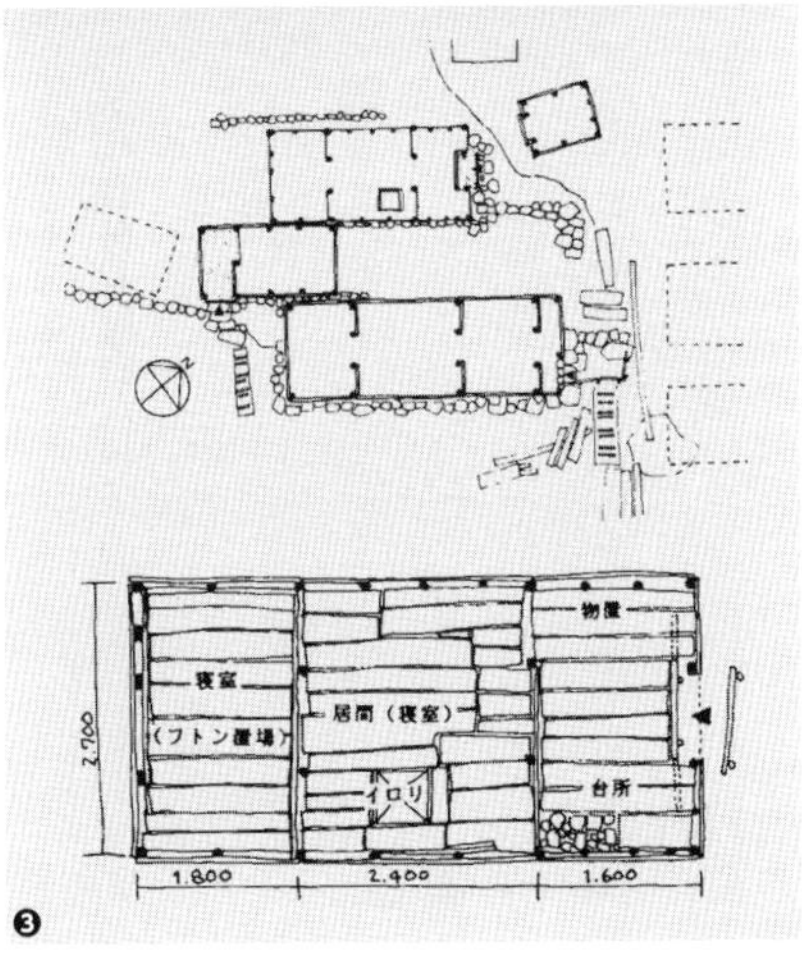

❸

❶❷七ツ島と住居跡のスケッチおよび写真（★01）
❸七ツ島の住居跡例（下の平面図は、上図の一番上の住居跡のもの）

の方法論の欠如は著しい。その中で、私の関連する研究分野では、唯一家族論だけが、国際比較の方法論をほぼ確立している分野であろうと思われる。したがって国際居住年といっても、住居研究者の側から、何ほどの有効な知見や方法を提供できるのか、ということになると、なんとも心細いしだいではないかと思うのである。つまり住居と家族は、本来的にすべての民族に通底する文化の様式に他ならないからである。その最大の理由のひとつは、日本列島を取りまく海に関する、日本人の一種の〈知的鎖国状況〉であろうと思われる。これはおそらく江戸以来のくびきを持つものであろう。住居史にしても竪穴や高床から説かれても、その前後の海洋的、河川的な由来と展開を尋ねる方法論をほとんど確立していないのである。

しかし一方では、柳田國男の『海上の道』を持ち出すまでもなく、とくに沿岸、沿河の住居や住生活史が、海洋や河川をとうして国際的な拡がりを持ってきたであろうことを考えれば、その研究の領域と可能性は、無限に拡大するはずである。こうした観点においても、完全に海と河川からの視点を踏まえて提出された漁家住宅と一部の町家の形成に関するこの宮本仮説は、今日きわめて重要な意味を持たざるを得ない。しかし、残念ながら民俗学や建築学その他の関連学会において、この宮本仮説が論議されたことを、私はまだ聞いていない。★02

宮本仮説の概要

ここで宮本仮説を要約することは、紙面の関係からも容易ではないが、およそ以下のとうりである。〈漁民〈南方系渡来人〉文化には、男女共漁と男漁女耕があるが、このうち先の文化は江南→朝鮮→北九州というインドシナ系のもの、後者はフィリピン→琉球→九州というインドネシア系のものであろう。そしてインドシナ系は筏船と高床系住居の伝統を持ち、インドネシア系は丸木船や縫船と別棟系住居の伝統を持つ。前者の文化は、高床式や並列型〈筆者はこれを直列型と呼ぶ〉、蔀戸(しとみ)などを持つ漁家住宅を発展させるとともに、一部の商家も、河川を遡るこうした舟住まいの陸上がりによる影響を受けたものではないか……〉というものである。

氏は、この他の地割りや米の渡来ルートの問題にまで言及し、〈我々はもう少し海に関心をもち、海のほうから日本の歴史を見直すべきではないでしょうか〉と言っている。★03

七ツ島の住居跡と海女の住まい

さて七ツ島は、輪島市の海上約二三キロメートルにある七ツの小さい島々からなっている。この周辺はアワビや魚類に恵まれ、最近まで簡単な住宅を建てて夏場を中心に漁業に従事する人々がいたが、漁船の性能が向上した今では、輪島市から通って操業をしている。図❸は、その七ツ島で採集された住居跡の一部であるが、注目されるのは、その「直列型三間取り」ともいうべき平面構成である。

図❹は、戦前から今日にかけての輪島市や舳倉島における海女家族の住宅であるが、ここでは通庭〈土間、板間〉がついており、漁船の空間の「陸上がり」と見るに

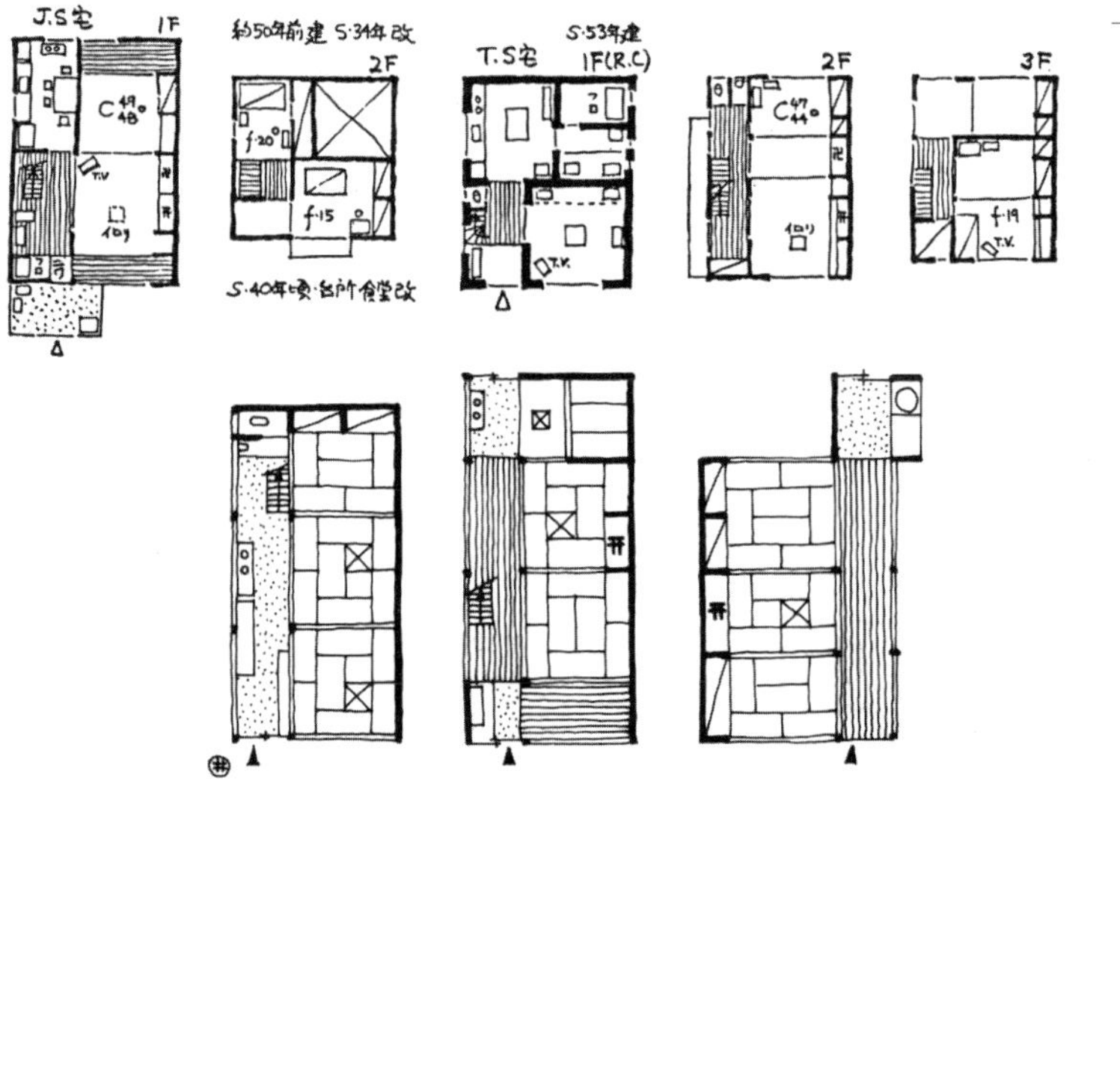

❹輪島市と舳倉島の海女住宅

は、かなり問題があると考えていた。しかし、七ツ島の住居跡には、輪島市や舳倉島の漁家住宅の原型ともいうべき平面構成がうかがえるのである。

つまりかつて漁の終った秋から春にかけて、能登で見られた海女家族によるコテント舟という行商(兼住居)用の屋根のある船は、船先からサンノマ(寝室)→胴ノマ(居間)→コマ(台所)という三間取りであったが、七ツ島の住居跡のプランは、この舟住まいの「陸上がり」を強く示唆するものであろうと思われる。またこれは、かつて瀬戸内海などで多く見られた家船の歴史的な平面である、表ノ間→胴ノ間→(中ノ間)→トモノ間という構成とも対応するものである。

そして筆者らは、こうした平面を持つ漁家住宅を能登の他に、山口県や長崎県でも見い出しているが、今夏はまた九州・天草地域でも、こうした通庭と蔀戸を持つ直列三間取りの漁家住宅が、ほぼ完全な姿で残っていることを確認できた。

海からの視点の確立を

すでに広く知られていることだが、輪島市・海士(あま)町の人々のルーツは、北九州福岡県の鐘ケ崎であり、江戸初期に加賀藩から土地を拝領して輪島に定住するまでは、毎年能登と北九州を小船で往復していたという。この間が直線距離でも約七〇〇キロメートルあることを考えれば、そのエネルギーの強烈さに驚くとともに、住居や生活文化が、いとも簡単に陸上的制約を克服して伝播したであろうことに思いが至るのである。こうした観点に立てば、長い間陸の孤島といわれた輪島市の町家や浜屋づくりと呼ばれる町家住宅の形成も、こうした漁家住宅の影響を受けたのかも知れないのである。

また図❻を見ていただきたい。これは戦前の中国南部沿岸の風景であるが、まさに海→陸という住生活の遷移状況を見ることができる。つまり「水に浮かぶ屋根のある船」→「陸上がりして新しい屋根を持つ船」→「同じ屋根を持つ新しい住宅」という遷移を具体的に示すものとして貴重である。

私は、ここで海や漁村や漁家住宅のみを強調するつもりは全くない。しかし、住宅の問題に限らず、日本で「国際化、国際的」というかぎりは、海の持つ様々な制約とともにその幅広い役割を看過しては、その実を手中に入れることはできないことは明らかである。

図❼は、私がここ二〇年ぐらいの間に出会った住宅の中で、最も美しいもののひとつである。この舳倉島の海女の家は、大自然の懐にいだかれ、不思議な透明感をもっていた。それは空間が透明であるばかりではなく、その生活も不思議な透明感を持っているのである。私は、もしかしたらこの透明感こそが、アジアのどの辺り（それを

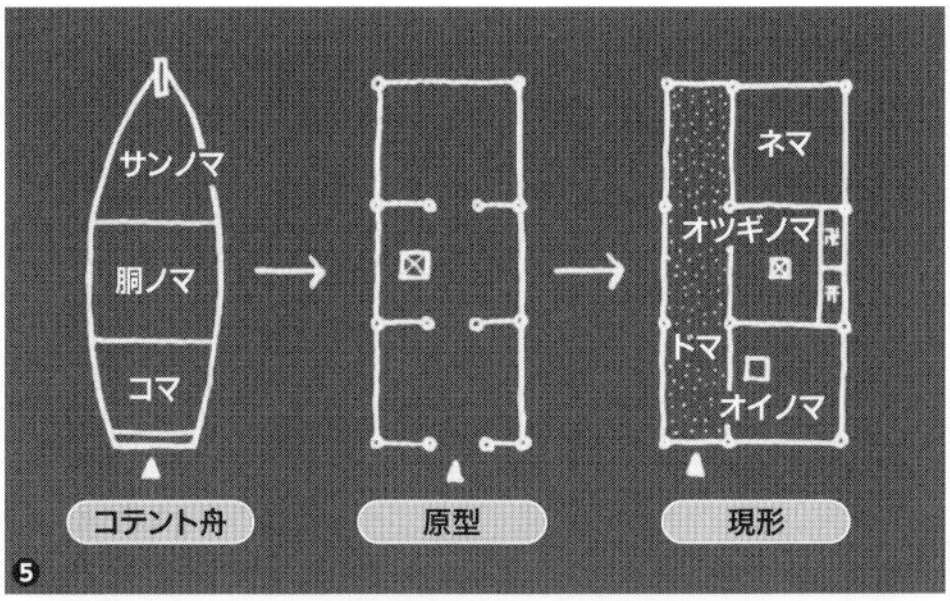

❺能登における「舟住まいの陸上がり」の仮説
❻中国南部の船住居（★04）

7

8

❼舳倉島の海女の家
❽海女の家の屋外空間

想定できる能力は、私にはない）かを包括する住居空間と住生活の共通項のひとつかも知れないと、密かに考えている。そしてさらにこの海女の家の中にも、これとはおよそ対照的と考えられる西洋型の住居と住生活にも通底する空間が潜んでいるのかも知れない、と夢想してみるのである。

★01——F・マライーニ『海女の島』未来社1964

★02——これに関連して筆者は以下の諸論考を発表している
拙稿「漁村計画」『新建築学大系第18　集落計画』彰国社1986.2
拙稿「来迎神型空間——漁村の機能と構造」『論集　開発と保全』第二〇号、（社）地域振興研究所1987.3
拙稿「床や直列型住居はどこからきたか」『日本建築学会大会梗概集』所収1987.10
拙稿「海人の住居と集落・舟住まいの陸上がりと来訪神型集落」第5回『日本海文化を考える富山シンポジウム——住文化——人と神の生活』所収1987.10

★03——宮本常一「海洋民と床住居」「瀬戸内海文化の系譜」いずれも宮本常一『日本文化の形成』そしえて1981

★04——南満州鉄道株式会社経済調査会『支那住宅志』1932

●——『建築東京』1987.10

1-2 丹後・伊根浦の研究・序――日本の沿岸漁村における集落構造論の試み

このささやかな研究を伊根浦の人々と明るく勇敢な日本の漁師たちへ贈る

若狭湾と伊根浦

若狭湾は、比較的起伏の少ない日本海沿岸における一大湾入をなし、古くから日本海交易の中心地的性格を持ち、中国大陸や朝鮮半島との交渉にも極めて重要な役割を果して来たところである。これは奥丹後半島の一角、熊野函石浜には西暦一世紀頃から人々が居住し魚貝を食し、大陸との往来の道もひらかれ、大陸の漢と後漢の間に興った王莽時代の通貨が発見されていることからもその起源と役割を知ることができる。そして湾一帯は、いわゆる小浜、内浦などと呼ばれる支湾を形成する岬角に富み、天の橋立の砂嘴、蘇洞門の大洞窟、三方五湖などのある変化に富んだ美しい国定公園をなしている。湾内には、対馬海流に導かれて時計回りの流速〇・七ノットの大環流が発生し、これにのるサバ、ブリなどの回遊魚の一時的停滞性を利用した定着網が多く、その歴史も古い。いわゆるリアス式海岸のため海面漁業のみならず、三方五湖などの内水面漁業もあり、沿岸集落は、その生業形態においても、集落形態においても変化に富んだものになっている。そして現在の若狭湾漁業は、近世以前から今日に至るまで系譜的につながる沿岸、地先漁業を基礎として、その上に若狭湾漁業の象徴ともいうべきブリ定置網漁業とサバ巾着（きんちゃく）網漁業が形成されているといえる。ブリ定置網は主として東部沿岸に多く、サバ巾着網は西部沿岸に多い。そしてこれらは、各村落においてもその漁獲高の、年間総漁獲高に占める割合は極めて高く、その経済的役割と象徴的意味を知ることが出来る。

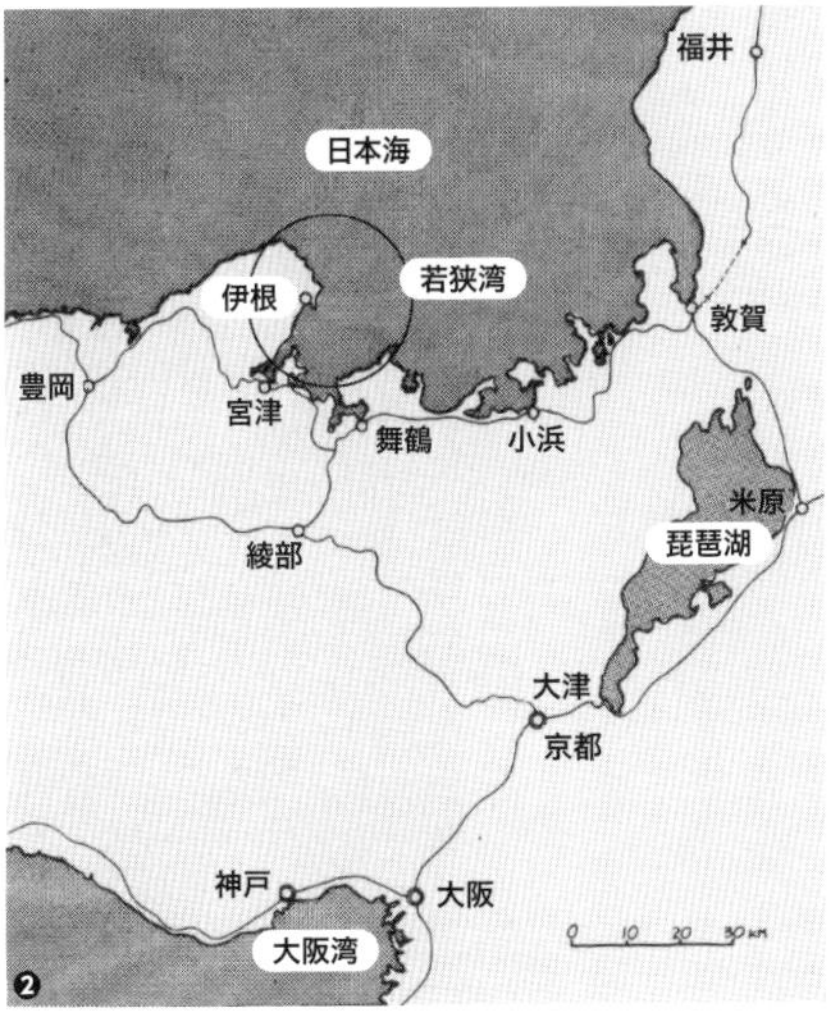

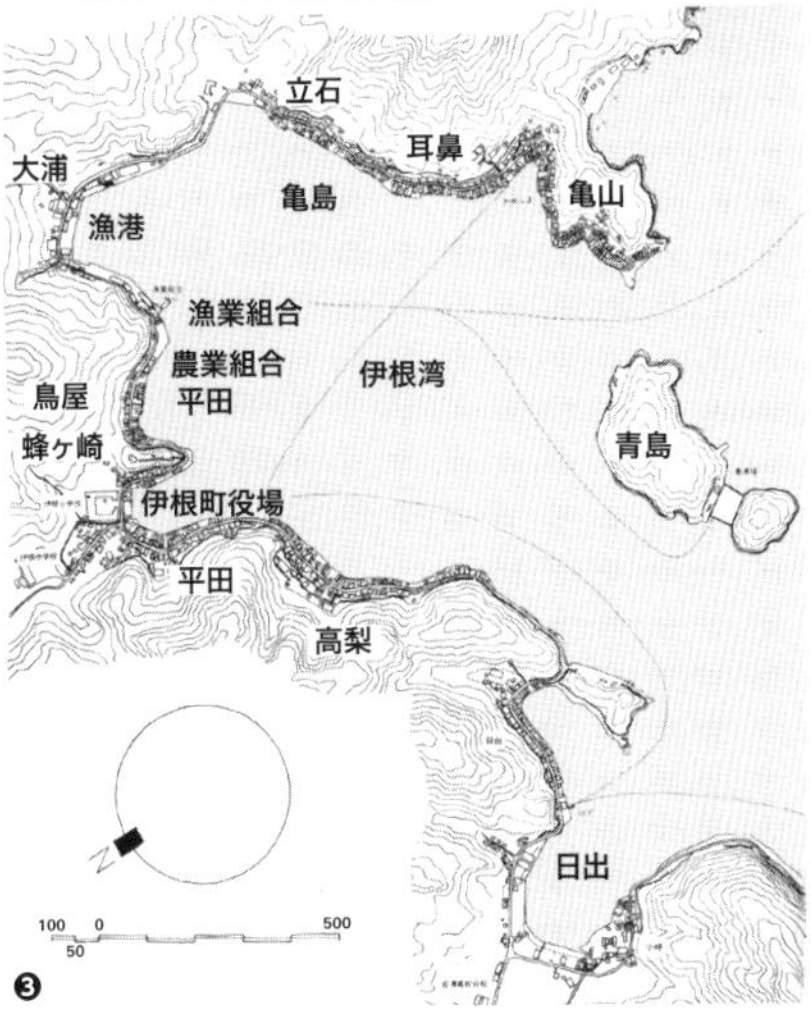

❶伊根浦の舟小屋
❷丹後半島と伊根浦
❸伊根浦地形図

伊根浦も、このようなブリ定置網の盛んな奥丹後半島の東端に位置し、自らもブリ定置網を有し、若狭湾漁村の中でも指導的地位を占める漁村のひとつである。入海をもつ伊根浦は周囲約五キロメートルで、その集落形態はいわゆる街村をなし、湾の中央に向って求心するように舟小屋群が並んでいる。そして中央の道をはさんで山側に平入の母屋群がならび、静かな波打際には妻入の舟小屋群がぎっしりと建ち並んでいる。この湾内は年間を通じてほとんど波静かで、目のさめるような青い海面に建ち並ぶ舟小屋群は、訪れる者に強烈な印象を与えずにはおかない。しかも、この集落構成は、普通の意味における街村、列村とは極めてその趣きを異にすることにもすぐ気がつくほど、その構成は個性的である。この湾内には、近世から明治にかけて、多くの鯨が入り込んで来たという。そして発見すれば百隻にも及ぶ舟をこぎ出し舟端をたたきながら鯨を追い込み、夜になってはカガリ火をたきながら村人総出で鯨を打ったという。このように瞬時にして集団的、演劇的な世界が出現したこの伊根浦はまた、〈近代人〉の観念をはるかに超えた広大な自然と集団に生きる漁師たちの悠久な闘いの場でもあったのだ。たしかに、土地が狭いので家々が建ち並んだなどという図式的説明ではとても理解することが出来ないほど、この集落のすがたは強烈であり個性的でもある。こうした広大な演劇的世界の発見と、素朴地理学への疑問が、私達をこの伊根浦の調査、研究へとかりたてた心情的な、最も素直な動機であったともいえるだろう。人間が集まって住むこと、働くことの意味とかたちを、この村は極めて明快にそのひとつの〈ありかた〉を通して私達に教えてくれるように思うのである。

伊根浦と集落

現在の伊根町は昭和二九年伊根村、朝妻村、本庄村、筒川村が合併して成ったものであり、伊根浦は町役場所在地として丹後半島の中でも中心地的役割を持っている。漁村としても、日出、平田、亀島の旧三ケ村（明治二二年に合併し昭和二九年まで伊根村であった）によって伊根港漁業地区を構成し、地区人口約一九〇〇人、戸数約四〇〇戸を有し、地区の総生産額三億円強のうち約九〇パーセントを漁業生産によっている典型的な純漁村である。主な漁業としては、沖合漁業がまき網、底びき網漁業、沿岸漁業では、大型定置網、はえなわ、一本釣漁業などがあり、アジ、サバ、イワシなどの魚種が多い。集落構成としても基本的にはこの旧三ケ村の日出、平田、亀島によって構成されているが、現在ではこれら三つの集落の中間的地域に各種の近代的公共施設が作られ、全体として街村型に連続したひとつの集落と見る方が正しいであろう。そして海側に漁協、農協、町役場、水産施設、舟付場などの諸施設があり、山側には神社、寺院、小学校、幼稚園などがある。各部落（区）とも先に述べた舟小屋と母屋は原則として同一所有者で占められ、いわば短冊型の宅地割がその基本的形式であり、土蔵を有する家も多い。

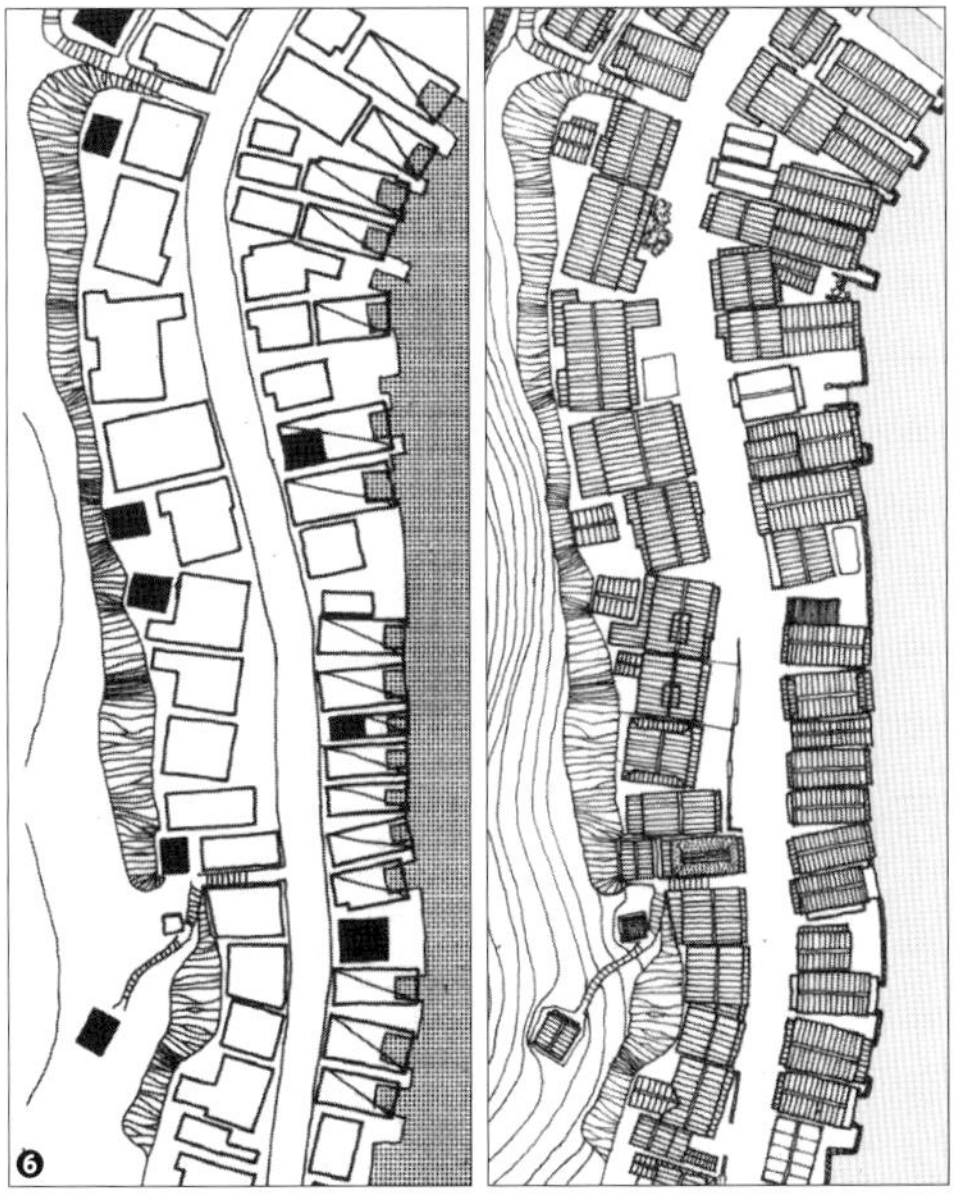

❹道をはさんだ母屋と舟小屋（高梨）
❺舟小屋（平田）
❻母屋、倉、舟小屋の並び（高梨）と同屋根伏図

前頁に示されているのは亀島に属する字高梨で、この伊根浦における最も古い集落である。ここは、人々がこの伊根浦に住みはじめたとき、裏の山から少しずつ海岸に下りて来たところといわれているが、それを裏書きするように小さな段々畑が急斜面に開かれ、社寺も多い。各部落とも今では先に述べた宅地割が少しずつ変形してきているが、随所にこうした基本的宅地割を見ることが出来る。この地区の所有漁船三五〇隻のうち二〇〇隻以上が、平均一トン未満の無動力船であり、静かな湾内を利用して日常生活行為も舟でなされる場合が多い。もっとも最近では釣り客などに舟を出す機会も多くなっている。一方自動車利用が多くなることによって各部落ともまだ狭い道が残っているため、その利便と共にその危険も小都会並みである。

現在では、道路も少しずつ改良され、集落の一部には奥丹後半島一周道路も通じているが、私達はこの伊根浦の最初の調査以来、このような母屋と舟小屋の間に引かれた、いわば近代の産物としての道路のあり方が宅地とその利用にとって極めて不自然なものではないかと考えて来た。舟小屋を海への門と考えるならば、これは長屋門を持つ農家の宅地構成に良く見る形式であり、門と母屋の間に道路が走ることは極めて不合理なことである。私達は発生的には舟小屋と母屋を含む完全な短冊型の宅地割であって、道路はなかったのではないかという大胆な仮定をして調査を進めて来た。これについては結論はまだ得られていないが、この仮定が必ずしも誤りでないことが明らかになった。これについては又後で触れたいが、つまり各部落における集落形態は道のない極めて集団的な構成をとっていたのではないだろうか。即ち、個々の宅地を道路で結ぶという考え方ではなく、ある集団にとって必要な土地を確保すると同時に、その中で、個々の領域を分割して行くという逆の方法によって成立して来たのではないかということなのである。そしてこうした方法が、どのような生産的、歴史的条件の中で可能であったのかが次の問題となるのである。

集落と舟小屋

この集落を形態的に最も特徴づけているものは何といってもこの舟小屋群であろう。宮津市からの小さな客船で、途中の集落に寄りながら伊根浦に入ったときの印象は強い。この舟小屋はまた舟倉とも呼ばれ、その発生と歴史はあまり明らかにされてはいないが、現在でも佐渡、能登、若狭、山陰、志摩、伊豆などにも散見できるものであり、これ以外の地域にもまだ数多くあろうと思われる。しかし私達のこれまでの漁村調査の中でも、この伊根浦ほど明確にその群と形態を実体化させているものはなかった。

図示されているものは、この伊根浦における母屋と舟小屋の一例である。内部は漁船、漁具などの格納と作業場

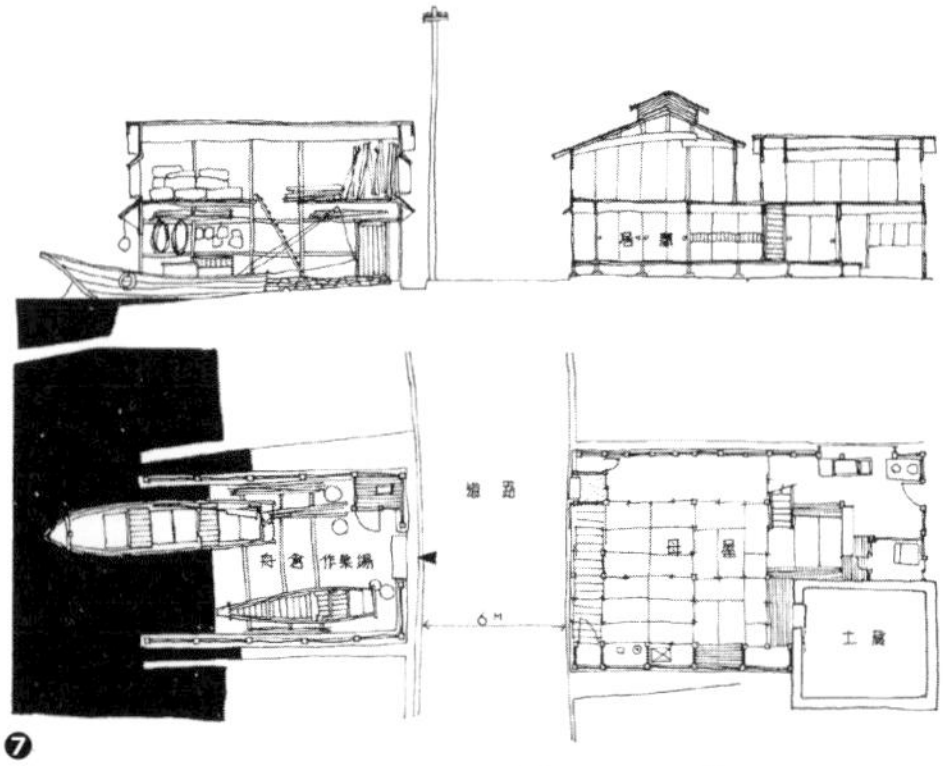

❼

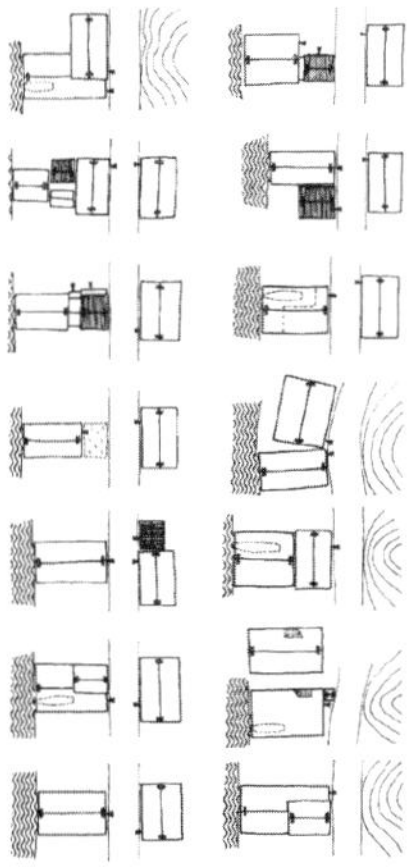

❽

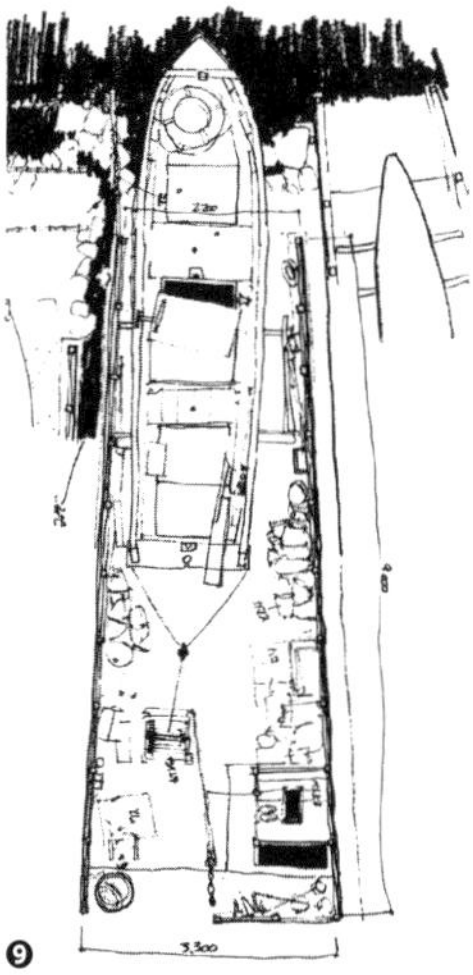

❾

❼道をはさんだ母屋・舟小屋の平面図・断面図（亀島）
❽舟小屋、母屋、倉の配置のいろいろ
❾くさび型をした舟小屋（亀島）

に使用され、手動ウィンチなどの小型機械が装置されているものもあり、また日常生活にとっても欠かすことのできない納屋的な役割も持っている。この地区には約八〇世帯の兼業農家があり、そうした家々にとっては農具、農作物のための納屋としても使用されている。道路からの出入口もつけられ、内部は極めて雑然としているように見えるが、しかし秩序のある、ある種の豊かさを持っている。そして小屋の中まで打ち寄せる静かな波を内部から見ることは私達にとっては極めて新しい体験であった。今ではその殆んどが完全な二階建であり、二階部分は倉庫、若夫婦のための住居、隠居部屋などに使用され、少し以前までは外部からの漁業従業者のための住居に当てられたものも多かったという。伊根浦では不定期に夏祭（八月三日）が催されるが、そのときは客人に貸すこともあるという。しかし現在のようなカワラぶき二階建の舟小屋が並ぶようになったのは比較的新しく、昭和初期からであり、それまではワラぶきの中二階のつくりであったという。集落の一部にはまだそうした古い形式のものが二、三残っている。また、現在では主として主婦の内職としての機織(はたおり)が多く、舟小屋の一階が改造されて機械が置かれているものも多くなっている。

この伊根浦における舟小屋の問題は、単に形態の問題としてではなく、その発生と、群としての成立が極めて重要な点であると考えられる。即ち、完全に個人または家のものとしての舟小屋がまた、同時に集団としてのあるいは集落としての群を前提として実体化しているということである。ここでも私達は、土地が狭いからという素朴地理学的説明にくみすることは出来ない。なぜなら、土地が狭いとすれば、漁船、漁具といった生産手段は、もっと徹底的に集合されれば良いはずであり、奥丹後袖志部落には、そうした舟小屋群を見ることが出来る。そうではなくて、個々の舟小屋の存在が、ある〈集まり〉を可能にするかたちとして成り立ち、ある集団が、個々を貫ぬく基本的形成を含んで成立するという、部分と全体の弁証法的な関係として考えることが出来るのではないか。これは先に述べた土地割形式と密接な関係があり、本質的にはすでにこの土地割形式の中に、こうした関係が実体化されているといえよう。即ち、母屋と舟小屋という一定の関係あるいは一定の居住様式を含むものとしての短冊型の宅地が、同時に、集合を可能とする、あるいは、集合を前提とする形式でもあったということなのである。従って、土地割形式としての、いわば短冊型集合の論理を明らかにすることが、集落成立の条件を明らかにすることになるであろう。

集落に何を見るのか

私達は今、地理学定義はともかく、集落（村落の意味における）、あるいはムラというものが、私達にとって、〈置き去られたもの〉〈古いもの〉〈何とか救ってあげなければいけないもの〉を意味するものになりつつあるのではないか

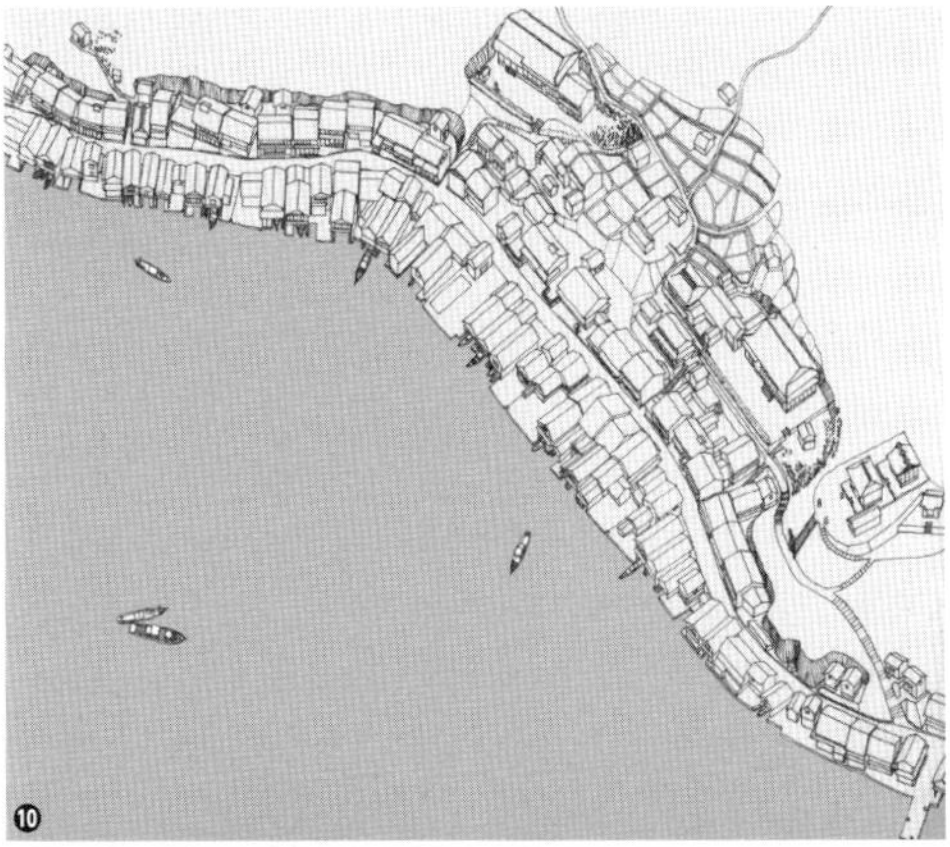

⑩集落の形態：平入りの母屋と妻入りの舟小屋が道をはさんで並び、神社、寺が山側に登ったところに位置している（高梨）
⑪作業場としての舟小屋
⑫格納の場としての舟小屋

と怖れている。それはまた、私達建築家が、この言語の意味するところについてきびしい問を自らに課さないとすれば、ちょうど初期の人類学などが犯した、あのニューギニアあたりの原住民の道具を集めて来て、〈人類の故郷〉などと称した厚顔無恥な基本的誤りを私達の同胞に対して、新たに犯すことになるのではないかという怖れでもある。集落を見るとき、それが歴史的諸条件によって規定された実在としてある限り、そこに歴史を見ることは正しい。しかし、歴史を見ることと置き去られたものを見ることとは全く別のことである。むしろ私達にとって、古くなんとかしなければならないものは都市ではなかったのか。現実には都市の〈ヒューマン〉に身を寄せながら、観念的には、昔の〈ヒューマン〉に思いを馳せるというのは、私達都会人の身勝手ではないのだろうか。建築家が現実の創造の場から身を引き、〈古いもの〉を追いかけるのは何故か、そこにどのような新しい創造の手がかりをつかもうとしているのか。〈古いもの〉には〈ヒューマン・スケール〉があるというが、私達の住環境についていえば、昔は自動車がなかったという自明の理以外に、どのような明晰な理論が用意されているのか。私は、開発と保存とか、新しいものと古いものの調和などという弱気論が、あすの都市の、国土の積極的な創造の手がかりになるなどとても思えない。開発といい、保存といい、結局は時代と社会に規定された自然と人間の分裂と、それを超えようとする人間の側からの闘い、あるいは人間と〈文明〉の闘いといった、まさに私達の全体的生を回復しようとするきびしい闘いの中からしか生まれてこないものであり、それは建築家の観念をはるかにこえた歴史の必然でなければならないであろう。集落に〈古いもの〉、〈ヒューマンなもの〉を求めようとする態度は独善そのものであり、真実の歪曲であり、方法論的には集落そのものが客観的事実としてすら認識されていないという誤りを犯すものである。

では、集落をどう見るのか。それは、私達と同時代に同じ場所に、〈そこにあるもの〉として見なければならないのであり、〈そこにあるもの〉の歴史を〈見る〉ことでなければならない。〈見る〉ことの意味と構造は、形而上的にはすでに私達に与えられているのであり、私達創造者（という呼び名が許されるなら）は、実践へ踏み込まなければならない地平まで来てしまっているのではないだろうか。あの明治百年という与えられた現実は、政治闘争の場として与えられたのではなく、私達一人一人の創造の方法論、すなわち歴史を見るその方法に与えられた挑戦であるということを確認しなければならないし、建築家にとっても無縁ではないだろう。歴史に対する方法でいえば、私達は建築史の中でも、特に民家の調査研究の莫大に蓄積された成果を知っている。私はこの長い年月にわたって作り上げられた民家調査の方法について少し考えて見る必要を感じている。即ち、これまでの多くの人々の多大な努力にもかかわらず、近年の都市化、工業化の中では全く〈無力〉であったという現実から学ぶべきものは多いと思うのである。その中でも特に私は、民家調査の長い歴史の中で作られたその復原図主義あるいは調査主義ともいうべき方法の固定化が極めて重要であると考えている。これは、歴史における〈古いもの〉を見ようとする、方法の固定化であるばかりでなく、歴史そのものの固定化にもつながっていなかったであろうか。もっともこれは復原図そのものを否定するものではないし、民家調査の持つ意味も単純なものではない。中でも日本の民家類型の成果などは重要なものであったと思う。しかし、基本的には先に述べた方法の固定化と、歴史の固定的評価としての民家の個別化、孤立評価という誤りを犯したものといえよう。話を先に進めてしまえば、私はこの

⓭亀島
⓮母屋の内部
⓯伊根浦本祭（1951）

民家調査こそ、集落における位置と相互関係について積極的な評価がなされなければならないし、極めてすぐれた集団創造であるところのこれらのあいだの構造的関係が解明されなければならないと考えているのである。昨今の集落についての調査研究を見ていると、このような民家における復原図主義あるいは調査主義が、単に物指を拡大しただけで持ち込まれる危険が感じられる。このような歴史の静態的、固定的評価については慎重な前提条件が整備されなければならないのであって、問題はこのような前提条件について私達はどれだけ責任ある言葉を用意しているのかということでもあるのだ。外国の〈ヒューマン〉な町や村を追い求めるのもいいが、事情は更に複雑で重大なものであることを銘記すべきだろう。

結局のところ、私達が集落に求めるものは、あるいは求め得るものは何であるのか、昔、農民は共同して田植をし、お祭をし、共同で家を建てた、だから民家には統一性がある、ということであるとすれば全く結構ずくめではないか。しかし、いつも楽しげに集い歌っているところに、いったいどんな人間的連帯が生まれるだろうか、どんな積極的な創造が出来るというのだろうか。昔は〈共同体〉があった（あるいはあったらしい）、だから共同労働があり、民家や集落の統一性が保たれたという図式ないし、かりものの方法論は全くの観念論であり、未来に対するいっさいの有効性を保持し得ない。私達の方法論の設定のされ方は全く一八〇度逆でなければならない。家という封建支配の末端における枠にとじこめられた日々、あるいは苛酷な労働の毎日、あるいは地主の重圧、あるいは息を殺し合うような対人関係、このような人間の〈集まり〉の中で、いかにして人々は人間的連帯を築きあげ、集団としての創造をなし得たのかという方向に向って私達は歩まねばならない。民家といい集落といい、すぐれて集団における創造なのであり、おそらく未来においてもそうでありつづけるであろう。私達がしなければならないことは、形を知ることでもなく、形を理解することでもなく、当然のことながら創造することである。そのためにこそ、歴史をたどることによって集団創造の本質に触れ、私達の父祖の怒り、悲しみ、喜び、権利、希望、主張、意欲、行動、生を、死を、知ることによって、いわば〈父祖の論理〉を私達の存在の契機とすることによって、創造することでなければならない。存在の契機のないところに創造はあり得ない。ひっきょう、創造とは、歴史を手許に引き寄せることではなく、自らを歴史の中に客体化することに他ならないともいえるであろう。

集落の構造ということ

いくつかの漁業集落を調査していくなかで、私達は集落のうちに、ある種の〈関係〉が存在していることに気がついた。それは生産様式と居住様式との間にある相補的な関係、いいかえれば生業（なりわい）と環境（むら）の間にある

⑯山への道（亀島）
⑰妻側を並べた舟小屋
⑱舟小屋と稲干に使われている網干場

16

17

18

きわめて明瞭な動的な関係であった。しかも、この関係とは、集落を成り立たせるための本質的要因となるところの、つまり構造的関係とも呼ぶべき明瞭さと強さを持つものであると考えられる。説明的にいえば、生産様式と居住様式（または居住様式を通して表われた社会関係）の関係と表現することができよう。当然のことながら、ともかく集団の表現としての集落は、このいずれの側にあるものでもなく、この基本的な二つの関係事項に介在するものとしての構造的要因によって表現されてくるものではないのか。鈴木栄太郎は、その著『農村社会学原理』の中で、自然村という概念を規定し、「社会学的に厳密に」、「社会構造論的な意味を有するもの」であるとした。彼のこの自然村なる概念は、構造の概念を目指すものであった点において、まさに画期的なものであり、その方法論は今日においてもきわめて重要なものであろう。この自然村という概念は、研究的見地からいってもけだし名言というべきものであった。なぜなら、それまでマチやムラとして漠然と、いわば観念的にとらえられてきたものが、事実は、その半分以上が自然現象として考えなければならない人間の集団であるという、ムラの客観的世界への位置づけを試みるものであったという点においてである。生産といい、居住といい、極言すれば半分以上が自然現象なのであって、人間の基本的かつ本質的な行為なのである。私達は、これまでの調査の中で、この自然村、とくに第一次産業のムラとしての漁村における社会というものを、集団の表現としての集落におきかえるならば、その構造というものは、生産関係と居住関係の〈関係〉という相補的概念として考える方が明瞭であり、有効ではないかと考えてきた。最初に述べた伊根浦の例でいうならば、舟小屋群に代表される意味における集落は、すでに見たように居住様式としての短冊型宅地割の中に構造要因を持つと同時に、この宅地割とは後で見るように生産様式としての漁業株制の中にその構造要因を持つものである。この舟小屋、宅地割、株制を、集落の認識論的立場から見るならば、それらは、〈形の論理〉、〈物の論理〉、〈海の論理〉という段階構成を持つことになる。したがって、形としての集落は、段階性を持ちながら、居住様式としての宅地割に示された関係と、生産様式としての株制に示された関係の双方にかかわる、関係の〈関係〉を媒体として実体化されるものではないのか。この構造概念とは、実体概念でもなく、当然のことながら論理概念として考えなければならないものである。実体と機能でいうならば、ある〈もの〉を成り立たせるものとしての構造は、実体概念では機能を見失わせてしまうし、機能概念では実体を見失わせてしまうという矛盾から抜け出ることはできない。したがってこれは結果論でもあるが、二つの関係の相補的な〈関係〉としての論理関係、つまり二つの関係の微分としての論理が、集落の構造となるのではないだろうか。そしてこの構造を論理概念として組み立てることによって、構造というものが、私達と対象とのあいだにある方法論的概念としてではなく、私達と対象との間の実践的概念として考えることが可能になるのである。つまり、対象から私達が恣意的に〈取り出すもの〉としての構造なのではなく、対象と私達の〈かかわり方〉としての構造という側面が明らかにされることになるのである、つまり実践概念としての構造概念ということでもあるといえよう。実際、私達の使う構造概念はあまりにも混乱している。単純にいっても、〈存在しないもの〉(建築)を存在させるための構造と、〈存在するもの〉(集落)を存在させるための構造とはまったく異ったものであるのだ。したがって、構造概念があいまいなものである場合、その認識論的側面が明らかにされないばかりか、その実践的側面をまったく見落としてしまうという致命的な誤りを犯すことになってしまうのである。たと

⑲

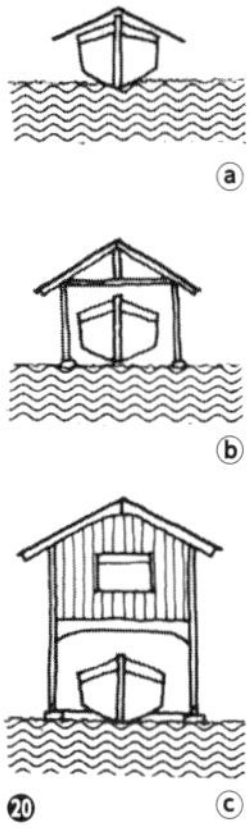

⑳

⑲古い舟小屋(日出)
⑳伊根の舟小屋に見る構造発展
ⓐ定着期　いわば漁村の現象論的段階　母屋群は海岸よりはなれている
ⓑ表現期　漁業集落の実体論的段階　母屋と舟小屋は接近する
ⓒ変動期　漁業集落の本質論的段階　母屋と舟小屋は隣接する
しかし、現在、日本の沿岸漁村においては、これらは混在している

えば戦後の一時的現象であるともいわれた日本の住宅問題が、いっこうに本質的に解決されないばかりか、最近では、建築家の方でも取り組みの視点を失い、熱意も失われてしまっているのは、こうした都市の構造概念の混乱の論理的証明である。

論理としての〈漁業権〉の歴史

ここでは漁業集落における構造について、漁業権の歴史を通して一般的に考えてみたい。普通考えられているように、漁業権とは、単なる法的権利性を指すものではなく、ときには漁業そのものであり、漁場というかたちで相対するところの場の概念であり、漁業手段そのものであり、収獲されるべき生産品そのものを指し示す概念でもなかったかと思うのである。したがって、あるときは部外者の侵入を防ぐ具体的武器となり、労働力の不足に際しては、他村の入漁によってその利益を法的にも、物質的にも確保してきたのである。現代においてもこの漁業権はその相対的機能を弱めているにしても、日本の漁業の重要位置を占める沿岸漁業にとって依然として本質的なつまり構造的な役割を担っていると思われる。いま、ここで漁業権がどのような歴史を経てきたかについて少し触れてみよう。昭和二四年に公布された(新)漁業法によって規定されたものは、定置、区画、共同漁業権の三種であり、ほかは許可漁業となっている。この中で、いわゆる沿岸漁業において地元漁民と地先漁業との関係が最も明瞭に理解できる共同漁業権について少し考えてみたい。この共同漁業権は今五種にわかれ、漁業協同組合に対して与えられるものであり、明治、大正、昭和にわたってつづいた専用漁業権の伝統を引きついだものである。そしてこの専用漁業権とはまた、近世封建社会にほぼ確立されたところのむらの根付漁場という慣習によるものであった。近世とは農業生産を基本とする幕藩体制ではあったが、耕地のみならず、山野、河海についても所領の確立をはかり、権力領域の設定と同時に、貢租上納の場を確保しようとした。この河海に対する基準は、寛保元(1741)年の「律令要略」の中の、山野海川入会に関する規定に表わされている。

一、漁場入会国境の無差別

一、入海は両郡の中央限り猟場たる例あり

一、磯付は地付次第なり沖は入会

一、村並の猟場は村境を沖え見通漁場の境たり

などである。こうした規定による近世の地先漁場は、漁民の階級構造、村落の階層構造などの変化を通じて漁師全体の平等利用という性格を失いつつあったが、しかし、この地先漁場の概念は長い歴史の中で、村落の総有漁場として発生したものであった、そしてこの地先権を持つ主体は、近世では、個人有、共同有もあったが、一村落あるいは数村落の入会漁場が最も一般的であったといわれている。この地先入会の形態こそは、今日においても本質的に漁業集落を規定する重要な漁業あるいは生産の論理であるといえよう。なぜなら、この地先入会漁場という考え方は、沖は入会、の場合におけるいわば自由入会に対し、地先漁場の入会とは、一村あるいは数ヶ村の漁民の自律的総有形態としての、むら的権利性の観念であった。であるから、この漁場には、ときには入会権を持たない他所者の漁民が入ること、つまり入漁を許して、漁船、漁具、漁獲高に応じた入漁料を徴収し、その法権、物権、場所的権利性を確保、継承しようとしたのである。このような背景を持つ漁業に対し、明治新政府は、海面は官有であるとの立場から従来の漁場使用権を消滅させ、出願制をとったが、歴史的背景と現実を無視強行したものであったため明治九年には撤回された。これは明治六年の地租改正などの土地改革と並行して漁場関係をも帝国主義的国家観によって再編成しようとしたものであったが、海の論理はそれを認めなかった。そして結局従来の慣習を踏襲するかたちで地先専用漁業権と慣行による慣行専用漁業権を設定せざるを得なかった。そして、この地先専用漁業権を漁業協同組合に対して設定したことは、新しいかたちで漁場の総有的形態を留めることになり、同時に新しい国家体制の中に、村落単位の自律圏の系譜を新たに進める基礎にもなったのである。

そしてこの地先専用漁業権が、新漁業法の中で、共同漁業権として継承されることになったことは先に述べたとおりである。このように漁業権そのものは様々な歴史的条件を受けてきたが、とくに地先漁業権のもつ生産的意味と社会的意味は、今日においても依然として漁業集落の基本構造を形成しているといえよう。〈そこで魚を獲ること〉の居住地的意味と生産的意味は、地域と漁場への漁民の個々人のかかわり方、階級的かかわり方、むら的かかわり方、技術的かかわり方を通じて、漁業権として実体化され、その論理としての漁業権は積分されたかたちで集落を形成してきたし、現代においてもそうであるといえよう。また、これは基本的には共同漁業権のみならず、定置漁業権、区画漁業権においてもその意味は変わらない。具体例として、東京湾の工業用地埋立てによって漁業権を放棄したいくつかの漁業集落を考えたい。それら漁村のほとんどは表面的形態はかろうじて保っているにせよ、集落としてはすでに、対象としての考古学的表情に近い荒廃ぶりを示し急速に衰退してしまった。これは良し悪しの問題は別としても、〈かかわり合い〉としての構造要因を失った集落はもはや自律圏を形成しえないという集落構造論のきわめて現代的かつ具体的な例としてあげられよう。これを少しつっこんで考えるならば、現代資本主義社会における漁業集落の位置が明らかになろう。すなわち、共同漁業権などの設定によって、積極的生産手段を持たない、あるいは持ち得ない多くの漁民は、逆にその漁場にゆ着せしめられ、対外的には、資本に対する豊富なかつ安価な労働力として流出しやすいという、構造的弱点を示す。これは、漁村が後進型であるというのではなく、漁業集落の構造の発展段階に関することなのである。

構造の発展に関する試論

以上、集落構造の概略と、漁業集落における構造としての〈漁業権〉の歴史について考えてきたわけであるが、次に、漁業集落の歴史的発展の中における、構造の発展段階とその意味について考えてみたい。むろんこれは基礎的試論であって、具体的論拠、証明はまだ明瞭ではないが、集落を考える上で、どうしても全体の大づかみな見通しが必要であると考えているので、以下簡単に展開してみたい。いうまでもなく漁業のというよりは漁撈の歴史は古い。考古学的段階でいえば、縄文期はそのほとんどにわたって魚食の歴史が明らかにされているし、採集的、狩猟的、漁撈的を問わず、これらは現代まで持続し、衰退を知らない。私達はこの長い漁業の歴史をほぼ三つの段階に大別して考えることができるのではないかと思っている。第一期は、中世末期までの地縁的生活共同体の発生、農業との分離から、漁民が中世の御厨（みくりや）（海産物を貢進するための一定地域）の供御人（くごにん）として中世的政治機構の中に拘束された時代まで、第二期は（旧）漁業法成立までの中世末期の地方産業の画期的発展とともに、営利的自由経済生活者としての漁民層の発生から、近世封建社会の身分制に固定化された時代まで、第三期は（旧）漁業法の成立から現代までである。したがって、第一期は地縁集団による生産関係と居住様式の発生期として、いわば漁業の構造要因が、〈場〉を発見し、定着しつつあった段階、つまり定着化の段階といえよう。つぎに、第二期は社会変動、技術の発展などによって、漁業生産力の向上を基礎とする村落社会の自律性が形成され、それが逆に、社会、技術にも影響を与えていく段階、いいかえれば、生産、社会といった構造要因が、村落としての一定地域において実体化される段階、つまり実体化、あるいは表現化の段階であるといえよう。第三期は、このように近世封建社会まで、一定の場と役割を持ってきた漁業集落が、資本主義という新しい外部構造に対して、その自律性をいかにして対応させたか、あるいはさせつつあるかという必然的に構造変動を迎える段階、つまり変動期ともいえる段階であろう。もちろんこれらの各段階は、それぞれの時代、歴史の中で重なり合い、必ずしも明瞭なかたちをとっているとは限らないであろう。しかし、原始、古代から現代までを貫いて生きる漁業集落の本質はその時代の諸条件によって相対的に変質してきているのであり、その変質をとらえることは、単に認識論に属することではなく、方法論にも関することであろう。したがってこれは、私達の科学としての方法論にかかわることであり、上述した漁業集落構造の歴史的発展の段階は、現象論──実体論──本質論という円環をえがきながら私達の認識過程となるのではないか。それにより、現代の多くの漁業集落にかかわる問題が、いかなる段階の問題であるのかという、その問題の構造論的段階が明確にされることになるであろう。現代、漁村が抱える問題は複雑であるが、たとえば、集落の居住環境が、老朽化、荒廃化していくという問題もあり、若年労働者が流出していくという問題もあり、工業排水などによって漁場が汚染されて行く漁場問題などもあり、それぞれの問題は本質的には深くかかわりあいながら、その現象的側面は自ずと異なり、同じ問題でも、歴史的条件による現象形態も異ったものになってくる。こうした点を明確にしない限り、本質的な問題解決は遠のいてしまうといえよう。

伊根浦における「ブリ網株」の成立

漁業権の構造的、歴史的系譜につづいて、ここでは、伊根浦における漁業権の系譜について、中でもその歴史的基礎ともいうべき「ブリ網株」制の発生とその意味について考えてみたい、羽原又吉はその著『日本漁業経済史』の中で、株制について、〈およそ一般的に見て、「漁業と漁業株（漁場割）制」の問題は、わが国の漁業史および漁村の発達並びにその特質を研究する上で欠くことのできない最も重要な一領域をなすものであって……〉、〈「漁業と漁業株の関係如何」の問題はただわが国水産経済史上の重要な題目であるのみでなく、一般商工業における座乃至株制の発展過程と比較対照して考究せられるべきわが国経済史上の一方面でもあるだろう……〉と述べている。この漁業権ないし、その漁業株制とは、漁場の所有、生産様式の論理的、村落的表現であり、何よりも、〈海の論理〉あるいは〈海とのかかわり合い〉としての集団的論理なのである。そしてこれは、集落における本質論的段階における論理であり、先に述べたように、土地のあるいはその所有の実体化としての土地割の論理を通して、〈かたち〉の論理を支える、集落における最も基本的な、構造的要因となるものである。しかし株制の起源そのものについては、漁業に限らずわが国ではまだ充分に解明されていない。伊根浦のブリ網株についてもその起源を正

●舟小屋の建て方（明治18年生まれのおじいさんの話）

▼土台をつくる
▼舟小屋を
立てる時には、
村中の人が
集まり、骨組を
完成する
まで手伝う

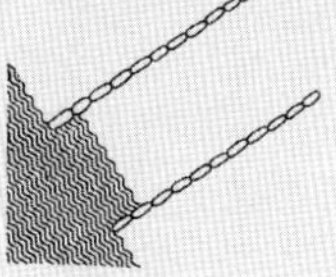

▼土台の上に
基礎梁を置く
▼舟小屋は浜の
側から建てていく

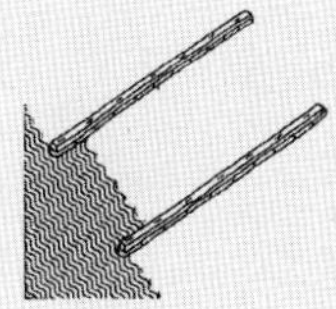

▼基礎の上で柱と梁を
組みクサビを
半分位
しめておく
▼柱には「しい」、
梁には「松」か
「くり」を使用する

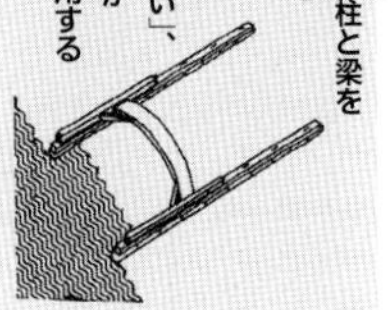

▼ホウダツを用いて梁と柱とを
ひと組ずつ建てあげ建った
後にクサビを全部しめる
▼皆の息が合わなければ、
この作業は完成しない。この時こそ、
最も
緊張する
一瞬であり、
すぐれて
劇的である

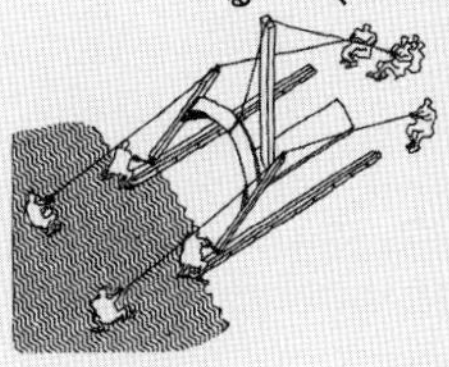

▼3組建てあげた頃、
横梁を通す
▼間柱は
あとから建てる

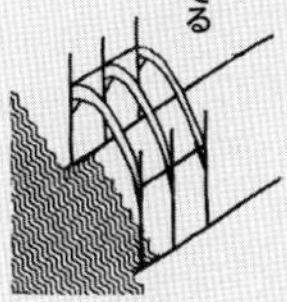

▼骨組を完成する
▼骨組は一日で完成させてしまい、
人々は酒盛をして祝う
▼あとは大工、左官、
親類の者達で作業を行い、
一週間で舟小屋を完成させる

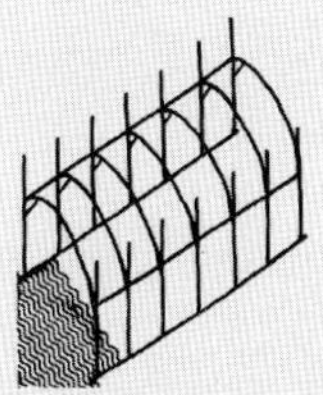

▼昔はむしろ舟小屋に
風をいれるために、
土壁はもちろん板壁も作らず、
わらや網をさげていた
▼明治26・27年の大風で、
わらぶきの舟小屋は倒れたものが多く、
それ以来かわらぶきがふえた

●伊根浦展開史（伊根浦漁業史、京都府漁業の歴史、海図、各村大全図、伊根町全図、日本漁業経済史などによった）

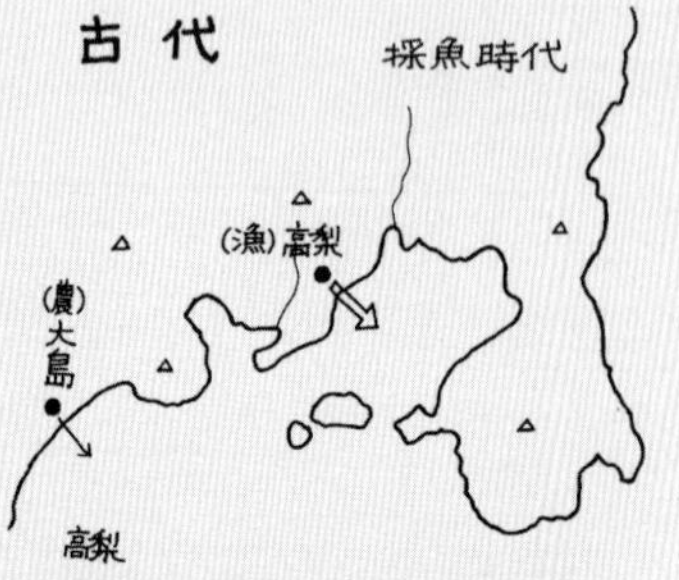

古代

●湾内採魚時代

高梨創始　**947–56（天暦年間）**ころ?

大島創始　**825（天長2年）**　筒川村より

採魚、釣漁業

713（和銅6）年　丹波の国の北部5郡（加佐、与謝、丹波、竹野、熊野）が丹後の国となる

1世紀初期　函石浜遺跡

8世紀初期　浦島子伝説

（竹野、網野、与謝野、本庄村）

938（天慶元）年　空也、都で念仏を勧む

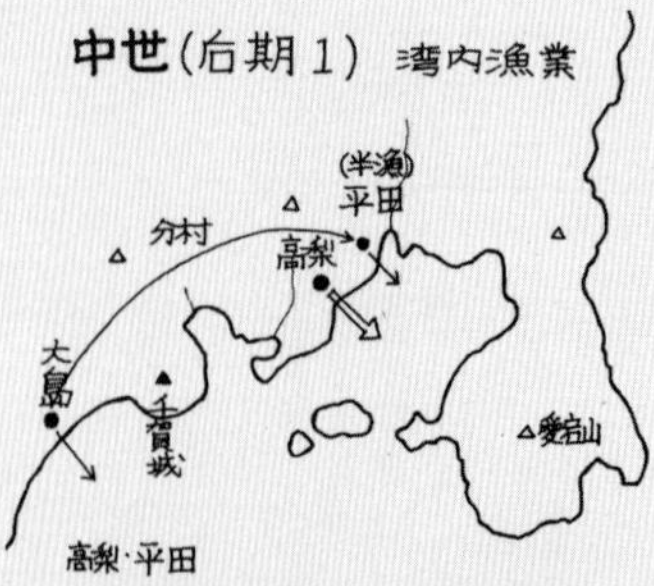

中世（後期1）

●湾内漁業時代

1352（文和元）年　大島村、柔魚（イカ）締網（伊根浦最古の漁具）を考案し、26株に分け不動産を附属させる

1401（応永8）年　第1回遣明船

15世紀中期　三庄大夫伝説（栗田）

1469–86（文明年間）　平田創始：大島村より

柔魚締網漁業、延縄、刺網、地引網漁業はじまる

「刀禰」の発生

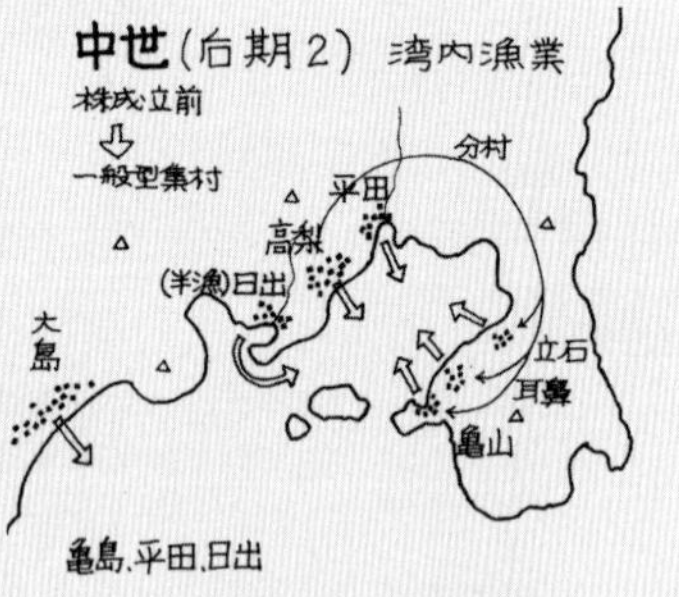

中世（後期2）

●湾内漁業時代

1532–54（天文年間）　三ツ目網による捕鯨

（初期は、亀島、平田両村の共同）

1543（天文12）年　ポルトガル船、種子島に漂着

1596–1614（慶長年間）以前　日出創始

このころ、栗田村府中郷「肴運上」をはじめる

このころ、泊り村は塩浜を経営する

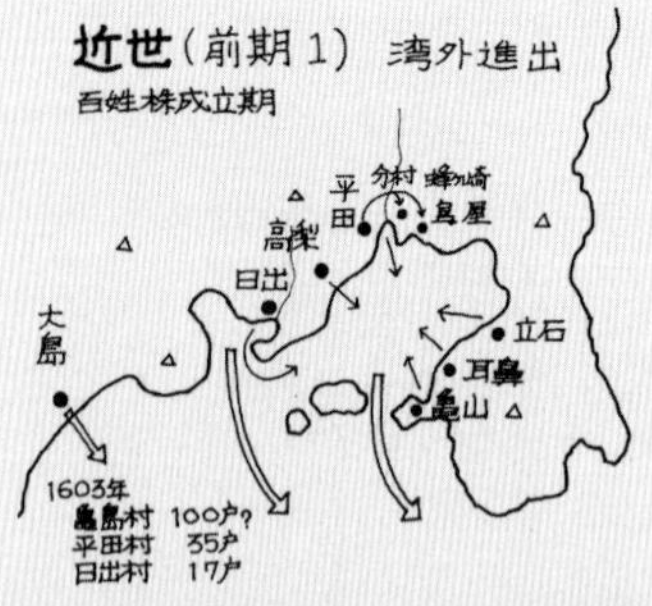

近世（前期1）

●湾外進出時代

湾内鰤刺網漁業盛ん

1573（天正元）年　湾内鰤刺網漁場を、亀島、平田両村で割当て

1596年　日出村漁業に進出、湾内鰤刺網を使用し、亀島、平田両村の抗議にあう

日出村湾外へ→新しい有力漁場の発見

1624（寛永元）年　平田村海豚網案出、37株に分ける

1631（寛永8）年　亀島、平田両村、湾内漁場で争い

このころ、伊根浦に越中網入る

1637（寛永14）年　島原の乱おきる

近世(前期2) 湾外漁業

近世(前期2)

●湾外漁業時代

鰤、鮪、鯨、鰹、柔魚、海豚など

1622(元和8)年 伊根浦は宮津藩に属す

1624年 平田村庄屋が鮪敷網を考案する

1655(明暦元)年 捕鯨は亀島村の独占となる

1679(延宝7)年 平田村大火

1680(延宝8)年 宮津領に大飢饉→大増税

このころ、伊根浦は田井、長江の鰤運上を肩代りして、鰤刺網を独占する(1300本)

1805(文化2)年 亀島村、平田村、しび網で争い、その後も長くつづく

このころ、神志村は海女村として発達

1800(寛政12)年 伊能忠敬全国測量にのりだす

近代(明治1) 捕鯨実況図

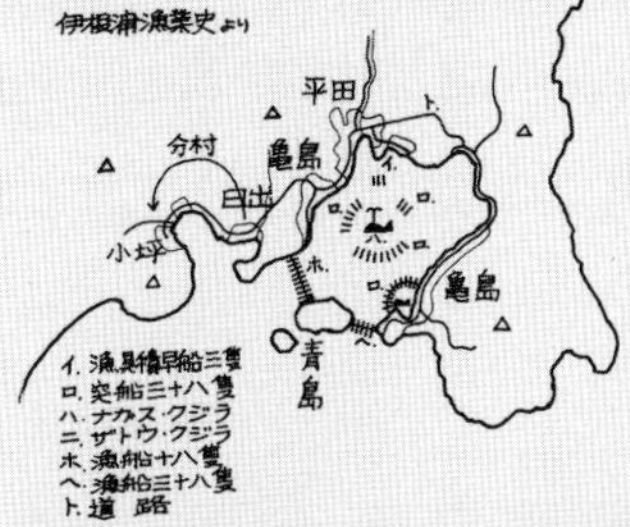

近代(明治1)

●湾外漁業時代

伊根浦三ケ村の相互関係の調整すすむ

1875(明治8)年 旧肴運上が廃止される

1885(明治18)年 宮津との間に新しい「問屋」関係をつくる

1889(明治22)年 日出、平田、亀島合併し、伊根村となる

東海道本線全通

1894年 伊根村、養老村との争いおこり、後までつづく

1897年 京都府水産講習所宮津にできる

1898年 大日本水産会第7回水産品評会宮津で開かる

近代(明治2) 湾外漁業

近代(明治2)

●漁業法による漁業時代

伊根村漁業組合の成立 丹後鰤最盛期

1901(明治34)年 漁業法の成立

1903(明治36)年 大島村の「落付網」に反対、不許可にさせる

1905年 大敷網を高知より導入、漁獲高飛躍的にふえる

このころより、無株者の独占解放要求おこる

1910(明治43)年 漁業法改正、朝妻村との鰤大敷網漁場争いおこる

1914(大正3年) 日本、第一次世界大戦に突入

以後、漁民の転落、労働者化つづく

若狭湾漁業は守られた

1917年 漁船動力化すむ

現代(昭和)

現代

1921(大正10)年 「鰤大敷」が本格的伊根漁業となる

このころより無株者の攻勢が強まる

このころより若狭湾の不漁期に入る

1937(昭和12)年 沿岸諸漁村、京都府水産会を脱し、京都府漁業組合連合会をつくる

1939(昭和14)年 第2次世界大戦はじまる

1941(昭和16)年 漁業株制の廃止、組合へ↓一応の民主化、平等化が達成される

1942年 未曾有の漁獲量となる

1954(昭和29)年 伊根村から伊根町へ

1961年 織物内職はじまる

1962年 奥丹後半島一周道路開通する

確に述べることは極めてむずかしいようである。したがって、ここでは、これまでのいくつかの研究を総括的に援用することによって、その集落形成における意味について仮説的な考察を試みたいと思う。

近世封建社会におけるあらゆる階層の身分的構造化、固定化は、漁業にとっても極めて重要な決定的な意味を持つものであった。すなわち中世における地方産業の画期的発展と、その展開のあとを受けていわゆる営利的漁民集団の発生をみた。それは、いわば自律的に漁業あるいは海に生きる場を求めた漁民達が、近世という新たな歴史的胎動の中で、どのようにして自らの権益と生命を守ってきたかという、漁師の生き方が、明瞭にその足跡を記しはじめる時代でもあった。伊根浦においても、慶長七(1602)年丹後一国の領主として、加佐郡田辺の城に入城した京極氏高知によって厳重な検地が行なわれた。そうした中で、伊根浦では、田畑適地の過少という地理条件と相まって、一定の耕作権を平等に行使するため、田畑を一定年限で割替えするための「百姓株」が慶安前後(1650頃)に形成された。この「百姓株」は、初期においては一人一株の平等権であったが、この「百姓株」の出現は、一方では村落の総有的財産権の分割であり、一方では、封建的身分制の村落段階における確立ともなっていった。そしてこの「百姓株」が、種々の歴史的条件の中で「永代化」、固定化されることによって、従来、耕作権という権利性の対象であった田畑が、所有の対象に転化することによって、近代封建社会における身分制を具体的に裏付けるものとなった。同時に漁業においては、この時代、伊根浦においても湾内のみならず、湾外に新しい有力な漁場を続々と発見しつつあった。これは伊根浦のみならず、多くの沿岸に生きる漁村が、その中世的定着化をふまえつつ、技術の発展などによってその領域を拡大しつつあった、新しい場の発見の時代でもあったということができる。こうした新しい状況の中で、伊根浦三ケ村は、種々の漁場争い、封建支配の重圧の中で、その漁業を「ブリ刺網」を中心として一体化し、総有的漁場で、共同漁撈によって、共同の用益を確保するという論理拡大の時期を迎えていった。そしてさらに、このブリに関する共同用益を、田畑についての「百姓株」と一体化することによって、その漁業における株制を、より実体的かつ現実的なものに仕上げていった。これは、海という分割不可能な場を、田畑という土地割と結びつけることによって、その株制をより実体化し、強固なものにするという、いわば、漁業とその集落にとっての実体化の段階を迎えたことを意味するものであろう。したがって、従来の「百姓株」と「ブリ刺網」の一体化としての「ブリ網株」は、三ケ村の連合をより強化するという方向の中で形成され、新しい自律圏の構築がなされていったといえよう。これは「百姓株」に遅れること二〇数年、寛文十一(1671)年から延宝三(1675)年にかけてであろうといわれている。もちろんこの「ブリ網株」といえども、伊根浦漁業のすべてを株化したものではなく、各村にはそれぞれ独自の漁業が保持され、それぞれに必要なかたちで分化発展をとげてきたことはいうまでもない。とくに亀島村においては、宮津藩からの技術的、経済的援助を受けて湾内の捕鯨を独占し、その用益を確保して行った。こうした事情は、海に生きる村々としての三ケ村に新しい自律圏を形成させると同時に、その内部には、複雑な集落階層の対立をもたらしていったことも見逃すことはできない。そしてこの「ブリ網株」のもつ、集落間における一種の構造論的二重性は必然的にそのまま、集落内部における構造論的二重性として持ち込まれていった。つまり、有株者は、その所有者としての資格において、ときには六分の一までに細分化された富力に応じて、その用益と社会的位置を独占すると同時に、一方では有株無株を問わず村落の構成員たる基本的資格、権利において、平等、無差別な権利、用益が分配されていったのである。これは、身分的、個人的所有にもとづく、個人的営利性の独占と同時に、村落における総有的漁場の中で、その用益を総有的自律性の中で保持していくという構造の二重性を示すものであろう。こうした〈海の論理〉の含む構造の二重性と、その流動性(株そのものの持つ権利性は容易に流動するものであった)こそが、その後における伊根浦三ケ村の特異な集落構成と歴史的変化に決定的な意味を与えたものであったといえよう。そして、この構造の二重性は、〈物の論理〉としての土地割形式の中にも、〈形の論理〉としての舟小屋群の中にも見たように、集落における物とかたちを支えているものなのである。そしてこの伊根浦における矛盾としての構造の二重性は、商工業社会における社会集団の一部の利益や特権保護のための株制とは基本的にその意味が異なり、身分と伝統に固定化された初期封建社会のみならず、近代さらに現代においてすら、強く生きつづけていることの理由であろうと思う。つまり、漁業集落におけるこの二重構造性と流動性こそが、その発生、発展のみならず、現代にも生きつづける自然村としての意味を解く鍵であろうと考えている。だからこそ、この伊根浦においても、有株者と無株者の長い歴史的対立の中から、自らが借りものでない〈漁師の論理〉によって、着実な闘いと改革の道を歩むことができたのではないかと考えている。

あとがき

私達の漁村を中心とする集落研究が、早稲田大学において、吉阪隆正教授[二八九頁参照]の指導のもとにスタートしてから、ほぼ四年が過ぎようとしている。その間、数多くの漁業集落について調査を行なってきたが、つねにその出発点となっていたのが、この伊根浦であった。出発点であったばかりか、昭和四〇年十月にこの伊根浦をはじめて訪れて以来、いつも私達の調査、研究の原点でもあった。したがって、その後の調査の中でもいつも、この原点の意味と構造をはっきりととらえてみたいと考えていた。今度のこの研究は、伊根浦を舞台として日本の集落の意味と構造の一端を明らかにし、その実践的方法論を試みることによって、その念願の一部をはたすものであると考えている。題名にもあるとおり、今回のこれは伊根浦そのものについては充分に深く追求していない。しかし、これは私達としても大いに不満であって、今後ともできるかぎり、伊根浦の歴史と将来について具体的に考えて行きたいと思っている。多くの調査の中でいつも感じてきたことであるが、漁師たちはいつも明るく、勇敢であった。これは歴史の中でもはっきりとみることができる。こんなに明るい、力強い人々と、その生活が日本にあることについて、私達はあまりにも無知であったのではないだろうか。歴史のないところに創造はない。ましてや、歴史を粗末にするところにどんな創造があり得るだろうか。歴史をみることが、単なる郷愁でもなく、教育的強制でもなく、私達の生の必然でなければならないだろう。今多くの漁村において、漁師達の長い歴史を記す、古文書、絵図などが、文化財的価値がないとして公的な扱いがなされていず、痛み、紛失の危機にさらされている。しかし、文化とは、私達のもっとも日常的なところから生まれるものであろうし、もっとも身近なところで守られなければならないのではないだろうか。私達のこの研究も、独力でなったものではまったくなく、数多くの漁村の人達の協力のおかげであり、今回は、伊根町役場、伊根漁協、各区長をはじめ多くの伊根町の方々にお世話になった。深く感謝したい。また、この研究は、岩崎英精氏の『丹後伊根浦漁業史』『京都府漁業の歴史』という誠にすぐれた著作のおかげであり、これがなかったなら、おそらくこの研究は成立しなかったであろう。また、氏には貴重な研究の一端を寄稿［割愛］していただき感謝している。なお、今回のこの研究は、四〇年以後も二度ほど新たに調査を行ない、私達なりの解釈を加えてまとめたものである。文章に関しては、私達四人［地井昭夫・鈴木啓二・松永巖・難波祐介］で検討し、整理したものをもとにして、私がまとめた。内容に関して必ずしも意見が一致しないところもあったが、ともかくまとめてみた。したがって文章に関する責任は一応私がとりたいと考えている。

●——『建築』1969.4

1-3 漁村空間における漁港の役割

はじめに

一般に漁村にとって、漁港がいかに重要な役割を持つものであるかは、ここで改めるまでもありません。そして例えば、「……これら小漁港についての建設投資は、大型漁港の場合と異なり、村落共同体の核を育成強化する作用をなし、このため、地域住民の生活全般について直接間接強い影響を与えることになるので、これに関する効果も当然に無視することはできない。そこで小型漁港に対する投資効果を算定する場合、単に経済面にのみ限定せず生活面もあわせて検討し、これら両面からする効果を総合的に見つめることが必要かつ妥当なことだと考えられる★01」という思想もすでに漁港関係者に共通したものになって久しいといえます。またこのような観点も含めて、昭和五三年度から「漁業集落環境整備事業」などがスタートし、少しずつ成果を上げつつあることも周知のとおりです。

そこで、今日はこのような漁村と漁港の緊密な関係といったものについて再録の部分も含めて具体的な事例を引きながら考えてみたいと思います。ただ漁村とひと口に言っても、漁村経済あり、漁村社会あり、漁村空間(環境)ありということで、その内容はきわめて複雑、多岐にわたりますので、紙幅の関係もありここでは〈漁村空間と漁港空間〉というテーマを中心に進めてみたいと思います。

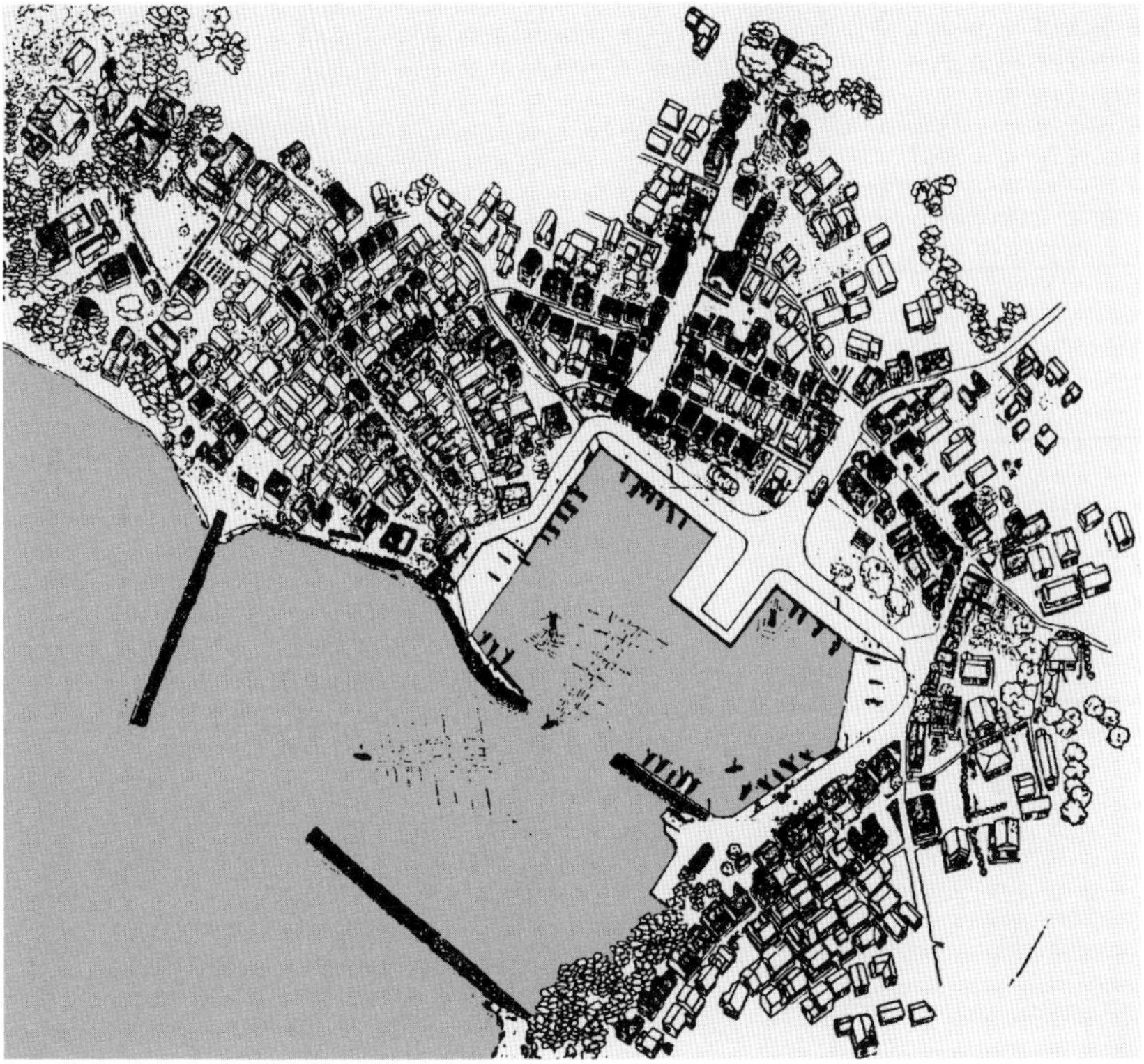

❶島戸浦の空間

漁村の空間を分析する

まず具体的な事例分析に入る前に、ここで漁村と漁港のひとつの〈空間的な定義〉を考えてみたいと思います。ご承知の通り「漁港法」には、次のような漁港の定義があります。「天然又は人工の漁業根拠地となる水域及び陸域並びに施設の総合体である」という一文ですが、この漁港の定義は、私共の空間論の立場から見ても実に深い意味を有するものであると考えられます。

つまりこの定義に〈空間〉という言葉をあてはめてみますと、そのまま漁村の定義になります。即ち、漁村とは「漁業根拠空間となる天然又は人工の水域空間及び陸域空間並びに施設空間（住宅空間も施設空間と考える）の総合体」である、ということになるからです。私の見る所では、空間としてみれば、漁村と漁港は同じ論理的内容のものであるといえると思います。事実、法的にはともかく現実の漁村で見ますと、空間的に〈ここまでが漁港で、ここからは漁村である〉というような区切りはほとんど不可能であるといえましょう。

こうした見方が決して唐突なものではないという証拠として、ひとつの具体的な漁村の事例を紹介してみたいと思います。図❶は山口県豊浦郡豊北町にある島戸浦（島戸第二種漁港）ですが、歴史的には天然の入江の漁港を中心として求心的に集落の拡がる、きれいな空間のシステムを持った漁村であるといえます。もっとも日本の多くの沿岸漁村が、多かれ少なかれこのような空間のシステムを持っていることはいうまでもありません。

島戸浦は、現在約一二〇〇人の人口を持ち、イカ、ブリの一本釣、建網を中心とし、漁船勢力も五トン未満漁船約八〇隻が主力となった典型的な沿岸漁村であるといえます。しかし、歴史的には鰯網（昭和二五年頃迄）もあり、古くは捕鯨や大敷網（江戸時代）などによって浦の飛躍的な発展を見たといわれています。この浦の発生そのものについては定かではありませんが、中世末期から江戸初期にかけて、地方（じかた）の人々の漁業への進出や向津具（むかつく）半島や向いの角島からの海士や漁業者の移住、統合によって、今日の島戸浦の基礎が築かれたようです。

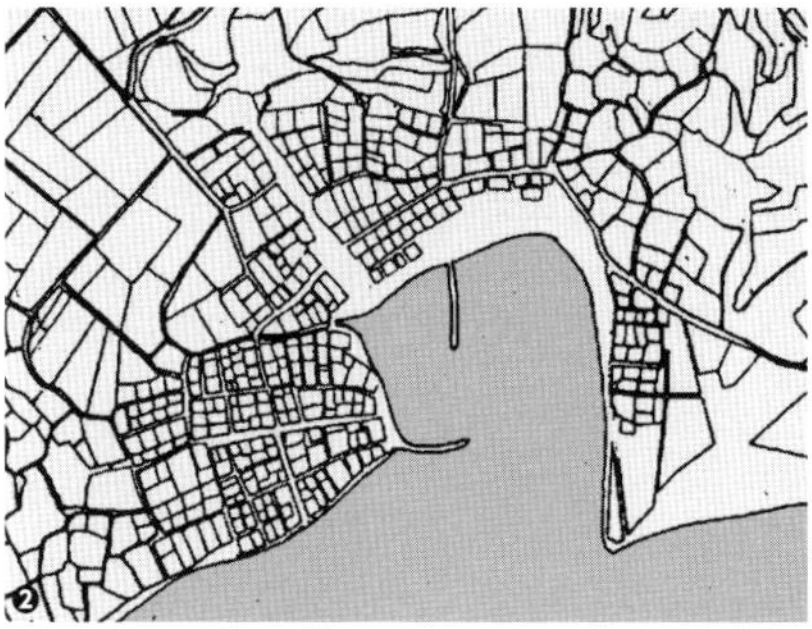

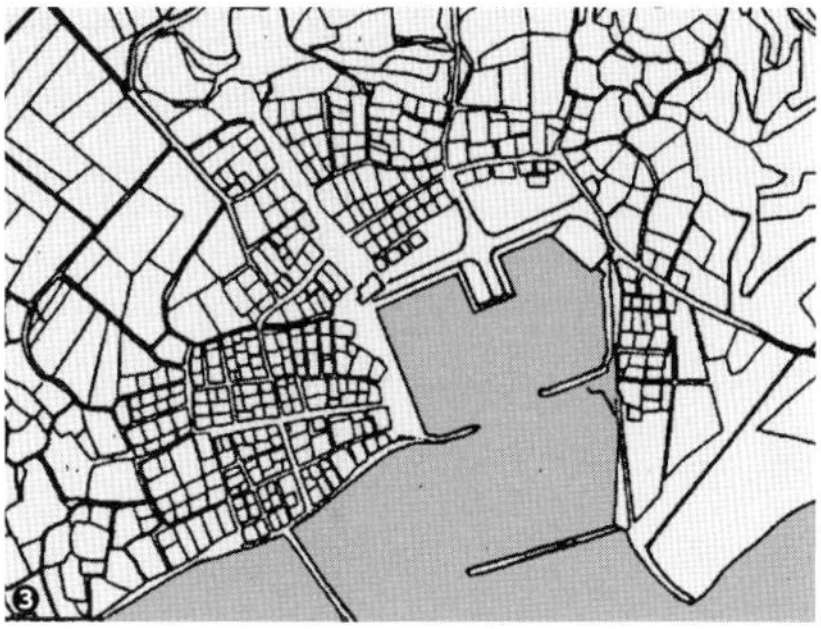

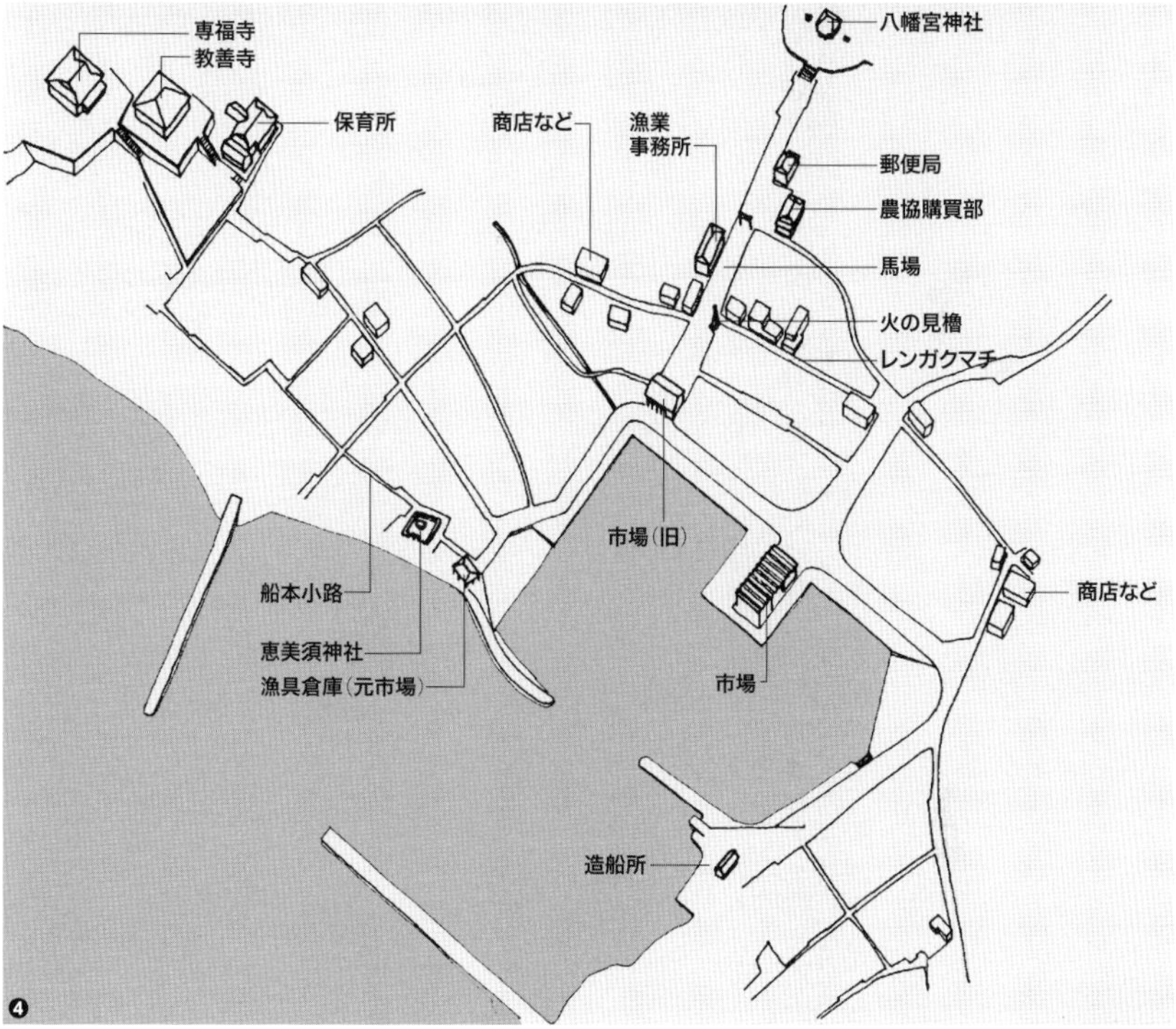

❷江戸中期の島戸浦（1719［享保4］年）
❸現在の島戸浦（1975［昭和50］年）
❹道とシンボル空間

しかし、図示されたような今日の集落空間の骨格が形成されたのは、捕鯨や大敷網の栄えた江戸中期頃と考えられます。図❷は、享保四（1719）年の地籍図ですが、漁港のあたりを除けば、今日の土地割とほとんど変化のないことに驚かされます。しかもそのころすでに二本の波止が建設されていたことも確認されています。つまりこの浦における漁港づくりは三〇〇年を超える歴史を持つものであることも理解されるわけです。これはほとんど、村づくりの歴史でもあるといっても過言ではありません。

さてこの島戸浦の空間構成ですが、図❹にもあるとおり、道は漁港から放射状に発するもの（この多くは生産空間として大切な役割を持っている）と、それらを集落の内側でつなぐ環状線状のもの（これは生活道というべき役割を持っている）とから構成されています。そしてとくに古い集落（漁港から見て左半分の部分）では、その放射状の道の行き止りというべき所に各々、八幡宮神社と教善寺、専福寺という浦のシンボル空間としての施設が立地しています。そしてまた一番古い波止の前には古い木造平家の市場と、その隣りには恵美須神社が配置されています。つまりこれらの道とシンボル空間が、この島戸浦の空間構成の骨格であり、それらはいずれも入江（漁港）をとり囲むかたちで配されているわけです。

中でもこうした空間構成の中心的役割を持つものは、港から八幡宮神社をつなぐ、幅八メートルをこえる〈馬場〉であろうと思われます。これは八幡宮への参道でもあるわけですが、祭の時はここで清めの流鏑馬（やぶさめ）が行われ、馬を走らせたところからこの名前がついたのですが、港と八幡宮をつなぐ空間は、風景としてもすばらしいものを持っています。またかつて祭の時は、この馬場において若者たちによって御輿がねり歩き、そのまま前の海へ入って行ったという、まさに共同体のドラマの舞台ともいえる空間であったわけです。

もっともこの馬場は、こうしたドラマチックな舞台であるばかりでなく、日頃は浦の子供たちにとっての格好の遊び場でもあり、あちこちで子供たちの元気のいい姿を見ることができます。さらにここにはつい最近まで使われていた市場や漁協、農協、郵便局などが面し、またこの馬場と直交する環状線の道はレンガクマチ（蓮楽町）と呼ばれ、商店などの生活利便施設の七〜八割が集中的に立地し、名実ともに浦の人々にとっての大切な空間となっています。

さらに正確にいえば、実はこのレンガクマチは、浦の人々のみならず、島戸地方の人々にとっても大切なものになっています。おもしろいことに、このレンガクマチが、浦と地方の境界線になっていて、歴史的には浦と地方のいろいろな対立もあったようですが、今日ではむしろ浦と地方を空間的に結びつけるという大切な役割を果しているのです。

また浦で最古の波止のあるところから北へ伸びる小路は船本小路と呼ばれ、昔の市場や恵美須神社というシンボル空間を持ち、またその上の道はまっすぐ北へ伸びて二つの寺へつながっていますが、ここも浦や地方の人々にとって大切な役割を持った空間であることはいうまでもなく、近年では保育所も立地し今日的な役割も付け加えられています。

こうした集落空間の骨格(道とシンボル空間)と漁家住宅などが入江を中心として一体的に組み合わされて、〈漁港村〉とでも呼ぶべき性格の空間が作られているのです。

私は最近このような集落空間の性格は、〈来訪神型空間〉と呼んでみたらどうだろうかと考えています。来訪神というのはいうまでもなく〈海の彼方から、幸せが訪れる〉という意味ですが、丹後の浦島伝説にしても、能登の寄り神信仰にしても、沖縄のニライカナイ(東方の至福の神の国)信仰にしても、漁村というより多くの沿海集落は、こうした来訪神への信仰によってその生活や生産が少なからず支えられていることは良く知られています。これを少し空間の方へあてはめて見ますと、〈漁村は何故海を向いているのか〉ということが気になるわけです。

これはやはり、神を空間的に迎え入れるようなかたちで家庭がつくられ集落がつくられていると考えるべきではないのかということです。そうしますとさしずめ漁港やその周辺の空間は、いわば〈神への門構え〉としての性格を持つものと考えられます。ですから私は漁民の方々の漁港整備の要望の中には、単に生産手段を近代化したいという希望だけではなく、自分の家と同じように、時代にふさわしい門構えがほしいという潜在的な希望が含まれているのだと常々考えています。

この来訪神型空間に対して、農村的空間は〈定着神型ないし土着神型〉と呼べるのではないかと考えていますが、紙幅の関係で別の機会に触れることにしたいと思います。

漁港空間の意味

さてこれまで具体的な事例を通して、漁村と漁港の空間とその相互補完性ともいうべき性格を見てきましたが、ここではこれを少し抽象的に整理し考えてみたいと思います。これまでの調査研究からしますとこのような漁港の空間的役割と、その効果については、大きく分けて三つの面から見ることができると思います。

①——漁港＝生産空間としての役割
漁港とは集落（居住地）と海洋（漁場）と消費地（市場）を結びつける生産流通の結節的な空間であるということは、今さらいうまでもなく、すでに「漁港経済調査」や「漁港経済効果調査」などにおいても明らかにされています。なおこうした役割りについてはふつう〈生産手段〉という言葉が用いられますが、ここでは手段を空間という言葉に置きかえてみました。それは漁港は、漁船や網などのような生産手段と較べて、著しく空間的（環境的）性格が強いということが考えられるからです。

②——漁港＝生産＋生活空間としての役割
たとえば離島などにおいては、漁港は単に生産空間としてのみならず、生存のための空間として重要な役割を持つものであることはいうまでもありません。こうした理解のもとに、これまでも「離島振興事業」や「過疎地域振

興事業」の一環としても、漁港建設が重視されてきました。ここでは、漁港とは集落（居住地）と外界（漁場、市場、都市）を結びつける総合的空間であると見るべきものです。

こうした漁港の理解は、すでにかなり共通のものになってきたといえますが、しかしこうした理解と漁港計画や漁村計画の中に理論化することは今後の大きな課題であると考えられます。

③——漁港＝空間価値としての役割

右の二つは、どちらにしても漁港＝手段説というべきものであり、漁港が何か実利的な目的にかなうものであるとする理解ですが、さらにそこに漁港空間があることそれ自体が大きな価値を持つという面を見逃してはならないと思います。

いわゆる手段であれば、それは何か他の手段ととりかえることができるわけですが、それ自体が価値を持つとすれば、道具のように〈とり替える〉ことのできない性質のものです。ふつう経済学ではこうした価値を「使用価値」と呼んでいますが、今日の商品経済の進んだ社会の中でも、「使用価値」とは「商品価値」を保証する重要な役割を持っています。少しむずかしい話になりますが、ここで大切なことは、「使用価値」を持つものはしかし、すべて「商品価値」とはならないということです。つまり世の中には、他のものととり替えることのできない価値がたくさんあるということです。

これは人間の生命や親子関係のようなものであり、決して他のものと交換できません。今日の商品経済社会の不幸のひとつは、こうした商品化できない、つまり交換できない価値は、ややもすると軽視あるいは無視されやすいということであります。どうも漁港空間というものは長い間親しんできた住宅や風景のように、本来とり替えることのできない「空間価値」を持つもののように思われます。

だからこそ、そこで、祭が行われ、人々が寄り集う場になるのだといえましょう。まさに祖先や神々を迎え、共に遊ぶ広場であり、舞台です。このような意味からすれば、漁港の計画者は舞台装置のデザイナーであり、時にはその上で展開されるドラマの演出家の役割をも果すことになるといえます。

もうひとつここで強調しておきたいことは、漁港空間とは徹頭徹尾「共同空間」だということです。経済学ではふつうこうしたものを「共同生産手段」あるいは「共同消費手段」と呼びますが、今日の日本において、この「共同消費手段」の創出が、きわめて大きな課題になっていることは周知のとおりです。この「共同消費手段」とは、労働力の再生産(共同住宅など)、労働力の保全(病院など)、生産力の向上(教育、技術研究の場など)、個人消費の共同化(道路、共同浴場、共同売店など)、より質の高い社会的性格(公園、図書館、社会教育の場など)のための手段あるいはその空間のことですが、漁港空間にはこうした共同消費手段的性格のほとんどが含まれていることが分ります。

今日の都市の生活空間が、公害や交通戦争などによってひどい状況の中にあることを考える時、私は漁村の人々はこうした漁港空間の持つ役割についてもっと大いに自信を持つべきであると考えています。

新しい環境をめざして

これまでいささか漁港空間を過大評価してきたかも知れません。たしかに現在まで漁港計画やその建設、維持、管理といったものがすべて順調であったとはいえないと思います。ここでこれからの方向といった点について、ごく大局的なところで少し考えてみたいと思います。

島戸浦の歴史を見ても分ることですが、私は日本の沿岸漁村の空間形成の歴史は大きく分けて三つの段階を持っているのではないかと考えています。

①——漁村空間形成の段階

これはある漁場に規定されて陸域に人々が移動し、定住をはじめて集落の全体骨格を作り上げるまでの歴史であり、島戸浦で見れば中世末期から明治初期ぐらいまでのおよそ三〇〇〜四〇〇年の歴史であり、集落空間の骨格が形成され、漁港空間がその附帯的空間として萌芽してくる段階であると思います。ここにおいて波止や船揚場などはほとんどが村落共同体における自力建設によって形成されてきました。

②——漁港空間形成の段階

この段階は地域によってかなり幅がありますが、商品経済の進展と共に沿岸漁業も商品経済のメカニズムの中に組み込まれ、漁港は生産手段であるとの認識が生まれ、公共的政策の関心度や具体的施策が急速に高められてくる歴史であり、明治中期から今日の高度経済成長期頃までのおよそ百年位の段階であると思います。この時期と

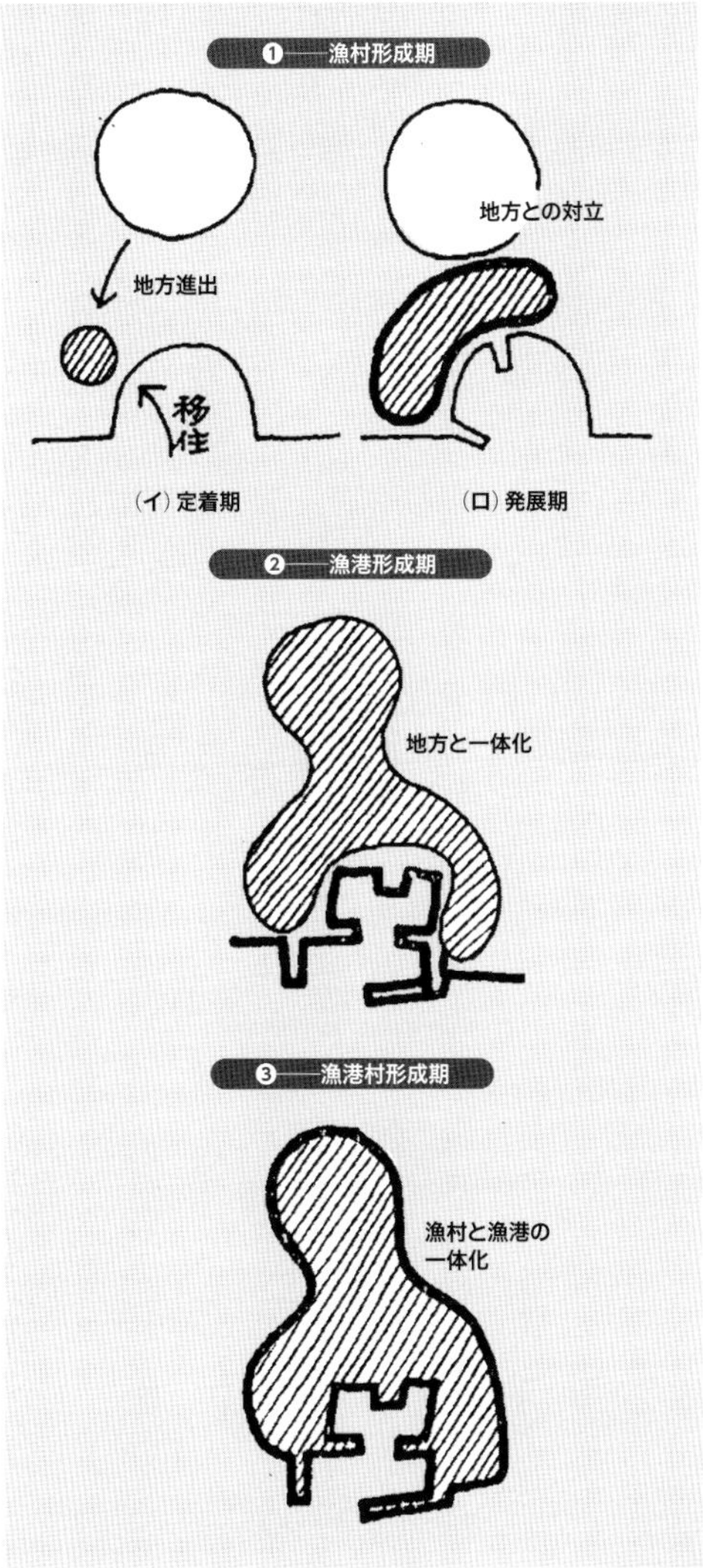

❺島戸浦にみる漁村・漁港の形成史

くにその後半は、日本の漁港空間は急速に整えられてくる段階であったと思います。しかし一方では漁村地域全体の空間形成という観点からすれば、公共投資としての漁港空間は著しく整備されましたが後背集落の空間は、個別投資としての住宅空間の整備に集中し、環境基盤への公共的、私的投資は著しく節約された歴史でもあったと思います。たとえば立派な漁港ができたが集落道が狭く、四トン保冷車も入らずにほとんど利用されていないという事例などは、こうした事情を良く示すものであります。この度の「漁業集落環境整備事業」のねらいのひとつも、ここら辺にあったことも周知のとおりです。

③——漁港村形成の段階

漁港村とはいささか妙な言葉ですが、私はこれからの段階は文字どおり漁港空間と漁村空間の相補的形成の歴史といえるのではないかと考えています。つまり漁港空間に見られるような、近代化、共同化の視点でもう一度集落空間を見直すことであり、一方では集落空間の歴史や知恵の視点でもう一度漁港空間を見直すことではないかと思います。

そして漁村空間と漁港空間の相互乗入という視点から、総合的な漁港村空間の形成が計られるべきであると思いますし、例えば「漁港村整備事業」というような新しい手法が考えられても良いのではないかと夢想しております。あちこちと筆が走ってしまいましたが、このような新しい空間形成の萌芽はしかし、全国のあちこちで見られる現象であると思います。こうした現場の萌芽を大切にし、またそれらの現象を客観的に整理することによって、日本の漁村空間は飛躍的な新しい段階に入るものと信じております。

★01——「漁港投資効果の評価基準に関する研究」水産庁 1975.3

●——『漁港』1979.11

I-4 日本の沿岸地域における信仰と生活形態——漁民の他界観をとおして

漁民の他界観となぎさの役割

日本の漁村や沿岸地域の生活と文化を、欧米のそれらと比較すると様々な相違が見られるが、中でも注目すべき相違のひとつは、「他界観」の相違であろう。しかもこれは単に死後の世界に関する意識が異なるというだけではなく、日本の(あるいはアジアの)漁村や沿岸地域では、その独特の他界観によって人々の意識、生活や年中行事が規定され、また人々の住む家や村の空間が作られてきたからである。

さて日本人の歴史的な宗教感覚を特色づけているひとつは、その「祖先神信仰」であるが、漁師たちの間ではとくに強い。つまり彼等の死後の世界は、海の彼方の「龍宮城」[★01]にあり、死して数十年後には「祖先神」となることができると信じられている。そして神となってからは、毎年お盆などにその出身地である漁村を訪れて、子孫たちに平和や豊漁を約束するのである。こうした生活習俗は、経済の高度成長後の現在でも日本の各地の漁村で、はっきりと見ることができる。[★02]

日本人の他界観の空間構造について見ると、大きく二つに大別される。それは「あの世」とそこへ至る「境界」である。私たちは、一般に死後四九日目までは「この世」にいるが、五〇日目から「境界」に入り数年間そこに滞在すると考えられている。そこで祖先神になる準備をしつつ、数十年後には本格的な祖先神となるのである。さらに重要なことは、他界観の時間構造である。それは祖先神の霊魂が次の世代の新しい生命を送り出す、と考えられているからである。つまり「あの世」に住む神の霊魂は、「境界」(胎内)をとおして、「この世」に再び現れる(誕生)と信じられている。

これら数十年を単位とする空間と時間の大きいサイクルであるが、そこにさらに小さいサイクルの空間と時間の構造をも見ることができる。まず小さい時間のサイクルを見ると、それは漁村の年中行事によく現れている。例えば正月や春と秋の彼岸、お盆などの時には沿岸の村や町は、都会から帰った家族たちで賑わうが、それは単に親や兄弟に会うためだけではなく、海から来る祖先神とも会うためなのである(こうした小さい時間のサイクルは、「精霊流し」[03]にも見られるように、都市、農村を含めて今日でも日本全体に確実に展開されている)。

そして彼等の祖先神が現れ、村や町の「神の宿」に滞在して、子孫の歓待を受けながら平和や豊漁を約束する。しかし、ここで面白いのは、まだ神になっていない準祖先神の行動である。彼等つまり準祖先神たちも祖先神の後について、あたかも神となった時のリハーサルをするように子孫の村や町を訪れるのだが、その準祖先神は「神の宿」ではなく、子孫の「家の神の宿」(仏壇)に滞在する。[04]

そしてこうした祖先神や準祖先神を迎えるのは、古くは神との交流能力を持つ女たちであった。現在でもこうした「神女」の伝統は、日本の北部(青森県イタコ)と南部(沖縄県のノロ)などに、濃厚に伝承されている。こうした神と女性の関係は、大きい時間サイクルでは「胎内」を介して生命を育む人間として、小さい時間サイクルでは、神を迎える人間として重要な役割を持っている。[05]

次に小さい空間サイクルを見ることにしよう。ここで重要なことは、この神々が「この世」に入る場所は、現在でも多くの場合「なぎさ」=海辺の砂浜や岩浜、岩礁などの自然海岸であるということである。そして海(時には山)の彼方から子孫の村を訪れた神は、浜から子孫たちの担ぐ神輿に乗り神の宿へと案内されるのである。そしてこのことはまた、大きい空間サイクルにおいて、神々が姿を現す場所が女性の胎内=海であることを想起させる。ここでも神と女性の偶然とは考えられない対応が見られる。

図❷は、福井県越前町の小さな漁村である左右浦における神々の上陸ルートと神迎えの様子を示したものである。[★06]この村の来訪神は、集落の端にある赤岩と呼ばれる天然の断崖に降り立つと考えられている。そしてそこから「なぎさ」を通って、漁港の中央部で集落の人々に迎えられ、集落の奥にある鎮守の森の中の神社に至るのである。そして神迎えの時には、海に向かって神楽を舞うが、その後来訪神が乗り移ってからは集落に向けて神楽が舞われ、村人の生活の安全と繁栄が約束されるのである。ここで興味深いのは、次の二点である。第一点は、この村の磯＝なぎさは、神々の世界と人間の世界との境界領域であり、神々と人間が出会う場と考えられている[★07]ことである。第二点は、コンクリートで築かれた新しい漁港が、神迎えの主な舞台となっていることである。

したがって第一点に関しては、この村のなぎさが長い間保全されてきたのは、自然保護の思想からではなく、む

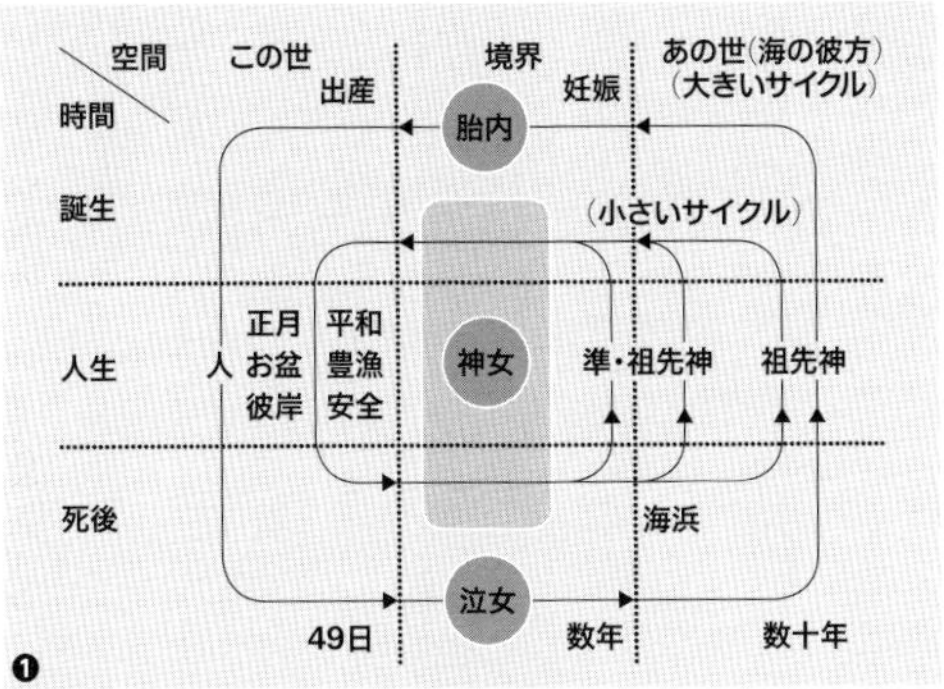

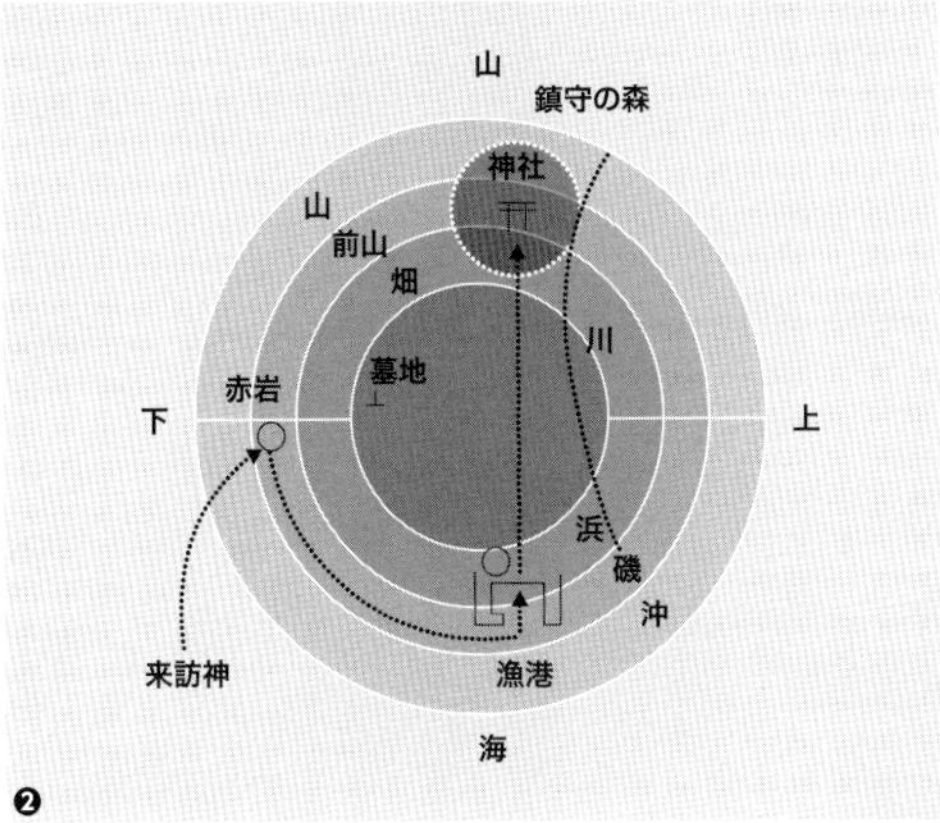

❶日本人の他界観の構造モデル（漁村の場合）
❷漁村の神迎えとそのルート（福井県越前町）

しろ神迎え＝集落社会保護の立場からであるということができる。また第二点に関しては、近代的な構築物が、神の上陸ルートや舞台としてすべて否定されるわけではない、ということである。こうした事例は、他にも多く見ることができるが、コンクリートによる新しい空間も、集落の人々によって認められれば、ただちに神の舞台として生かされるのである。したがってこの漁港建設は、ウォーターフロント開発として成功した例と見ることができる。ここに今日のウォーターフロント開発の課題のひとつがあると考えられる。つまりウォーターフロント開発には、集落（地域）社会保護の思想と方法が求められるのである。

他界観と住宅・集落の空間

次にこうした漁民の他界観が、彼等の村や町にどのように反影しているのかについて観察する。ここでは日本でも特徴的な形態を示す沖縄県の事例について見たい。図❸は沖縄の伝統的な住宅と集落を示している。まず住宅について見ると、近年でも屋敷の隅や屋根に、守護神としての獅子（シーサー）が置かれる場合が多い。そして家の神や客人を迎えるヒンプンは、原則的に南に向かって置かれ、奥の仏壇と一直線上に並んでいる。家屋の主柱は、この仏壇の右側に置かれ、ここを基点として東へ三番座→二番座→一番座というように東方（ニライカナイ＝龍宮城）に向かって家の聖なる部屋が配置されている。

集落の空間も基本的に同じ空間原理によって形成される。まず集落は祖先神の住むといわれる森（クサテ森）によって風雨から保護され生命の水を授けられる。さらに集落の隅にもシーサーが置かれることが多い。そして集落（村）の空間は、東方の聖なる海＝ニライカナイから来訪する祖先神の道といわれる南から北へ伸びる一本の中道（神の道）と、これと直交するスージと呼ばれる小道群によって構成されている。さらに集落の神の道には、神々が休息する小屋や人々が神に祈る場所が設置され、さらにこれらを中心に人々の多目的な広場が形成されてきた。★04

このように家にとっても村にとっても、東方の海は祖先神の住む聖なる方向であり、村人が死して祖先神となる、という祖先神信仰によって家と村は、同じ空間形成の原理を共有して分かちがたく結びついている。[★04] このように家と村の空間原理は、自然的、経済的原理だけではなく、むしろこれらの諸条件の基底として社会的、宗教的な祖先神信仰が存在してきたと考えられる。

このような空間構成の原理を、私は、「来訪神型空間」[★08]と定義した。それは漁村や沿岸集落の空間は、あたかも海から訪れる神々や海の幸を〈迎え入れる〉ような形で形成されている、という意味からである。こうした観点からすれば、例えば漁港などは、海からの神々を迎えるための門＝シンボルであり、漁村の集落全体は、神々と共存する素晴らしい伝統的ウォーターフロントであると言うことができる。こうした信仰とそれを基底とする沿岸集

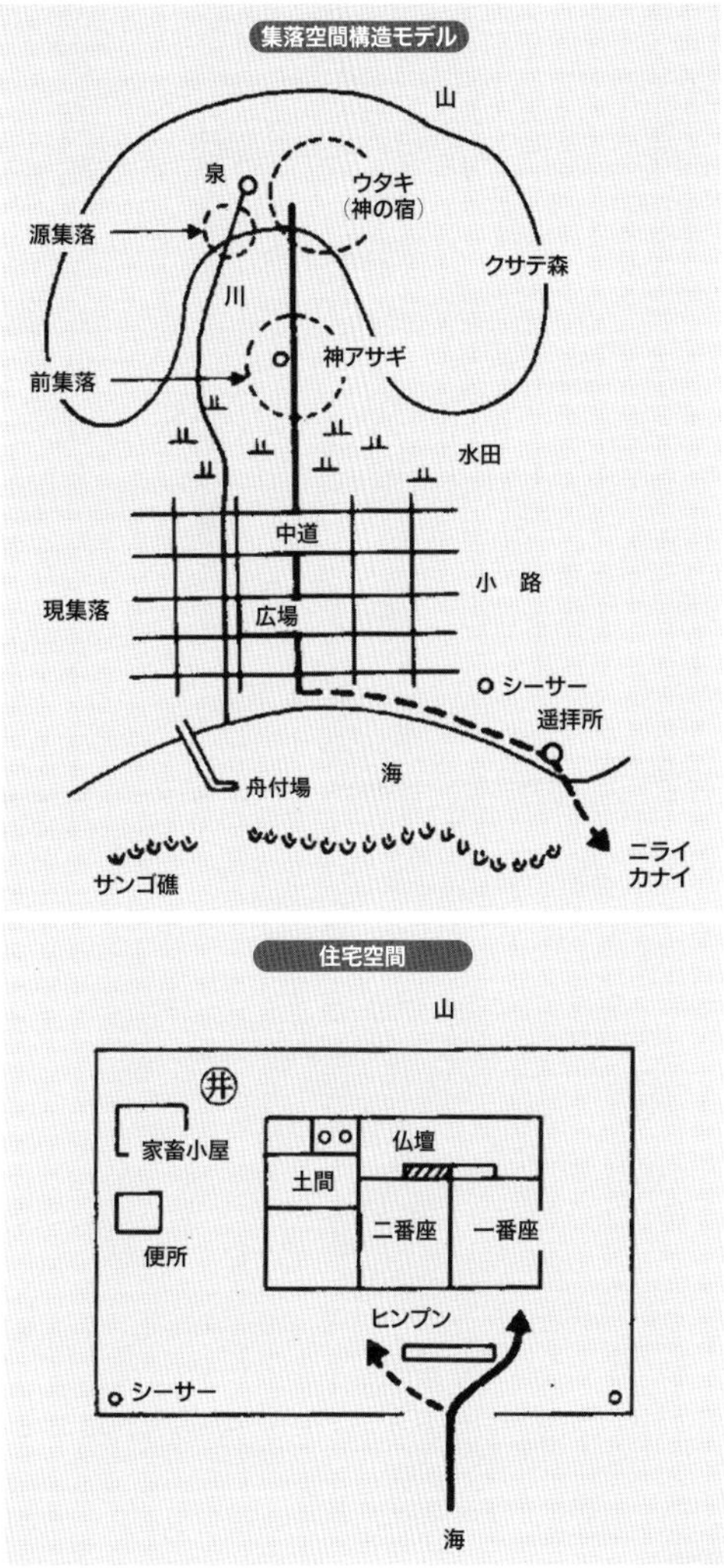

❸沖縄県の伝統的住宅と集落（★08）

落は、今日でも沖縄だけではなく、丹後地方の浦島伝説、能登地域の寄り神信仰、下北地域の恐山信仰など、日本各地に広汎に見ることができる。

海浜＝神の道をめぐる近年の動き

けれども今日の日本では多くの沿岸の自然海浜は、工業開発や近年のウォーターフロント開発によってコンクリートで塞がれ、神々の上陸する場所は、まことに少なくなってしまった。こうした開発至上主義が続けられるならば、近い将来に日本の村や町は、もはや祖先神からの庇護を受けることが出来なくなるかもしれない。それは沿岸の人々のみならず、日本人の民俗的な生活文化の死を意味する。

しかし、その一方でわずかではあるが、希望の光も射しつつある。そのひとつは、日本各地の沿岸に住む多くの人々、なかでも女性たちが、自然と村や町を破壊する開発至上主義に対して異議を唱え出したからである。そして各地の沿岸における巨大な工業・都市開発計画ばかりではなく、原子力発電所計画やゴルフ場計画、ウォーターフロント計画などに対しても、厳しい目を向けつつある。それは理論的というよりは、生命を育む者の歴史的感覚ともいうべき鋭さと優しさを持っている。これは多分「あの世」に住む祖先神の持つ直観的な鋭さと優しさが反映しているからなのであろう。

ここまできて考えることは、欧州人の他界観はどのような構造を持っているのだろうか、ということが気になる。例えばデンマークには人魚姫の伝説があるが、彼女は想像上の動物であるという。しかし、想像上の話しであるとしても、彼女が船乗りたちに大きな影響力を持っているのは、上述したような海と女性の強い関係を示唆するものではないかと思われる。いずれにしても、二一世紀の海浜や沿岸環境を守るために、海から生まれた生命の重さを知っている世界中の女性のパワーの役割が、ますます増大してきたと考えられる。

★01——浦島型伝説は、世界各地にみられるが、日本のそれは南方(インドネシア)系の起源を持つものであり、特に対馬暖流に乗って日本海沿岸に強く伝播されたという(山田宗睦『海を恋うこころ—日本文化の源流を求めて』講談社1981など)

★02——沖縄北部では、現在でも旧盆にはこうした「海神祭」(うんがみ)と称する祭が行われている。

★03——お盆の祭礼棚などの供物を、小さな船のモデルに祖先の精霊とともに乗せて川や海に放ち、西方の海へ送る行事

★04——仲松弥秀『古層の村(沖縄民俗文化論)』沖縄タイムス社1979など(仲松は、詳細な沖縄集落の調査の結果、沖縄の集落を「祖先神への祭祀形態」と規定した)

★05——青森県下北半島の脇野沢村には、「子の尻にある蒙古斑は、あの世のイナババ(産婆)に〈ここ(あの世)には戻ってくるな〉といってつねられた跡である」という伝承がある。また沖縄には、船乗りたちの安全はその姉妹によって守られる、という「姉妹神(おなりがみ)信仰」があり、出航の前に姉妹たちとともに一族のお宮にお参りをする

★06——葛野浩昭「海民のコスモロジー」大林太良編『日本人の原風景2』所収、旺文社1985より引用(作図は筆者による)

★07——上記文献における葛野氏の見解

★08——拙稿「漁村集落計画」(『新建築学大系18　集落計画』所収、彰国社1986)、「イエとムラの空間原理」(『図説・集落—その計画と課題』所収、都市文化社1989)など

●——『漁村研究』1991.8

1-5 漁村の人々はなぜ海を向いて住むのだろうか——漁村空間から二一世紀の世界を考える

私の漁村との出会い

こんな〈当たり前の話〉を、漁業、漁村関係の人々にするのは大変失礼な気もしますが、現場の皆さんは、自分のまわりのことは案外に知らない、ということもあるかもしれません。そこでここでは、日頃皆さんが何気なく住んでいたり、訪れたりする漁村の空間（集落）の意味や役割、といったことについて考えることにしたいと思います。〈シャカに説法〉のところもあると思いますが、お許しください。

さて私が住宅や建築や地域の研究に取りくんでからの関心は多いのですが、中でも〈人間はなぜ、集まって住むのか？〉、そして〈どう集まって住めば幸せなのか？〉ということが重要な課題のひとつです。家族もそうですが、時には深刻な〈いがみあい〉をしながらも、私たちはどうして集住するのでしょうか。

野獣が恐ろしかった時代や戦国時代ならいざしらず、高度な文明社会になっても家と家を並べて暮らす方法はどうもなくなりそうもありません。〈いや山村などは、家が並んでいない〉と言われるかもしれませんが、これも立派な日本的な集住であり、そこにはまた日本独特の社会のしくみがきちんとあります。

学生時代そんなことを考えながら過ごしましたが、卒業が近づいたころ私は突然に〈日本の漁村〉と出会うことになりました。それまで欧米の社会理論ばかり勉強していた私にとって、それはまさに大変な出会いでした。なんと日本の漁村には、住むこと、とくに〈集まって住むこと〉の原形が、長い歴史をとうして確実に伝えられていたからです。
それいらい私は、〈村は大きな家であり、家は小さな村である〉という考えを持ちつづけています。人間のことで言えば、〈村人たちは大きな家族であり、家族は小さな村人たちである〉ということになります。ですから家風や家のシキタリがあるように、村にも〈村風や村のシキタリ〉があると思うのです。

ある漁村の空間と暮らしを考える

おそらく近代的な見方からすれば、このような集住は〈貧しい〉からであると考えられがちです。また別の見方は、よくある〈封建性が残っているからだ〉というようなものです。確かに表面的には、こうした面があることは否定できませんが、しかし、漁師たちの住む社会の本質は、残念ながらこうした近代的な見方によっては、分からないと思います。

ここで近代主義の批判もしたいのですが、紙幅の余裕もありませんので先を急ぎます。そこでひとつの見本のような漁村を紹介しましょう。そこは近海マグロで有名なある島の漁村ですが、その集落には二〜三ヘクタール（町歩）の急斜面の土地に、ほぼ三〇〇〇人の人々が住んでいます［大分県津久見市保戸島（ほとじま）］。少し専門的になりますが、この集落の人口密度は集落全体で、一〇〇〇〜一五〇〇人／ヘクタールということになります。これがどのくらいすごい人口密度であるかは、最近の一〇階建てぐらいのアパートが並ぶ住宅団地の人口密度とほぼ同じものである、ということを考えてみれば理解していただけるでしょう。

この漁村も今では、コンクリートによる三〜四階の高層（！）住宅が増え、漁港も立派なものになっていますが、昔は木造の二〜三階建てでこれだけの人々を住まわせてきたのです。だから昔は、階によって住む家族がちがう、などということはごく当然のことであり、島一番の通りも幅がせいぜい二メートルぐらいしかなく、路地も複雑に入りくんでいました。ですからそこは他所者にとっては、まさに〈大きな迷路〉のような空間であったわけです。よく言われることですが、本当に漁村の人々は狭い空間を使いこなす天才だと思います。話は飛びますが、世界の人口が爆発的に増える二一世紀には、土地不足が深刻になり、こうした狭い土地を住みこなす日本の漁村の人々の知恵が、学ばれる時期が必ず来ると思います。

しかも、ここで大切なことは、こうした迷路の空間も〈無心に〉訪ねるかぎり、私たちは必ず歓迎されるということでしょう。それどころか、たとえば漁港にたたずむひとりの老漁師に村の歴史を聞いてみるとよいでしょう。彼はきっとやさしく、時には情熱的に村の歴史や先輩たちの苦労を教えてくれるはずです。運がよければその夜、彼と一杯酌み交わす幸運にも恵まれるかもしれません。

そうしてこの迷路を無事に通り抜けた人は、もう他所者ではありません。そこには個人主義や立身出世などという都会的な、そしてちっぽけな考えはそもそもないのです。しかし、無心に漁村を訪れるといっても、それは意外とむずかしいことも事実です。大学の研究者たちも、自分の不完全な理論で漁村を見ようとして、失敗をおかすことが多いのです。私もときどき失敗をおかします。

さらにここで、この漁村は貧しくも封建的でもないのだということを明らかにしましょう。この漁村は、かつて有名な民俗学者であった柳田國男の作品にも取りあげられましたが、昔から島を訪れる物売りの品物が売れ残ったことがなかったといいます。近年ではマグロの稼ぎが、立派なコンクリート住宅になっていることは、すでに述べたとおりです。そればかりではなく、最近私たちが数年ぶりに訪れた時には、なんと一〇軒ほどのスナックが開店していました。もっともその時はマグロ船団が出漁中で、スナックは島の女性たちの〈スナック会議〉の場となっていましたが……。またここの組合長は、かっこいいモーターボートを乗り回すことでも有名です。じつはこのスナックは、島の若者たちがせっかくの稼ぎを他所で飲んでしまわないように、ということで開店されたのだそうです。これは当世はやりの立派な〈内需拡大策〉でもあるわけです。

たとえ所得があっても、若者の残らない漁村や嫁不足の漁村も多いのですが、そうした意味でも、この漁村が〈貧しさや封建性〉からほど遠いことは、明らかでしょう。いや、こうした漁村内部の比較は私の目的ではありませんし、漁村全体の正確な評価にとっても正しくないでしょう。むしろ漁村と都市や農村の冷静な比較が必要です。たとえば日本の農漁家の総合所得は、すでに昭和五〇年代前半に都市勤労者世帯のそれを上回り、そのエンゲル係数（家計に占める食費の割合）も、昭和五八年で都市勤労者世帯の二八・九パーセントに対して、農家が二四・九、漁家が二六・五パーセントという豊かな水準にあるからです。

おそらく現在の指導的な研究者や行政担当者の多くは、戦後昭和三〇年代ぐらいまでの〈貧しい農漁村をどう助けるのか〉という教育を受けて来たはずです。私もそうでした。しかし、すでに述べたように、そうした面も確実にありますが、現在の農漁村はまた確実に新しい、つまり〈豊かさとどうつき合うのか〉という問題も持っているはずです。そして農漁村にも、しっかりした〈新人類〉も確実に育ちつつあります。

ある農村の新人類の作文を紹介しましょう。この中学生は、延べ一五〇坪を超えるような大きな住宅を建てた両親を批判して、次のように書いています。〈陽のあたる南側は座敷や控えの間になっていて、健康上よくないと私は思う。マントルピース（暖炉）のある応接間も、来客も少ないのでいらないと思う〉。そしてこの子はまた、トイレが自分の部屋から遠いために、夜はとても恐ろしい思いをしているのです。この子の住生活にとっては、残念ながら行政も研究者も先生も味方ではありません。

そして、豊かさとどうつき合うのかという問題はまさに現在の日本人全体に与えられたものです。ですから都市と農漁村の違いや格差にのみこだわるのは正しくないのです。むしろ都市も農漁村も同じであることや、豊かな自然や人情といった農漁村の持っている〈宝物〉を理解する目と心が、今つよく求められていると思います。

漁業の特色が漁村の空間にどう生かされているか

さてここで漁村の空間やその社会の特色について、少し具体的に考えてみましょう。よく〈漁村は土地が狭いから、密集している……〉ということを聞きます。しかし、私たちの研究からは、これは半分しか正しくありません。なぜなら土地が広くても密集している漁村もあれば、土地が狭くても比較的ゆったりとしている漁村もあるからです。そして漁村の空間や社会は、その地域の地形、漁業(や農業)の歴史やその操業形態によって、いくつかのグループに分かれているようです。ここでそれを詳しく述べる余裕はありませんので、漁村全体として、漁業というものがどのような空間や社会を生み出してきたのかを考えてみたいと思います。

漁村はなぜ共同することが多いのか

まさにシャカに説法ですが、水産資源が移動するということは、漁場の私有を大変むずかしいものにしています。このことが集団で漁場を利用したり、網や漁船を共同で所有したり利用するということを生みだしたわけです。そして漁村社会にも、強い共同的な性格を与えてきました。現在ではこうした性格はかなり弱くなっていますが、しかし戦後、農地改革をして自作農地で出発した農村社会と比較すれば、このことがいかに大きい特色であるかが理解されると思います。

さらに漁場の豊かさ(生産力)が、農地のような同じものでないことから、漁村のある所は都市のような〈交通依存型の立地〉などではなく、はげしく移動する水産〈資源依存型〉ともいうべきものとなり、当然ですが飛地的なものとなりました。これが漁村の空間だけでなく、その生活や意識に与えた影響ははかり知れません。もちろん養殖漁業などの発展はこうした性格を弱める働きをしてきましたが、しかし、生活や意識というのは一世代や二世代ぐらいでは、そう簡単に変わらないのです。こうした共同的な性格をどう、新しく強いものに育てて行くのかということが、二一世紀に向かっての大切な課題なのではないでしょうか。

漁村にはなぜ規制が多いのか

よく言われることですが、水産資源の生命とその再生産は漁業の基本です。だから時には、生産を制限しなければ資源がなくなってしまう、という場合がでてきます。ここに歴史的に「共同体の規制」や封建制が、表われるひとつの理由があったといえるでしょう。しかし、ここで大切なことは、〈生態的なしくみや規制〉と〈社会的なしくみや規制(封建制)〉は、はっきりと区別されるべきでしょう。これは大変むずかしいのですが、しかしこのことはいくら強調してもしすぎることはないと思います。

現在のような沿岸漁業の見直しの時代では、すでに新しい〈生態的な規制〉が必要となっています。沿岸漁業が、工業のように大量生産に向いていないだけに、今後ますます地域的にも地球的な規模でも水産資源の規制やコントロールが求められます。

その時かつての沿岸漁業の持っていた、共同や協同性、入会の考え方(助け合うということ)などは、地球的な規模においても、力強い方向を農業や林業も含めて与えるのではないかと思います。

漁村はなぜ漁港を中心に密集するのか

水産資源は、一般にお米のように自給物資になりませんので、漁業は交換する経済となりますが、それとともに流通のしくみに強い影響を受けることになります。そしてこのことはまた漁村の住宅や生活にもたいへん大きな影響を与えます。つまり漁村の住宅は、農家などに比べて、物を収納する空間があまり必要でないために、一般にかなり狭いものとなるからです。このことが先に述べた〈漁村は、密集している〉ということの基本的な理由なのです。

さらに漁獲物はだいたい似たものですから、個人による貯蔵や出荷が必ずしもいいわけではありません。そこで漁港などを中心として、ますます密集することになるわけです。私の漁村空間のかつての研究はこの密集度やそのしくみが、漁業の影響によっていくつかのグループにきわめて整然と分かれている、ということを明らかにしたものでした。

そしてこの高密度な空間で生活するには、よく工夫されたルールとか技術が必要であり、実際そうしたものはいまでも漁村にたくさん見られます。ですから二一世紀にはとくにこの漁村における〈集住のルールづくり〉が、評価される時代がくると言ったわけです。

漁業はどのような家族を育ててきたのか

水産資源は複雑（海の面と深さの両方において）ですから、その働き場所を地先↓沿岸↓沖合↓遠洋と広げるとともに、漁村全体に企業的経営とともに海女漁業のようなきわめて古い操業形態も残してきました。たとえばひとつの漁家のなかに、母＝海女漁業、父＝沿岸漁業、長男＝遠洋漁業、次男＝漁協勤務、長女＝水産加工、そしてさらに祖父＝のんびり沿岸漁業といった例を見出すことはそう困難ではありません。

こうした漁家の特色は、たとえば農家の〈稲作＋兼業〉という家族全体が同じような生活をしていることと比べて、いかに大きい特色であるかが分かります。このことは生活という点において、大きな特色をもたらします。

たとえばこのような漁家の各個人の生活時間は、同じ住宅に住みながらも資源の条件によって、家族が全員そろって三度の食事をとるのは、年に数回ということも珍しくありません。それどころか昔から〈単身赴任〉のような操業をしてきた漁家も多いのですが、都市勤労者のように〈音をあげる〉ことなく長い間がんばって来ました。こうした家族の活力も、二一世紀にむかって日本の家族全体が取り戻すべきものではないかと私は考えています。

漁村はなぜ海を向いているのか

さていよいよここで、結論としなければなりません。これも〈海に近いほうが便利だから〉という答えが返ってきそうですが、それだけでもなさそうです。また〈漁師は朝、海を見て、その日の出漁を決めるから〉というのもあるでしょうが、情報や通信の発達した今ではすべてとは思えません。

私は、漁村と海のつき合いは、こうした日常的なことだけでは、説明しきれないと思います。むしろ漁村の人々が、あの海のかなたの「龍宮城」といつも向き合っていたいからなのだ、というように考えますと、色々なことがよく分かるような気がします。そしてそれは太古の昔から、海に向かって協同して軒を並べることが、海の幸をもっとも豊かにそして平等に分けあうことになるのだ、ということを知っていたからだと思うのです。先にあげた漁村の絵［島戸浦／四七・四九頁参照］を見て下さい。都市計画とか土地区画整理とか漁港整備事業などというものが、まったくなかったはるか昔から、漁村の人々は自分たちの力だけで漁港（入江）を中心とする素晴らしい空間を作ってきたのです。

ですから漁村の人々が、たとえば漁港づくりに執念を燃やすのが分かるような気がします。なぜなら、そこは漁船や生命の安全をしっかり守るだけでなく、自分たちが龍宮城（極楽浄土）へ行くための〈門構え〉でもあるからなのです。そしてまた、海から自分たちの祖先や神々を迎えるために、門は美しくなければなりません。そのためにこれからも、よりよい漁港づくり、漁場づくり、漁村づくり、健康づくりなどを現場、系統、行政、研究者が一体となって進めたいものです。

こうした漁村の空間を、私は〈幸が海から訪れる〉という意味から「来訪神型の空間」と呼んでいます。それに対して農村はどうでしょうか。ここで詳しく述べることはできませんが、私は〈幸(土地)を生みだした〉という意味で「産土神型の空間」ではないかと思います。そしてここで忘れてならないことは、海は世界と結ばれているのだということです。ですから世界のあちこちに〈龍宮伝説〉があるそうです。そればかりでなくこのような海からの来訪神を迎える漁村は、じつは都会の人々にとっても、かつてはとても重要な意味を持っていました。けれどもその海も都市化や工業化で、海の神々の上陸する浜がだんだん失われ、二一世紀の文明は重大な危機を迎えていると思います。

しかし、漁村の人々はこれからも、きっと海に向かって住みつづけることでしょう。それは自分たちの仕事のためだけではなく、未来のすべての世界の子供たちに、美しい海とおいしい海の幸を与えるため、そして何よりも、すべての子供たちに龍宮城からのやさしい神々との出会いをプレゼントするために……。

●――『漁協』1987.3

2

しなやかな家族

2-1 輪島市・海士町の海女家族——家族の〈しなやかさ〉を索めて

はじめに

一昨年［1982］八月、私は永いあいだの念願がかなって、はじめて輪島市海士（あま）町と対岸の舳倉島を訪れることができた。十数年も前から岩波写真文庫の『能登』（1954）や瀬川清子氏の『海女』（未来社 1970）などを見ながら、いつかこの絶海の〈ユートピア〉舳倉島を調査したいと夢見てきたが、私の想像どおり海士町や舳倉島では、今でも〈生き生き〉とした海女漁家の生活が展開されていた。島に近づくにつれて、海に向って建ち並ぶ漁家住宅は、いささか老朽化しつつあるのが見られたが、一方で漁港はじめ道路やヘリポート、公共的施設などが着々と整備され、いわば新旧混在の不思議な雰囲気につつまれていた。今では、かつてのような大がかりな〈島渡り〉はなくなり、逆に数十戸の漁家が周年島で暮らすようになっている。そして、新しい時代状況に対応すべく、海士町の漁家全体が、その未来の方向を模索しつつあるというのが、調査の印象であった。

私は、この海士町、舳倉島については、これから五〜十年というスケジュールで調査を続けて行きたいと考えており、ここに記すものはそのためのほんの序章にすぎないことを、はじめにお断りしておきたい。

研究の基本的視点

私の散見する限りでは、近年〈海女〉に関する研究はきわめて少なくなっているように思われる。強いてあげれば、例えば市町村史のためや〈民俗資料緊急調査〉などに見られるような〈消え去る〉運命にあるものとしての海女漁業の調査といった印象が強いように思う。私の調査した輪島市の場合もそうであった。しかし、他の海女漁業地域においても大同小異と思われるが、海士町、舳倉島においても、海女漁業は確実に再生産されており、一部〈拡大再生産〉の趣も見られた。例えば、近年では海女たちは数人〜十人のグループを編成し、運転手を雇って、秋から春にかけてライトバンに乗り組み、富山から福井県にかけて各地の磯に入漁して稼いでいるのが見られる。私はこれを〈ライトバン海女〉と名付けたのだが、冬期間の〈遊休〉労働力の活用と自動車時代を見事に対応させた新しい海女漁業のひとつのあり様を示すものといえよう。当面、私の研究の焦点は家族構造と生活周期、住居空間と住生活構造といったところにあるのだが、家族と生活周期についても、後述されるように、新しい時代条件に相応した諸変化を見せている。そのキーワードを示せば、〈家族構造のバラエティ（多様性）とフレキシビリティ（伸縮性）〉ということになるが、近年の家族をめぐる様々な病理現象を通して見た時、このような海女漁家に見られるような〈家族の柔構造〉は、二一世紀に向けてのひとつの有力な〈解答あるいはモデル〉を指し示しているので

❶漁から帰った船海女（ジョウアマ）たち
今ではみんなウェット・スーツを着ている

はないかという仮説を持っている。つまり、家族の中の一人一人がある程度において自立しながら、時間的、空間的状況に対応して、家族の離合集散を〈力強く〉くり返すという柔構造は、改めて〈家族とは何か〉を考えさせる力を持っているのではないか。今日の農村家族における〈出稼〉や、サラリーマン世帯における〈単身赴任〉などの問題やその病理性を考える時、現代家族が失ったものは、もしかしたら家族構造の〈多様性と伸縮性〉という家族構造の〈しなやかさ〉ではなかったかと考えられるからである。話は少しそれるが、近年私の後輩(重村力、神戸大学)も四国の山村において、こうした〈しなやかな構造〉を持つ家族の例を見い出している。ほとんどの現代人が、圧倒的な家族病理現象を前にして、なすすべを失い、二一世紀の家族についても確かな展望を持ち得ていないという時代状況からしても、こうした海辺や山地において何百年もの歴史に耐えて再生産されてきた、このような家族の構造を探り出すことは、単なる特殊例という以上の本質的な意味を持ち得るのではないかと考えている。

海女の家族分類と生活周期

今回の調査によって、私達が把握した海士町の海女漁家は一五八戸(海女二一四人)であったが、その平均世帯員数は五・一七人/戸であり、輪島市の平均三・六八人/戸を大きく上廻るものであり、また私達のこれまでの漁村調査の中でもトップクラスのものであった。また「地井モデル」による家族分類は、表❷に示されているが、C・準長系(30.7%)、B・夫婦(23.3%)、F・準次系(16%)、E・複合(12.7%)ときわめてヘテロジニアス(多様、混成的)な特長を示している。これは、表中に示された同じ能登半島・能登島の主農従漁村・野崎との比較でも明らかである。つまり野崎地区では、伝統、直系家族ともいうべき長男相続型が35%を占めているのに対し、海士町ではたった6.7%にしかなっていないなど、都市、農村と比して著しい差異を示しているといえよう。またC・準長系が海士町では30.7%とトップであるが、これも農村型と異なり、海女家族ではそのままD・長系へ移行するとは限らな

家族分類		野崎	海士町	備考
A 単身家族＊	A_1 単身	0.0	1.3	
	A_2 高齢単身（65歳以上）	0.0	0	
B 夫婦家族	B_1 夫妻（18歳未満の子女を含む）	10.0	15.3	世帯主夫婦を中心とする家族
	B_2 高齢夫婦（共に65歳以上）	0.0	0	
	B_3 B_1＋親	○15.0	8.0	
C 準長系家族	夫婦＋長男就業・未婚（親及び18歳以上の未婚・就業の女子・次三男を含む）	12.5	◎30.7	世帯主夫婦と長男同居の家族
D 長系家族	D_1 夫婦＋長男既婚（親と長男の18歳未満の子女を含む）	◎35.0	6.7	
	D_2 D_1＋長男の18歳以上及び既婚の子女	0.0	0	
E 複合家族	E_1 夫婦＋長男既婚＋18歳以上の就業の女子・次三男（親と子の18歳未満の子女を含む。女子及び次三男は未・既婚を問わず）	5.0	12.7	世帯主夫婦と長男＋女子又は次三男同居の家族
	E_2 E_1＋子の18歳以上及び既婚の子女	0.0	0	
F 準次系家族	夫婦＋18歳以上の就業・未婚の女子・次三男（親と子の18歳未満の子女を含む）	7.5	○16.0	世帯主夫婦と女子又は次三男同居の家族
G 次系家族	G_1 夫婦＋女子又は次・三男養子が既婚（親と子の18歳未満の子女を含む）	10.0	5.3	
	G_2 G_1＋子の18歳以上及び既婚の子女	0.0	0	
H その他		0.05	4.0	
サンプル数		40	150	

＊［注］──ここで詳しくは触れないが、最近私は、単身でも「家族」と呼ぶべきではないかと考え、単身「家族」という分類項を設けている

❷「地井モデル」による家族分類

い。この背景としては、一般に漁村では〈適者〉が後継ぎとなることが多いことや、輪島市では海女漁業、漁船漁業の他に朝市、行商、土建、その他の都市型の就業機会に恵まれていることが考えられる。さらには、近年かなり発展してきた漁業生産力の展開とともに、世代交替のペースが早くなり、全体に若い（準長系と準次系で約47%を占める）、多様な世帯構成が促進されてきたからではないかと思われるが、この点については次の機会に改めて調査してみたいと考えている。

さらに、海士町の家族構成を見る上で、重要ないくつかの特質について触れておきたいと思う。そのはじめは、何といっても有史（?）以来〈結婚はすべて恋愛結婚である〉ということであろう。その風習などについては、民俗学書に詳しいが一般に親はほとんど口出しし、手出しをせず、友人を介して自分の気に入った娘と結婚することになる。そうしたせいか、夫婦の年令差はきわめて少なく、私達の調査では約1/3が妻が一～三歳年上、約1/3が同年令、約1/3が夫が一～三歳年上という構成であった。また、離婚もほとんど見られないということであったが、この点については後日の調査に待ちたいと思う。

また私達の海女家族のヒヤリングにおいても、海女夫婦は実になごやかに、時には妻の積極的なリードで色々な話を聞き出すことができた。とくに技術のすぐれた船海女は、妻（海女）の〈命綱〉を夫（もしくは恋人）が船上で握ることになるのだが、そうした夫婦協力の呼吸が陸上の家庭生活にも反映しており、〈うらやましい〉というのが卒直な印象であった。さて、次に表❸は海女漁家の生活周期と居住地の関係を見たものである。昭和十年代ぐらいまでは、舳倉島に周年居住する家はなかったが、戦後増加を続け今日では六〇数戸の漁家が周年（といっても正月や祭りには輪島に帰る）舳倉島で操業している。

その他生活周期として見ると、周年輪島（海士町及周辺）に居住する海女漁家と海士町と舳倉島を移動（移住）する海女漁家という三つのタイプに区分される。

こうした生活周期の多様化は、いうまでもなく漁船、定期船の高速化、漁港の整備といった条件による所が大きいが、それだけでなく、経済条件の向上や舳倉島の環境整備が、海士町に〈本店〉を構え、舳倉島に〈分店〉を構えるという二拠点居住を可能にしたという点も見逃すことができない。

さらに、表❺は海女漁家の生活周期と就業形態の関係を整理したものである。ここでも著しい多様性と活力性を見ることができる。つまり就業形態そのものが多様であると共に、海女の形態も一世代（妻か娘）と二世代（親と妻か妻と娘）のものが見られ、更にいくつかのタイプに細分されるように、家族の条件に応じて実に画一的でない海女漁家が混成的に成立しているからである。また海女と男子就業の組合せタイプで見ると、

1——妻（海女）＋主と子（漁業）二八世帯
2——妻（海女）＋主（漁業）二一世帯
3——妻と娘（海女）＋主と子（漁業）一八世帯
4——妻（海女）＋主（土建）一三世帯
5——妻（海女）＋主（無・病）一一世帯

の順となっており、この五タイプだけで九一世帯（約60%）を占めている。そして全体の2/3の海女漁家の世帯主や

生活周期		住所	海女数	
周年	舳倉島	天地	20（10.0%）	145（72.5%）
		周辺	45（22.5）	
		舳倉	1（0.5）	
	輪島	天地	12（6.0）	
		周辺	67（33.5）	
移動		天地	17（8.5）	55（27.5%）
		周辺	38（19.0）	
合計			200（100.0）	200

❸

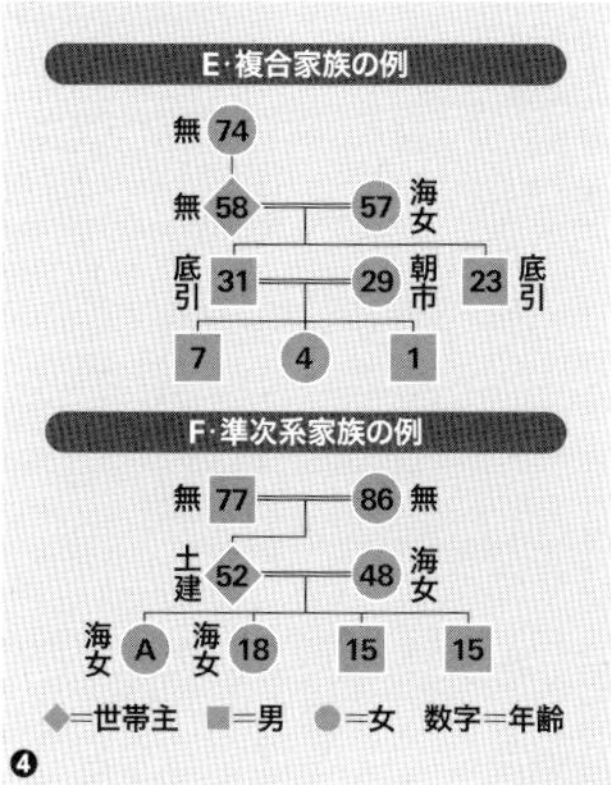

❹

❸海女漁家の生活周期
❹家族分類の典型例

生活周期			周年					移動		合計	
			舳倉			輪島					
住所			天地	周辺	舳倉	天地	周辺	天地	周辺	海女	世帯
海女一世代	親	主			1					1	1
		土建						1		1	1
	妻	主	1	1		2	11		6	21	21
		子	1	1			4	1	2	9	9
		主と子	3	11		2	9	1	2	28	28
		兄弟共乗り		1						1	1
		土建		2			7	1	3	13	13
		その他		1		2	2		1	6	6
		無病	1	1			6	1	2	11	11
	娘（二人以上含む）	子	2	1			5			8	7
		主と子		1			6			7	7
		夫婦共乗り		1					2	3	2
		その他	1	1					1	3	3
		無病	1				5			6	5
小計			10	22	1	6	55	5	19	118	115
海女二世代	親と妻	親と主					2			2	1
		兄弟共乗り	1					1		2	1
		その他					2			2	1
		無病					1		1	2	1
	妻と娘（二人以上含む）	主	3	6			5	2	1	17	8
		子	1	5				1	4	11	5
		主と子	6	14		5	4	5	8	42	18
		土建					2	3		5	2
		その他	1	7				1	1	10	5
		無病							3	3	1
小計			12	32	0	5	16	13	18	96	43
合計			22	54	1	11	71	18	37	214	158

【凡例（男子職業）】
主（世帯主）／子（子供）／主と子／夫婦・兄弟共乗り……漁業従事を示す
土建（土木建設業）／その他（その他職業）／無（無職）／病（病気）……漁業以外

子供が漁業に就業しており、労働力の面からも家計の面からもかなりの活力性がうかがえるものといえよう。さらに海女漁家全体の就業率は53.2%ときわめて高く、全体の就業率は64.2%となり、石川県平均の50.3%（全国平均は47.5%）をも大きく上廻り、地域全体に一種の〈喧噪〉にも似た活力性がみなぎっているといっても過言ではない。

海女家族の伸縮性と移動性

海女家族の分類については、すでに見たとおりであるが、こうした分類を更にミクロに見れば、きわめて多様な〈伸縮性〉を持っていることが分る。図❻は、二つの海女家族の年間における伸縮性を見たものであるが、各々の

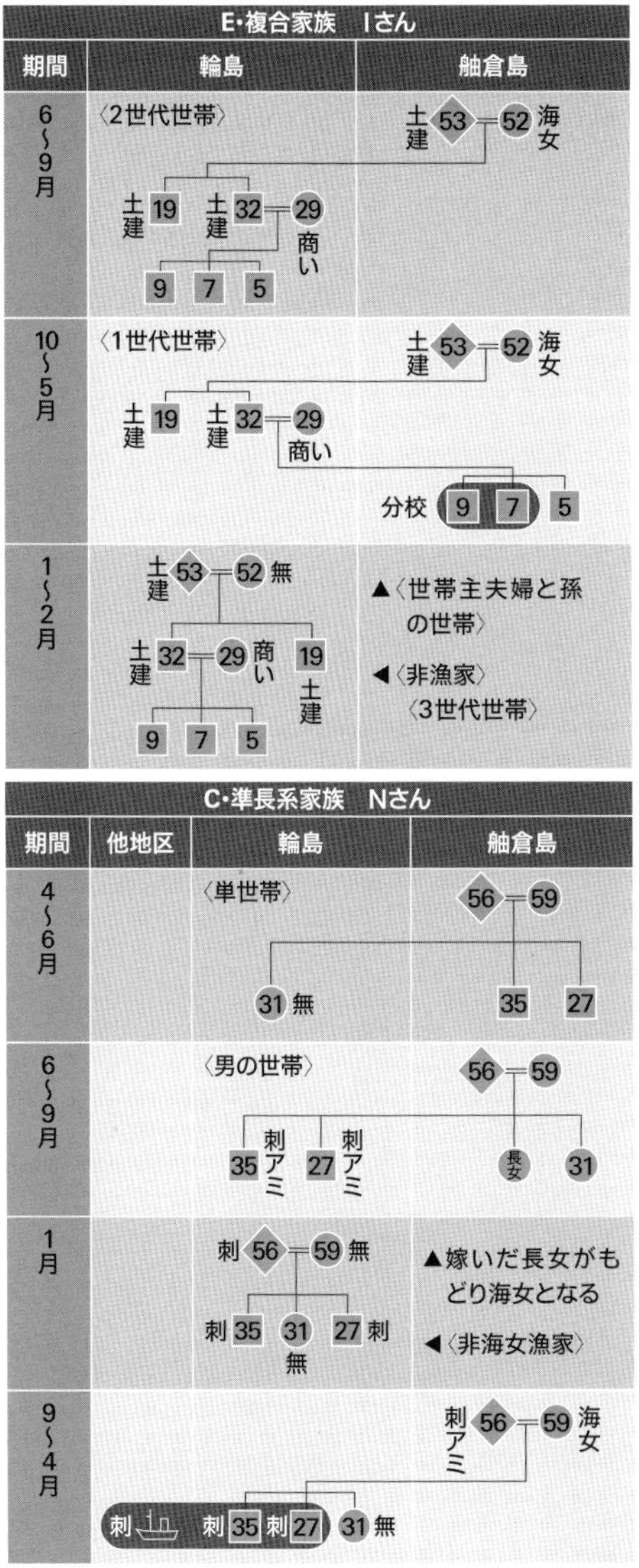

❻海女家族の「伸縮」状況

家族構成員は、主として海女漁業の季節性に規定されて、きわめて複雑な〈離合集散〉をくり返しており、しかも毎年同じパターンとは限らない。にもかかわらず、家族関係は前にも少し触れたようにきわめて安定的である。こうした離合集散は例えば、出稼、出張、単身赴任などのように多くの農村、都市家族においても見られるが、それらが多くの場合〈家族・家庭の危機〉としてとらえられているのに対し、海士町ではほとんど〈当然のこと〉といった様子である。こうした家族の伸縮性が安定的に推移するためには、例えば家族の役割分担や家族関係意識といった点においてかなりの個有性、特質が潜在的な内的条件として働いていると考えられるが、これらも今後の調査の課題にしたいと思っている。さらに一方で、こうした伸縮性を支える外的条件として見逃してならないのは、地域社会の習俗組織、漁場、行政といった諸条件であろうと思われる。例えば舳倉島、七ツ島周辺の漁業権管理のみならず、漁業者の生活にも深くかかわっている「海士町行政会」の役割や「組」組織の存在や「ツレニ連中」（友達組織）、「イチモン」（親族組織）、「ヨボシ親子」（擬制親子関係）などは今日でも伝承されている。あるいは、島の生産、生活環境整備や分校の維持などに果す行政の役割も大きいと言えよう。例えば、子供たちは輪島市の本校と島の分校を、面倒な手続きなしに全く自由に行き来することができる（従って例えば島の正確な人口把握はきわめてむずかしく、分校の先生が子供を介して島の人口把握に努力しているが、春、夏休みにはそれも不可能となる。最近把握された最大人口は、約三八〇人、最小人口は約一二五人であるが、夏休みはもっと増えていると考えられる）。

また島に住居を持たない海女家族は、島の空家を借りることになるが、その場合でも家賃はタダというのが伝統となっている。これは、空家は傷みやすいことがその背景と考えられるが、それにしてもこうしたいわば〈身内のつき合い〉としての地域共同体の存在は、こうした家族の多様性や伸縮性にきわめて大きな影響を与えていることは明らかであろう。

次に、このような家族の伸縮性と深い係わりを持つと思われる海士町の歴史的背景について少し触れてみたい。

海士町の歴史は、永禄（1570年頃）あるいは寛永初期（1630年頃）に、北九州、鐘ケ崎の漁民が能登へ漂着したことによって始まったと伝えられている。その後しばらくは、正月前に鐘ケ崎へ帰り、二月頃能登へ入漁するという、とてつもなく大きなスケールの〈灘渡り〉をしていたが、間もなく能登へ定住するようになった。

その後、藩から正式に認められ、一〇〇〇歩の土地を拝領することによって今日の海士町の基礎となったが、こうした漂着→灘渡り→島渡り→二拠点居住という海女家族の生活史は、きわめて大きなモビリティを持つものであったといえるだろう。少し大げさに言えば、ジプシー、遊牧民、アルプス牧畜民族などに匹敵するようなスケールの大きい、移動型〈民族〉が日本の各所にかつて展開されていたことを、輪島の海女家族の歴史からも学ぶことができる。

結論を急げば、もしかしたら現代家族の悲劇のひとつは、こうしたモビリティやフレキシビリティを失ったことにあるのかも知れないし、またいかに現代家族の中に適正なモビリティを保護して行くのかが、家族社会学、家政学のみならず、住居学、地域計画学、行財政学、社会福祉学に与えられた課題なのかもしれない。さて、以上私は海士町の家族と生活についていささか、その固有性を強調しすぎたかも知れない。しかし、本稿ではほとんど触れなかったが、海女家族とその生活構造の中にもきわめて多くの普遍的性格も感知されている。そこで、当面海女家族の固有性を強調しつつも、これからこうした固有性と普遍性を、適正に区分しつつ現代家族への共通基盤を少しずつ明らかにして行きたいと考えている。

●——『漁村研究』1984.7

2-2 漁村の生活と婦人労働の役割――その問題構造と行政への期待

漁村婦人の〈優しさ〉

「あの頃はネ先生、二〜三日も陸(おか)へ帰れないので、朝晩に船の上から双眼鏡で我が子の学校の行き帰りの姿を見てがんばったもんですよ」。

方言で表すことができなくて残念だが、私が北九州のある島を訪ねた時、昭和三五〜六年頃に棒受網漁船に乗っていたというある主婦がしみじみと語ってくれた。そして、「でもおかしいですよネ。あの頃の子供たちには、非行とか登校拒否とかなかったから」と言って笑い合ったのだが、私は改めて漁村婦人の厳しい生活の歴史に打たれていた。これは、漁村婦人の〈逞しさ〉を語るというよりは、むしろそれを超えた漁村婦人や漁村の子供たちの〈優しさ〉とでも呼ぶべきものを語っているのではないかと私はかねがね考えてきた。

私が全国の漁村婦人の実態を意識的に調査しはじめてもう一〇年になろうとしているが、その歴史は、こうした漁村婦人の〈強靭な優しさ〉とでも言うべきものを学ぶ歴史でもあった。

愛媛県のタイ底曳網の漁村を訪ねた時は、主婦たちも船長の免許を取り、実に逞しく夫たちを支えていた。そして、漁の帰り仕事に疲れた夫を寝かせ、自ら漁船の舵を握って帰るのだという主婦たちの力強い話を聞いた時、私は日本の沿岸漁業も今や確実に男たちと女たちの協同によって辛くも成立しているのだという確信を持つことができた。

いやこうした現場の労力ばかりではない。北海道のある沖合漁業の町を訪ねた時、ある初老の主婦は親の代の借金を引き受け、自ら先頭に立って夫や子供たちと協力しながら、二〇年かかってその経営を建ち直らせた苦闘の歴史を、涙の中で語ってくれた。

また、千葉県の海女漁村を訪ねた時は、遠洋漁船や潜水作業に従事し長期間家を留守にする夫に代って、海女たちは家事、育児の他、米づくり、花づくりに精を出していた。「この辺では、夫や子供の世話をきちんとできない女は一人前とは言われないですよ」と謙虚に言う彼女たちはしかし、自信に満ちあふれていた。そして「昔はね、女三人で魚を満載した大八車を押して山を越えて、築地の市場へ朝早く向う船に積み込むために、館山まで押して走ったもんですよ」という話を聞いた時、私はほとんど言うべき言葉を失っていた。

私たちは、これまで果たしてこうした漁村婦人の歴史をどれほど学んできたのだろうか。そこには、単に漁村婦人の優しさばかりではなく、私達国民がほんのここ二～三〇年の間に近代化の名のもとに、失ってしまったものが満ちあふれていると言ったら言いすぎであろうか。しかし、私は今日の厳しい社会経済条件の中で、日本の沿岸漁業、漁村、漁家の暮らしは、漁村婦人の〈性と労働〉によって再生産の主要な契機を辛くも保証されているのだと信じている。

婦人労働の実態と問題点

こうした漁村婦人の持つ逞しさや優しさも、しかし、周りの人々によってそして時には本人自らによって客観的あるいは冷静に受け止められているかとなると、状況は一転すると言えるだろう。周りの人々からというのはひとまず置くとしても、本人自らが、自らの労働とその役割についてもほとんど正しい評価と展望を失っているとしたら、これほど厳しい状況はない。

幸いにして私たちは、昭和五二〜五四年度にわたって、農林水産業特別試験研究費補助金によって、こうした沿岸漁村の〈婦人労働の実態と役割〉について研究する機会に恵まれたが、そこですでに述べた漁村婦人の優しさと同時にそれを取りまく厳しい状況が少しではあるが、明らかにされた。

この調査をはじめた当初、私たち調査グループは時として沈みがちであった。それは行く先々の漁村で、懇談会に集まってくれた主婦たちの大半の、〈自分の子供は漁師にしない〉という厳しい意見に囲まれることになったからである。時にはこうした主婦たちと漁協婦人部長の意見が鋭く対立する場面にも出会うことになったが、こうした厳しい状況から私達の研究も本格化することになった。

そこでまず明らかになったことは、現場の漁家の主婦、お母さん方の〈生活そのもの〉が客観的に把握されていないという事情と共に、そうした主婦たちの生活実態を属地的、属人的に分析、評価し得るような方法論や資料がほとんど用意されていないということであった。このことはまた、漁村婦人の海上労働に関する統計資料などが、政策的にも全く用意されていないという事情とも深く係わっていると考えられ、こうした点の充実を是非お願いしたいと考えている。それから研究のいわゆる〈生活構造論的〉アプローチにしても、近代主義的傾向と共に、都市や農村における事例がほとんどであったからである。

そこで当然のことながら、主婦たちの生活実態(生活時間、労働形態、家族関係、近隣関係、生活環境など)をできるかぎり細かく把握することから着手されたが、次々と厳しい生活実態が抽出されることになった。例えば、図❶は、能登半島のある漁村における一主婦の生活時間を示したものであるが、ここには記入されていないが、この主婦はこの他に朝三時半頃起床をして〈牛乳配達〉をしていたのである。こうした生活時間そのものは、とくに珍しいものではないかもしれないが、問題はむしろ、こうした主婦労働に見合う評価が、本人によっても、周囲の人々によってもほとんどなされていないことにあると考えられた。

例えば、彼女は自らのレクリエーションや婦人部の慰安旅行のようなものも〈もったいないから行きません〉とい

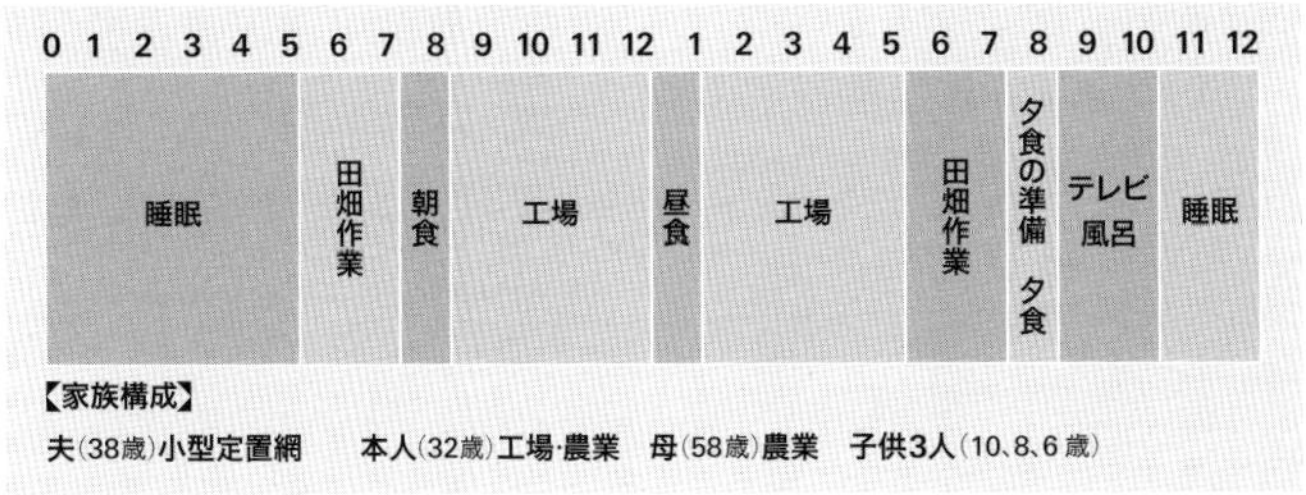

❶漁村婦人の生活時間例（能登半島）

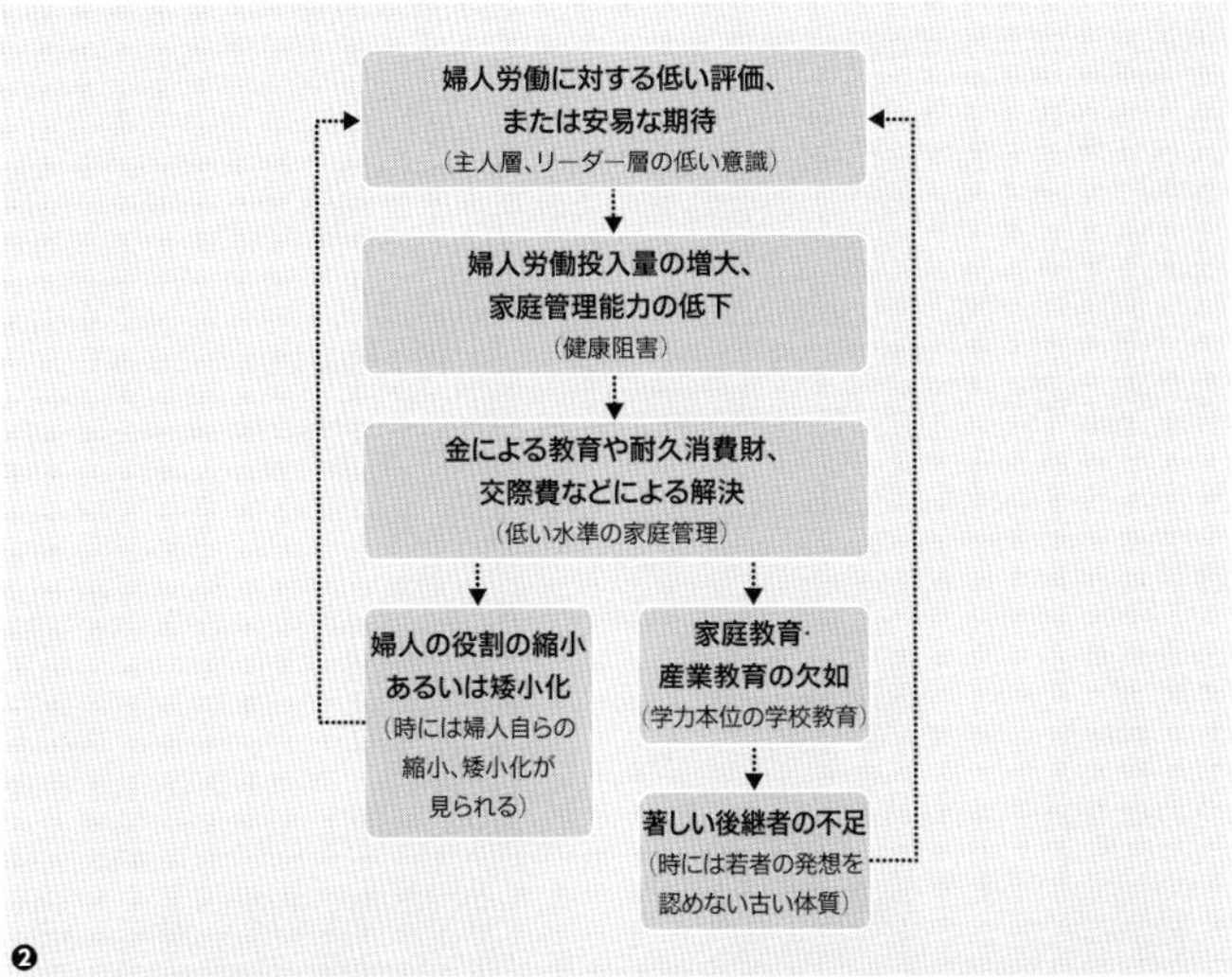

❷婦人労働をめぐる意識と行動

	全村	男性			女性		
		病類	件数	世代	病類	件数	世代
第1位	循環系（高血圧）	循環系	105	壮，高	循環系	215	壮，老，高
第2位	消化系（歯科を含む）	消化系	95	成，壮	消化系	104	成，壮
第3位	呼吸系	呼吸系	95	幼，児	筋骨格系	101	壮，老
第4位	筋骨格系	筋骨格系	43	壮，高	呼吸系	77	幼，児，壮

世代─発生件数の多い世代
幼─幼児期　成─成年期　高─高齢期（70歳以上）
児─児童期　壮─壮年期
青─青少年期　老─老年期
［注］──国保資料より筆者作成。

❸漁村の疾患状況例（青森県）

うことであった。そしてより深刻と考えられたのは、その子供たちの生活であった。ちょうど夏休みであったが、生活時間調査に応じてくれた小学生（高学年）は、家の仕事は全く手伝わず、〈昼寝〉をして夜遅くまでテレビにかじりつくという生活時間であった。

こうした意味で、労働に追われる主婦の生活構造によって直接被害を受けるのは本人自らの例えば健康であるが、世代的に見ればむしろ〈子供たち〉であると言えるだろう。私たちは、〈自分の子は漁師にしません〉という主婦たちの声と子供の生活構造（成長過程）は、かなり深い相関関係にあると仮説するに至った。そしてこうした仮説を更に深めることによって、図❷のような〈婦人労働をめぐる意識と行動〉の循環図式を描き出すに至ったのである。

また主婦自らの健康阻害も時には深刻なレベルに達している。表❸は、別の機会に行われた調査からのものであるが、青森県のある漁村では、ホタテ養殖、小型定置網、磯漁業で主婦たちの労働もかなり厳しいものであったが、こうした事情は国保のレセプト集計にもはっきりと示されていた。

女性の件数は、男性の倍近くにも及んでおり、女性の筋骨格系疾患に至っては男性の倍以上となっており、主婦の肉体水準以上の家事、育児、生産労働の負担があることは明らかであろう。こうした状況はまた残念ながら村当局や保健婦によってもほとんど正確に把握されていなかった。

もし漁家の主婦の多くが、こうした状況で放置されるとすれば、健全な家庭経営はおろか後継者育成も望むべくもない。またこの地区では、全体的に高血圧を中心とする循環器系疾患がきわめて多いが、これらが伝統的食生活、なかでも塩分の過剰摂取と深い関係にあることも言うまでもない。

総じてこうした健康管理と食生活改善の課題は今日でも大きいが、より本質的な問題はそうした状況とそれを生み出す背景についての客観的資料や認識が欠けていることにあると考えられる。その意味で例えば国保レセプトなどが、単に自治体予算の管理のためにのみ活用されているという現状も、是非改善してほしいものだと考えている。

家族構造に見合った経営と労働へ

漁村の婦人労働をめぐる問題は、これに尽きるものではないが、紙幅の関係もあり先へ進めることにしよう。さて図❹は、こうしたこれまでの調査から、婦人労働を中心とする生活構造の問題点を構造的に把握するためのひとつの枠組を仮説的に示したものであるが、ここで〈家族関係〉を中心とするこれからの課題解決の方向について若干の提起を行ってみたいと思う。

すでに見てきたように、婦人労働の問題点は、現象的には健康阻害、家庭管理、環境条件として見ることができるが、しかし、これらはいわば、〈対策的レベル〉として見た場合である。課題解決の方法として〈対策〉があるの

	●健康阻害	●家庭管理	●地域運営
●対策レベル↓	検診や情報、技術の普及etc （保健・医療）←→	育児、家族の健康の認識、共同購入etc （家庭管理）←→	社会化、共同化の認識、集会所、レクリエーションなど （環境条件）
●調整レベル↓	労働、家庭管理を世代間、男女間で調整する （家族関係）←→		生産、地域運営を地域内（世代間、男女間、家間）で調整する （近隣関係）
●要因レベル	労働形態、労働力配置、生産形態の点検、変更 ←→ 生活観の確立 （生産形態）		

❹

共乗りのタイプ				漁家数	小計
夫＋妻	65歳以上			0	34
	65歳未満	小学生以下なし	姑あり	2	
			姑なし	20	
		小学生以下あり	姑あり	4	
			姑なし	8	
父＋子	2世代世帯			11	25
	3世代世帯			10	
	4世代世帯			4	
兄弟					6
雇用（共同を含む）					39
1人操業					6
合計					110

❺

❹生活課題の内容と対応レベル
❺漁村における労働力構成例（愛媛県）

は当然であるが、しかし、対策の前に課題発生を防止するという意味も含めて〈調整的レベル〉があるように考えられる。例えば、このことに関して最も重要と思われることのひとつに、地域の漁業経営、漁業労働が、各々の漁家の家族構造あるいは労働力条件を捨象して〈画一的〉に評価されるということがあると考えられた。表❺は、先の主婦船長の愛媛の漁村の例であるが、家族構造（労働力条件）はきわめて多様であるにも拘らず、地域漁業経営のモデルは船型、馬力、水揚ともにほとんど単一でしかも、トップレベルの水揚に引っぱられるという〈高位水準〉のものとなっていた。その結果、夫婦共乗りのうち、ともに六五歳未満の夫婦の中でも〈姑なし〉という二八戸の漁家における家庭経営は、かなり〈無理〉を強いられることになる。

現地では、こうした課題は辛じて〈近隣関係〉によって支えられ顕在化していなかったが、潜在的には様々な点に矛盾を引き起こすものであるといえよう。更に要因レベルそのものの追求も重要であることは言うまでもないが、しかし、そこに至る過程で、〈健全で、永続性のある家庭経営〉という観点から、各々の漁家の特性に応じた経営とそのための主婦労働のあり方を真剣に見直すべき時期にあると言えるのではないだろうか。

たしかに、戦後の水産制度改革期や高度経済成長期は、その高低にちがいがあるものの、いわば全漁家が一勢にスタートラインに並び、〈ヨーイドン〉で豊かな漁家をめざしてスタートを切った時代であったと言えよう。しかし、生産・市場条件、労働力条件、環境条件、家族関係が多様化した今日では、むしろ画一性よりは、豊かさとしての多様性を受け入れるかたちの、経営構造と家族構造の確立こそが、永続性のある漁家と漁村を創り出す鍵であると言えるのではないだろうか。

行政への期待

さて、これまで漁村婦人の労働や生活の実態はほとんど把握されていないと、いささか乱暴な表現をして来たが、ここで若干訂正される必要があろう。と言うのは例えば、「生活改善普及事業」などにおいても昭和三五年から漁家担当普及員が誕生し、いわば孤立無援の漁村婦人たちとの協同による地道な生活改善事業が長年にわたって積み重ねられて来たからである。

今日においては、漁家生活改善からいわば環境改善までもがターゲットとして拡大され、自らと自らの環境に対する漁家婦人の客観的認識と課題解決能力は戦後のレベルからみれば飛躍的に向上したと言えよう。例えば今日の農政のひとつの柱ともいうべき〈地域生活診断、点検地図、村づくり〉といった一連のストーリーは、漁村にも確実に浸透しつつある。こうした政策的支援と漁村婦人の〈優しさ〉が協同される時が、私達が二一世紀へ生きる明るい漁村の展望を持ち得る時であろうと思われる。

しかし、この協同を実現させるためには、まだ多くの課題が残されていることも事実であろう。例えば漁村やその生活課題の多様性に対し、漁家生活担当普及員の絶対数の足りないことなどもそうであろうし、あるいは時には潜在化している生活、環境課題を掘り起こすための方法論や資料の蓄積といったことも大きな課題であると考えられる。

よく、〈生活改善は終わった〉などと言うそれこそ乱暴な表現を行政担当者や地域リーダーから聞くが、すでに明らかなように、生活改善とは、単に〈見える領域とその対策〉に尽きるものではなく、むしろ今日では先の子供たちの生活構造にも象徴的に暗示されているように〈見えにくい、見えない領域〉に対する対策や調整を必要とする時代に入っているといえよう。その意味で、私は生活改善事業も〈課題解決〉の時代から、それを含みつつも、二一世紀へ逞しく生きつづける漁村を創り出すための〈新たなる課題の発見〉の時代に入っていると考えている。それだからこそ、生活改善運動もその領域に留まることなく、すでにかなり実践されているように積極的に各方面との連係を強め、より客観的、総合的な実践の場へ歩み出しているのだと考えている。

●――『農林水産省広報』1984.11

2-3 漁村の生活と環境を考える――二一世紀のコミュニティ・モデルとして

〈漁村〉という空間を考える

私は［広島］工業大学に勤務し、建築を教えていますが、その間ここ一五年ほど漁村の研究に取り組んできました。なぜ建築の研究から漁村の研究へ進んで来たのかをまずはじめに述べてみたいと思います。

漁村の研究といっても、私の場合いわゆる漁村社会学や漁村経済の研究とは少し異って、それらを含みながらも〈空間としての漁村〉というものを対象にしてきました。この〈空間〉というものを説明することは意外とむずかしいのですが、たとえばひとつの建築を設計したとしますと、そのまわりにスキマのようなものが残ることになります。建築だけをやっていますとこのスキマについては手をつけられないということに大きな不満を持っていました。建築もひとつの空間ですが、たとえばそれをいくら集めてもひとつのまとまった良い町や村になるとは限らないわけです。最近の都市近郊のスプロール地域における団地開発などを見ても、およそ人間の住む町らしくない風景は至る所で見ることができます。これはつまりスキマのつながり（外部の共同生活空間）がきちんと良いものになっていないということによるものなのです。

ところが十数年前に、西伊豆の漁村を訪れた時、あたかも漁村全体がひとつの建築であるかのような光景を見て目を洗われる思いがしました。そこに住む人々は、あたかもひとつの家族集団のような親密な関係にありました。しかも、限られた土地と限られた海洋資源の中で、何百年と生きつづけてきたひとつの家であり家族であるわけです。

それ以来私は、ここで詳しく述べる余裕はありませんが、〈イエとは小さなムラであり、ムラとは大きなイエである〉という考え方、見方の現実的な見本として漁村に接してきました。もしかしたらこれはまた未来社会のコミュニティのモデルになりうるのではないだろうか、その研究によって未来の都市社会にもひとつのヒントが与えられるのではないだろうかという思いも込めて全国の漁村を歩いて来ました。

しかし、漁村に住む方々の多くは、日頃住んでいる自分達の町や村については、嫌なところばかり目にしてしまい、できることなら〈こんな封建的で、古くさい所〉を逃げ出したいと考えているようにも見られます。これは私の見る所では、大変もったいないことであり大切な財産を失うことになるのではないかと考えています。ですから今日は、少し新しい角度から漁村の空間あるいは生活環境というものを評価してみたいと思います。ですからここではあえて問題点にはふれず、漁村空間の持つ素晴しさといった点についてのみ述べてみたいと思います。

二〇〇カイリ論議に欠けていたもの

建築の基本は住宅であるといわれていますが、ここでいうまでもなく住宅とは、いわゆる生活の場であり生活手段のひとつであって、生産の場や生産手段のように所得とは直結しないという特徴を持っています。それだけにこれまで、漁村における生活やその空間についての政策的、学問的取り組みは全くお粗末なものでありました。つい最近まではほとんどなかったといっても過言ではありません。学問の世界を見ても、漁業経済、漁業経営、漁業技術といった研究は多くても、漁村生活といった分野については、学問の対象としてすら認知されていなかったといえます。

近年の二〇〇カイリ論議を見てもこのことが証明されたように思います。私の見る所二〇〇カイリ論議は、それが経済や経営といった点から重大事であることはいうまでもありませんが、それにもまして〈これからの漁民の生活や環境をどう整えて行くのか〉という視点からも議論されない限り、その対応策も内部から崩壊して行くのではないかと心配しています。二〇〇カイリ論を待つまでもなく、すでに〈家を新築したが、後継者がいない〉〈漁船を新造したが、魚がいない〉という漁村をとりまく深刻な状況が存在していました。

しかし最近では農林水産省においても、漁家生活改善のための施策や漁村環境整備の事業などがスタートしたことは、〈生活や環境の安定なくしては、経済もあり得ない〉という時代の危機感とでもいうべきものを反映したものであり、長い歴史を持つ漁家や漁村にとってもひとつの大きな転機であると評価できると思います。

家や村の生活や環境とは、〈そこで充分休養し、人々と交流し、活力を養う空間であり〉、そのことによってはじめて長期的、安定的な経済が支えられるという思想を確立することによってはじめて、〈角(所得)をためて、牛(生活や資源)を殺す〉という今日の人類史的危機を脱することができると思うのです。また長い漁業や漁村の歴史と知恵は、新しい時代の中でもこうしたことが充分可能であることを教えてくれるものであると思います。

沿岸漁村の役割とは

①――分布密度の高さ

漁業の専門の方々に対して、〈沿岸漁村の役割とは〉などというのは全くおこがましいことで恐縮ですが、ここでは先に述べた〈空間としての役割〉という視点から二～三の点について考えてみたいと思います。日本にどのくらいの漁村があるのか、という点については漁村をどう分析するかということによって異ってくると思いますが、私は一部の主農従漁村のようなタイプを除けば、約四〇〇〇ヵ所ぐらいではないかと推定しています。そうしますと日本の海岸線が約三万一〇〇〇キロですから、約八キロに一ヵ所の割合で漁村が〈空間的に分布している〉ことになります。しかも片寄らないで比較的均等に分布しています。

このように分布の密度が高く、均等であるということが、私は日本が世界一の漁業先進国であるという理由の大切なひとつであると思うのです。といいますのは、これだけの密度でしかもかなり高い生活水準で漁村が分布しているのは、日本しかないからです。所によっては千葉県の外房のように数百メートルおきに漁村と漁港が並んでいるというような事例も見られます。

②——空間の管理ということ

こうした分布密度の高さということから色々貴重な役割を発見して行くことができます。まず〈空間（漁業資源を含めて）の管理〉ということがあげられると思います。具体的には、日本の地先漁場を共同で維持、管理し資源を守ってきたということです。しかも資源管理だけでなく、浜掃除などもしながら自分達の生活空間だけでなく、国民全体のための生活、生存空間を守って来た歴史と伝統は、いくら評価してもしすぎることはないと思います。こうした生活空間を守り、つまり家と村を守って来たからこそ、その中から優れた後継者が育ち、このことがまた日本の優れた沖合漁業や遠洋漁業を築いてきたことは衆知の事実です。こうした歴史から見れば、漁業の後継者がなかなか育たないという状況と、今日ややもすれば家や町や村の生活が混乱したものになっているという状況は無関係ではないように思うのです。

とくに二〇〇カイリ、オイルショック以後〈資源の管理〉ということが叫ばれていますが、私の考えでは資源の管理だけでは不充分だと思っています。資源（生産の対象）の管理から生活の管理を含めた〈空間の管理〉というものに発展すべきだと思うのです。極端にいいますと、いくら資源を守っても、そこに家や町や村の生活というものが守られなければ何のために働いているのか分らなくなってしまうからです。私は日本の漁村の歴史は大きく見れば〈資源と生活のバランスの歴史〉であると考えています。だからこそ、未来の人類社会のモデルになり得ると仮説的に考えているわけです。

③——文化の伝達ということ

漁業の役割の基本は、蛋白質の供給にあるということはいうまでもないことですが、その供給の仕方というものがきわめて素晴しい〈しくみ〉を持っていたと考えられます。山口県の外海の漁村へ行った時〈カンカン部隊〉という面白い名前を知りました。鮮魚や乾物をカンカンに入れて下関の市場や近くの農山村へ売りに歩く婦人部隊が今でも健在ですし、全国各地に見られるものです。こうした流通形態はもう古いものと思われがちですが、私はこれはスーパーマーケットで魚をパックにして売買するというのと全く違った素晴しさを持っていると思います。こうした人々によって日本の農山村の隅々まで、水産蛋白質を供給してきたことが今日の日本全体の文化や生活水準と深くかかわっていると思うのです。しかもこの人々は蛋白質あるいはそれを食べる喜びを運んだだけではありません。むしろ大切なのは、それを通して情報を伝達してきたということです。いま山ではこういうことがある、海ではこんなことが起こっていますよと伝えることによって文化を培ってきました。情報とは文化の基本的条件のひとつだからです。そればかりか、時には仲人の役まで買ってでて、年頃の娘や男子を探し出しては求めている家へ連れてくるようなことも少なくありませんでした。こうして日本中に、網の目のような情報の〈ネットワーク〉を張りめぐらせてきたのです。

④——海難救助の意味

また沿岸漁民が果してきた大切な役割には、海難救助というものがあります。これは仲間同士はいうまでもなく、多くの国民の生命を救ってきました。これも全国の海岸線に高密度で漁村が分布していたからこそ可能となったものです。これに関する正確なデータは、私はまだ把握していませんが、おそらく莫大なものであろうと予想しています。

昭和五一年には、瀬戸内海の情島（山口県）の近くでフェリーが転覆しましたが、ほとんどの乗客は情島の漁民によって救助されました。この島にはこの海難救助ではにがい思い出がありました。それは戦前でしたか、やはり客船の転覆が近くでありましたが、その時は男衆は皆沖へ出ていて救助することができず、現場を目前にして島の女たちは大変くやしい思いをしたそうです。それで今度は、〈あの時の借りを返すことができた〉と大変喜んでいましたが、昭和四九年の水島の重油流出事故も、結局のところ大半が漁民の出動によって片付けられたという状態などと合わせ考えても、漁民の〈海洋空間管理者〉としての面目躍如たるものがあるといえます。

こうした海洋空間を、近年では国家管理あるいは企業の管理下に、あるいは市民の管理下にという考え方もあるようですが、事実上こうしたキメの細かい維持、管理はとうてい不可能であるといえましょう。

漁村空間の特質

①——高密度な集住ということ

漁村の空間あるいは環境を特徴づけているもののひとつに、高密度な集住形態ということがあげられます。限られた土地に多数の人々が生活していますが、ふつうこの状態は〈土地が狭いから〉というように説明されています。しかしこれは事実の半面しか物語っていないようです。中には広い土地があっても肩を寄せ合っている漁村もたくさんあるからです。私のこれまでの調査でも、これにはもっと深い理由があります。この点については後から述べてみたいと思いますが、こうした背景をもとに漁村には、いろいろな〈集まりのタイプ〉が存在することも明らかになっています。

私のこれまでの調査の中で、最もこうした密度の高い漁村は大分県にあり、なんと一ヘクタール（一町歩）の土地に一〇〇〇人以上の人が木造二～三階建の家屋で暮しています。都会の四～五階建てのアパートのある地区でおよそ三〇〇～四〇〇人／ヘクタールですから、この漁村は驚くべき高密度の空間であるわけです。ここでは村のメインストリートといっても、幅はせいぜい二～三メートルぐらいで道全体が迷路のように入り組んでいます。

そしてそこに住む人々は、すべて顔見知りであり実に快活な人々でありました。ちょうど私が訪れた時、外からこの島にお嫁さんが来たのですが、それこそ島中あげての歓迎で私はこの島の人々の持つ〈やさしさ〉や明るさにそれこそ圧倒されてしまいました。こういう村の持つさまざまな問題点もたくさんあると思います。しかし、ここではあえて私は触れませんが、今日の都会の団地の持つ〈よそよそしさ〉や農山村のいわゆる過疎地帯の持つ〈さびしさ〉と対比して見た時、この〈皆が集まって住む〉ことの価値は、計り知れないものがあると思うのです。そして夏に調査に訪れると、おばあさんが村の子供五~六人を集めてなんとなく遊んでいる、あるいは面倒を見ているという風景などもよく見かけます。これは保育所の役割を果すものです。またよく〈漁村の子供は誰に育てられたか分らない〉という話も聞きます。親戚兄弟の家で遊んだり食事をするからです。こうした環境は、子供にとっては全く天国ともいうべきものです。もっとも今では教育熱心な親が多くなり、漁村でもゆっくり遊べる暇もないという状態になってしまったようです。

②——共同体的な性格

それから漁村の高密度性と深い関係にあることですが、漁村社会の共同体的な性格というものも重要な特徴のひとつです。今ごろコミュニティという外来語が盛んですが、別に外来語や外国の事例に頼らなくとも、日本にもすぐれた共同社会の伝統が引き継がれて来ています。なかでも漁村は、きわめてすぐれた共同体として今日まで生き続けています。

漁場をみんなで共有するあるいは管理する、また漁具を共有する、流通を共同で行うということが共同体社会の基本的条件となってきました。このような共同の生産や漁期や漁場を規制する〈共同体規制〉に対しては、戦後とくに学問の世界では誤った見解が出されたと思います。〈共同で生産したり規制したりするのは、生産力が低いからであり、貧しいからである〉という見方が主流となってきました。しかし良く考えてみますと、規制しないことには資源がなくなってしまうわけですし、同じ魚ならみんなで獲った方がそれこそ効率的であるわけです。この辺が農業などと基本的に違うところですが、粗雑な理論の中でこうした大切なことが見落されてきました。今や日本の漁村は、貧しいなどという水準とほど遠く、その技術も世界の最先端を行っています。むしろ進みすぎて二〇〇カイリ論議を引き起こしたともいえましょう。にもかかわらず日本の浦々には極めて強い共同体の伝統が確実に引き継がれ、たとえば漁業協同組合の考え方や行動の中にも表われています。岩手県のある漁協では、〈村張り〉の大敷網によって、退職した老人に老齢年金を支払っている事実を知って驚きました。村張りなどという〈古めかしい組織と技術〉によって、国ですらできなかった老齢年金を組合独自で可能としているのです。ここに至っては、〈組合が、むしろ資本主義の後進性を補う役割を果している〉というべきでありましょう。子供の生活や老後の生活が保証されないような社会は、資本主義であれ社会主義であれ存在価値はありません。

まして工業社会における資本家と労働者の関係を、歴史的な網元と網子の関係と同一視するというようなことも、学問としてあまりに粗雑といえます。たしかにこうした中には封建的な色彩も残ってはいますが、こうした矛盾の中にありながらも新しい漁村を求めてさまざまな事業と取り組んでいる漁協は、それこそ全国津々浦々に見られます。このような意味で私は、世界で独特の発展を見せた漁村を背景に成立してきた日本の漁業協同組合の論理というものは協同組合の諸原則を踏まえながらも、世界で独自の地歩を築くべきものであると信じています。

これまでいささか〈共同〉を強調しすぎたかも知れませんが、私はこうした共同と〈私的生産〉が平和的に共存している所に、実は日本の漁村社会や漁村空間の活力の源泉があると考えています。そこには全体主義でもない、個人主義でもない、あえていえば協同組合主義とでもいうべき〈第三の道〉が開かれていると思われます。ところが、今日では多くの漁村においてこうした道に多くの危機が存在しています。たとえば養殖漁業による私的経営部門の拡大などは、その代表的なものと考えられます。昔のような養殖技術ならばともかく、今日の養殖をめぐる飼料、技術、流通、漁場の様相は、漁村社会の存立基盤としての共同体の論理をつき崩すほどに発展してしまいました。〈貧しい漁村〉の希望の灯としての養殖漁業と、〈豊かな漁村〉の養殖漁業の持つ意味は全く逆転したものになったといっても過言ではないと思います。

漁村の共同生活空間

①――共同生活空間とは

これまで漁村の空間や社会の持つ特質について、少し抽象的に述べてきましたが、ここでは少し具体的に考えてみたいと思います。ふつう空間や環境といった時、ふたつのものが考えられます。つまり住宅などの個人的空間と学校などのような共同空間というようなものに分けることができます。コミュニティとしての漁村空間の面白さは、なんといってもこの共同空間にあります。日本の戦後の近代化の中では、個人的空間はかなり改善され立派なものになってきましたが、共同生活空間というようなものが非常に立ち遅れていることは都市や農村の中でもよく指摘されています。

漁村においてもとくに最近このような傾向が見られるようになりました。養殖地域などでは建坪が一〇〇坪をこえるような住宅もよく見かけます。しかし家庭排水はタレ流しで、満足な子供の遊び場もないという所が少なくありません。あるいは加工排水や生産廃棄物などについても充分な対策が見られず、自ら漁場汚染の原因となっている所も見られます。今後はこうした個人空間と共同空間の調和的な発展ということが大きな課題になって行くと思います。

さてこの共同生活空間というものを考えて行きたいわけですが、学校や道路や上下水道、公園などおよそ住宅のまわりのすべての空間がこれにあてはまります。また学校といった時、学校の建物そのものを指すのではなく、その中で行われる子供たちの生活というものを含めて考えてみたいと思います。この共同生活空間というものは、いくつかの特徴を持っています。まず場所が比較的固定しているということがあります。〈この道路は狭いから、むこうへ動かそう〉などということはほとんど不可能です。またお金で売買しにくいという特徴があります。学校など勿論ですし、病院などにしても建物はともかく、安心できる医療体制というものは売買できません。それから全体がひとつのセットになってはじめて意味を特ってきます。先生のいない病院は意味がありませんし、処理施設のない下水道なども困ります。

そして何より大切なことは、これらがなければ個人生活も絶対に成り立たないということでしょう。いくら所得をあげ、立派な家を作ってもそれだけでは港のない漁船を作るようなものです。こうした共同生活空間の重要性は、一般に人々の注意を引くことが少なく、とくに男性はこれらを軽視しがちです。しかしこうしたものが時代に即して改善されなければ、共同社会の崩壊へつながるきわめて重要な問題が起きることになると思われます。

②——共同風呂と海女小屋に学ぶ

漁村にはこうした共同生活空間の面白い事例がたくさんありますが、ここでは共同風呂と海女小屋のことについて考えてみたいと思います。共同風呂については、ご存知の方も多いと思いますが、昭和三〇年頃から「新農山漁村建設計画」などによってもずい分あちこちに作られました。これは各家庭で風呂を持たないという貧しさからの要求であったと思うのですが、今日では反対に〈豊かさゆえ〉に共同風呂の要求も高まってきています。最近では都市近郊の農村などでも、共同風呂を持つ公民館などが作られて、お年寄りなどに喜ばれています。今の時代に貧しいから風呂がないという家庭はほとんどないでしょう。にもかかわらずこのような要求がでてくるのは、家に立派なガス風呂があっても、つき合いがなくなって淋しいという思いが強いからでしょう。個人的要求が満足されれば、必ず共同的なものの要求が起きてきます。そして皆さんで楽しいつき合いをすることが最終的な目標となるのです。

子供たちにしても、立派な部屋に立派な机があっても、つねにそこから逃げ出してみんなと遊びたいという思いにかられていると思います。そうした最もいい事例は、漁村特有の海女小屋でしょう。海女漁村に行きますと、海女さんたちが漁から帰って火にあたり風呂に入って体調を整えて家に帰ります。このような小屋は外見はいささか古びていますが、今でも健在です。海女さん方の所得水準であったら、こんなものはなくても家で充分間に合うはずです。にもかかわらずなぜそれを大切にしているかといえば、そこで仲間と一緒に談笑し時には男衆の悪口をいって、そして体を暖めるというわば〈海女小屋会議〉が楽しくてしようがないからです。これはとてもお金で買える楽しみではありません。所得とは無関係なのです。私はある海女漁村で〈補助金で建て替えたらどうですか〉といって、〈いやいりません、今のままでいいのです〉という海女さんの返事を聞き、「ああ、ここは女の城なんだな」とつくづく感じたことがありました。そして歴史的には補助金などというものもなかった時代から、漁村の人々は自分達の力で〈貧しさからの解放〉としての共同生活空間を作り出し、さらにそればかりではなく〈共同の楽しさ〉を創造してきました。今ややもするとこうした共同の歴史と知恵が〈古くさいもの〉として見捨てられようとしているのはとても残念なことだと思われるのです。

③——漁港空間の〈隠された役割〉

漁港というものは、ふつう生産手段あるいは生産空間と考えられがちですが、私の見る所では漁村で最も大切な共同生活空間でもあると思われます。その意味でこれからの漁港づくりにはもっと婦人の声や子供の生活なども取り入れて行くべきであると思っています。まず離島漁村のことを考えてみれば、これがなければ病院にも学校にも買物にも行けないわけですから、もう立派な生活空間となることが分ります。

しかもそればかりでなく、他のものと〈取りかえる〉ことのできない空間だということです。漁船や住宅や自動車は取りかえられますが、漁港はまず絶対に不可能です。だから漁民が沖から帰って来た時に安心するわけですし、働きがいばかりか生きがいにもなって行くわけです。つまり他所の港では決して満たされないものを持っているからです。漁港がもし生産空間だけであるなら、他港へ水揚げし係船しておいても所得でカバーできるはずです。

少し抽象的になりますが、経済学ではこうした取りかえることのできない価値を〈使用価値〉と呼んでいます。価値というものにはこの他に物と交換できる価値やお金で交換できる価値がありますが、多くの共同生活空間はこの使用価値にあたるものです。これは人間の顔や親子関係のようなもので、まず取りかえることは不可能です。夕方浜に出てみますと、大勢の人々が港に出てボンヤリとしている光景を見かけます。あれは明日への活力を養うための休息の場になっているからです。そして子供たちは元気に遊んでいます。それから私は波止端会議と呼んでいますが、主婦たちの楽しい語らいの場になることもいうまでもありません。都会の子供や主婦たちがこうした空間を経験するためには交通信号を渡り、多少の出費を覚悟しなければなりません。

こうした漁港空間の利用については表❶にも示してありますが、漁港はまた教育の場であり研究の場でもあります。たとえば子供たちが夕涼みをしながら父親の仕事を見て自然に技術を覚えるという教育の場となり、時には漁民が隣の漁獲を見て〈あいつは大漁だ、どんな工夫をしたのか?〉ということで更に研究を重ねることもあるでしょう。明日はまたあいつに負けないようにがんばろうということで競争心を培います。もっとも行き過ぎは困りますが……。

また私たちの調査でも、次のような隠された効果のあることも分りました。それは漁港建設によって造成された土地による効果です。造成された広場に農協の購買車や役場の集団検診車が来ることによって、合理的な家計運営が進みまた地区の受診率が向上し健康に関する意識が向上するといったようなことです。こうした検診によってある漁民の病気が発見されたとしますと、病気になった時の通院費が節約され、また休漁分の所得が確保されたことになります。こうした漁港の隠された効果のようなものは、これまで生産至上主義ともいうべき風潮の中で軽視されてきましたが、これからますます大切なものになって行くと思われます。

後継者づくりも空間の中で

かつて漁港では村の祭りも行われましたが、今ではミコシの担ぎ手も居なくなってしまったという声を多く聞きます。こうした後継者の問題をまた空間の問題を通して考えてみたいと思います。子供は勉強部屋に閉じ込められていてもいいのかという話をしましたが、近年では泳げない漁村の子供が多くなったという話を聞くようになりました。これには漁港づくりによって砂浜がなくなってしまうということにも原因がありそうですが、それだけとは言えないようです。つまり私は子供にどれだけ共同空間の体験をさせるかが、後継者づくりの大切な条件ではないかと考えているわけです。

そもそも泳げない子は、後継者にはなれないわけですが、親がそういう状態を〈仕方がない〉といって認めてしまうかどうかがあると思います。このことで千葉県の漁村に行った時、私は大変感心したことがあります。そこでは漁港の隣りにお父さん、お母さん方の手作りのプールがありました。そして子供たちは、両親の労働を見ながらみんなで楽しく泳ぐことができるという仕組みになっているのです。このような素晴しい共同空間（生産と生活が混然一体とした）を積極的に整えることも、後継者づくりにとって必要なのではないでしょうか。いくら所得を上げることで後継者づくりを、と言ってもそれには相対的に限界もあるでしょうし、楽しい家や地域の生活がない所には住むことはないと思われます。その意味では、後継者とは家の後継者というよりは、明日の漁村を引っ張って行くべき村の後継者でなければならないと考えられます。

よく漁村の環境改善ということが言われますが、これも上下水道やゴミ、し尿処理をしたり公民館を建てたりすることばかりでなく、これまで述べてきたような新しい活々した共同生活空間を創造して行くことが、環境改善の第一の目標となるべきだと思っています。そして、〈悪い所〉を直すだけでなく〈良い所〉を積極的に発見し育てて行くことが何より大切だと思われます。これは人間関係にもいえることでしょう。

漁村らしい共同空間を

これまで述べてきたことは、別にいえば〈漁村らしさ〉を大切にということだといえます。〈都市や農村のまねごと〉ではない、漁村独自の文化を育てるべきだと思います。これまで日本全体が、欧米が目標であり日本の中で

❶漁港空間の生活行為
❷漁村の伝統的な人工地盤（青森県三厨村）。このような空間の工夫は、全国至る所の漁村で見られる光景である

生活行為	A地区		B地区	
	実数	%	実数	%
立話し	28	○ 49	11	○ 36
集会	13	○ 23	6	19
酒盛り	23	○ 40	2	7
散歩	24	○ 42	3	10
夕涼み	31	○ 54	9	○ 29
月見	9	16	0	0
日なたぼっこ	16	○ 28	5	16
休憩	17	○ 30	3	10
サイクリング	0	0	0	0
体操	8	14	6	19
水泳	20	○ 35	6	19
釣	14	○ 25	6	19
読書	2	4	1	3
音楽の練習	4	7	1	3
花火	24	○ 42	4	13
球戯	4	7	3	10
遊戯	4	7	3	10
ゴミを焼く	16	○ 28	13	○ 42
食事	18	○ 32	1	3
その他	2	4	0	0
合計	57		31	

A地区は、漁港整備の進んだ地区であり、そこでは数多くの生活行為が展開されていることが分る。（○印はアンケートした人の20％以上の人が行った行為）

❶

❷

は都市が一番進んでいて、次に農村があり、漁村はすべての点で遅れているかのような誤った認識が一般化していたようです。どうも学校の先生までもこう信じているふしがあり全く残念としか言いようがありません。そもそもそこに住む人人がこうした考えから脱却すべきです。

学校の成績が落ちるから仕事を手伝わせないなどというのは、全く非科学的知識であり、こうした誤解を捨てない限り後継者も育たないと思われます。どうもお母さん方にこうした考えを持つ人が多いようですが、こうした学歴社会に惑わされることは、夫の職業の意味や永い歴史の中で闘ってきた先人たちの知恵を無視することにもなってしまうのではないでしょうか。

さて漁村らしい共同空間づくりということについて、私見を述べてみたいと思います。私は建築論の立場からいっても、漁村では〈集まって住むこと〉の工夫をもっと進めるべきではないかと考えています。都市でも漁村でも庭付一戸建住宅の希望が多いことはいうまでもありませんが、農村と違ってきわめて困難な場合が多いのが現状です。愛媛県の漁村では次のような事例がありました。後継者のために漁港建設に合せて土地を造成したのですが、希望者が多く一区画二五坪という狭い区画になってしまいました。そこに三階建まではおたがいに認めようという話を聞きましたので、私達はコンクリートによる「人工地盤」というものを提案しました。これは一階部分を共同の作業場や駐車場にして二階部分にコンクリートの床をつくり、その上に二階建の住宅を作るという構想です。そこには土もあり緑も充分確保されます。

なぜこのような提案をしたかといいますと、二五坪の敷地で三階建を建てますと一～二階はほとんど日が当らなくなり、三階もほんの一部分しか日が当らないことになるからです。しかも一階はだいたい駐車場と作業場、倉庫になるとすれば、その部分は共同で作った方が良いという判断からです。日の当らない後継者の団地というのは非衛生的であるばかりでなく、共同生活空間としてサマにならないと思います。四国の坂出市には公営住宅ですが、こうした人工地盤による町づくりが立派に進められています。しかも高潮などの自然災害に対しても安全であることはいうまでもありません。

また次のような事例もありました。島根県の急傾斜地の漁村の例ですが、集落の中心に一本の道路がほしいということで計画してみたら人口一五〇〇人ほどの村でなんと四〇億円もかかることになったのです。そこで私達は道路よりも、道路付帯施設としての防災広場づくりを提案しました。これは老朽家屋の移転などをきっかけとしてそこに広場をつくり、子供の公園、駐車場などとともに、地下には防火水槽を設けて初期消火能力を高めてはどうかというものでした。またこうした広場には消防自動車や救急車、ゴミ収集車が入れるようにすれば、日常生活に大きな不安はなくなります。それから人間や物資の移動用としてエレベーターやエスカレーターのようなものを考えた方が早道ではないか、という提案もしましたが、二一世紀になったらあるいはそれ以前にこうした新しいタイプの漁村が必ず現われると信じています。これらはみな都市や農村のまねごとではない、漁村らしい発想というものから生まれ育てられて行くべきものであると思うのです。

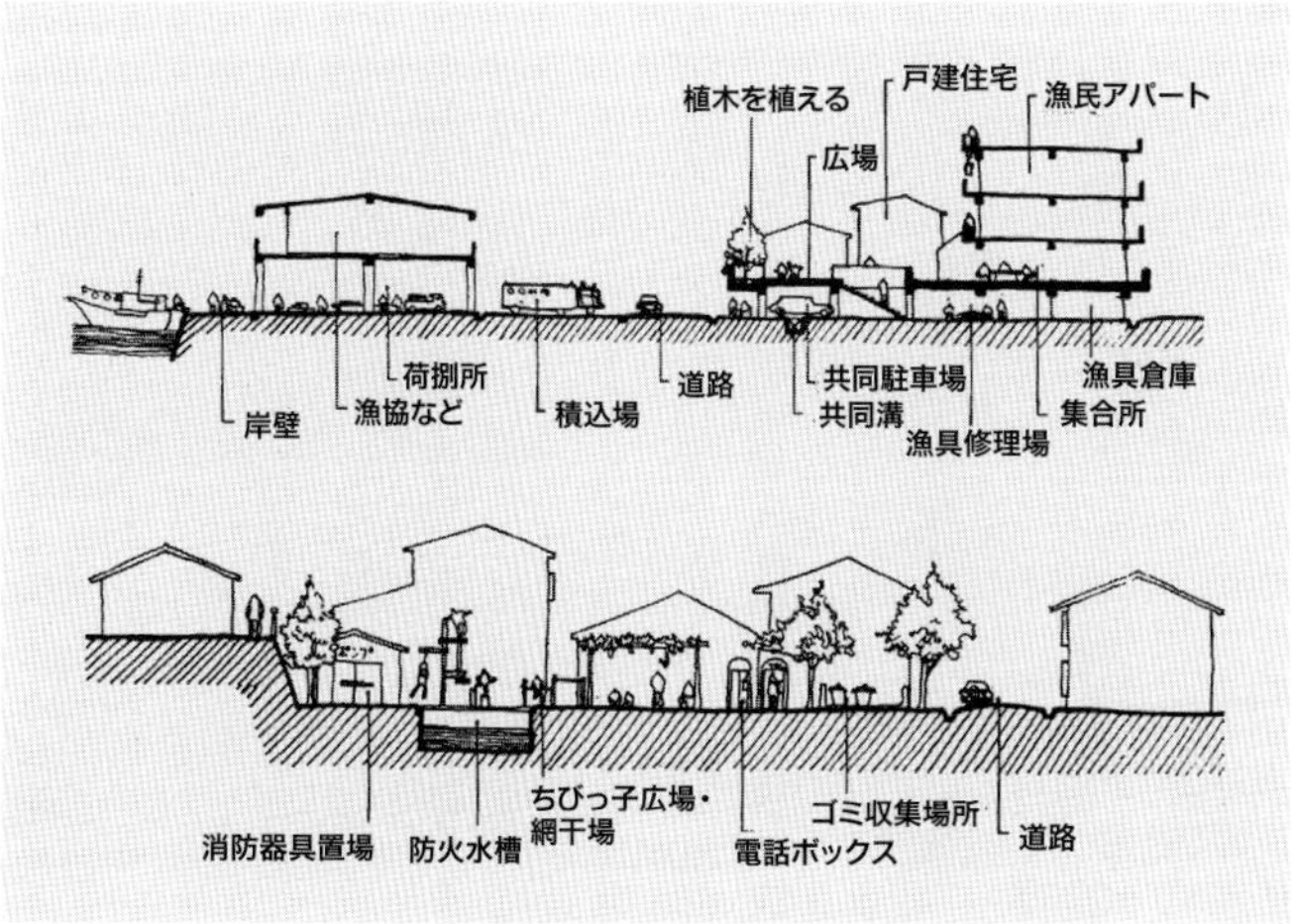

❸**高密度集落整備モデル**——人工地盤と土地の高度・複合利用
高密度急傾斜などの集落。消防活動サービス車の進入が困難であり、道路の新設・拡幅が難しい場合、車両通行可能な道路に隣接する倉庫、加工場、老朽家屋を間引きし小広場をつくる。

住民主体の空間づくりを

紙面も予定を越えてしまいましたので、最後に自らの力による空間づくりといった点について話を進めてみたいと思います。これまで多くの漁村では漁協、同婦人部あるいは自治会といった組織の力でできるだけ自分たちの力でやろうという伝統が生きてきたと思います。しかし近年では個人主義的傾向とともに、どうも行政過依存型になって来ているように思います。ゴミなどもそうであり、自分の所で処理できるものまで行政依存というのは少し問題であろうと考えられます。

今日では各種の廃棄物で、畑地の肥料にしたり燃料にしたりという実験と取り組んでいる地域がたくさんあることはいうまでもありません。沖縄県のある島では太陽熱で共同風呂を沸している島があります。ゴミの分別収集ということも今日では、いわば義務といってもよいものであり、これまでの漁協婦人部の活動を更に漁協としても積極的に支援して行く必要があると思います。漁協婦人部の活動といえばどうしても訴えておきたいことがあります。目下全漁連、全漁婦連を通して合成洗剤追放の運動が進められ確実に成果を上げて来ていますが、まだ中にはこうした運動に対してあれは女のすることだという理解のない男性の声が多いと聞きました。今日の生活排水の問題も昔とは全くその問題のレベルを変えて、単に公害防止といったレベルの問題だけでなく、本論のテーマでもある〈漁村の空間〉の存立にかかわる重大事であるという認識をより深化させて行かなければならないと思うのです。そして自らの空間の管理を怠る立場からは、都市排水や工場排水の管理を訴えることは事実上できないということもあろうと思うのです。

また農業や地場加工といった事も見直して行く必要があるのではないかと思います。これもひと昔前とは違ったレベルで、健康な生活のための自給農業、地場産品と地場労働力を充分に活用するといった点から農林水産物の加工という問題が改めてクローズアップされるべきでしょう。そして農協と漁協の交流、学習会さらには漁協と都市の人々との交流といったことも、新しい時代的条件の中で必要となって来ています。今日の漁村をとりまく諸状勢は、もはや〈なんとかなる〉という状勢とはほど遠く、きわめて積極的な対応、対策が迫られています。その意味では、ひと昔前の〈所得格差是正〉の時代から〈人材格差是正〉あるいは〈計画格差是正〉の時代に入っているといってもいいと思います。生活改善、環境改善という立場から見てもそうですし、漁村の歴史と知恵を再発見し、積極的な改善が進められれば、私は日本の漁村空間は二一世紀に入って大変すばらしい人類のコミュニティのモデルに成長すると信じて疑っておりません。

最後にどうも〈釈迦に説法〉のようなところもあったかと思いますが、主旨をおくみとりいただき皆様のご批判、ご教示がいただければ幸いでございます。

●――協同組合経営研究所『研究月報』1979.4

2-4 囲い込まれ、放り出される子どもたち

近年、青少年による悲惨な事件が続発しているが、その背後には「子どもの住環境」の問題があることは、あまり指摘されていない。この度、わたしの勤務する大学のある「研究学園都市・東広島市」の都心部で児童・生徒の「住環境としての学校区」の調査を行ったが、調査前の〈急速な都市化とはいえ、地方の一〇万都市だから、たいした問題はないだろう〉という予測は見事にはずれた。

驚きだった結果のひとつは、児童・生徒の五三パーセントが〈交通事故にあった、あいそうになった〉と答え、三二パーセントが〈風俗犯にあった、あいそうになった〉というものである。全国データはないが、これは異常に高い数値だと思われる。ほかの調査項目から判断しても、この答の信頼度は高い。そして子どもたちの生活行動は〈家と学校と塾〉に「囲い込まれ」、一方の〈通学路や公園〉では「放り出され」ている実態も明らかになった。要するに、子どもの自己形成の上で決定的な役割を担う住環境が「管理と放置」という背反によって成立しているのである。

これは、近年の青少年犯罪が、かつてのように貧困などから起きているのではなく、普通の家庭層と都市化地域で多発していることと符合する。つまり住環境が「愛と眼差し」ならぬ「管理される場」と「放置される場」の両極で成り立ち、大げさにいえば日常生活のどこにも〈じっくりと自己や他者と向かい合う場〉が用意されていないのである。

これが、少年事犯や被害の潜在的な可能性へ、どれほど貢献しているか計り知れない。そして調査で〈被害の全

く発生していない公園が〉一カ所だけあったが、これは、周囲をマンションに囲われて〈大人たちが監視しやすい公園〉であったことは、皮肉であった。

さらに昨年、この子どもたちと「理想的な通学路とあそび場」に関するワークショップを行ったが、〈点字ブロックは一年生がコケる、公園に非常電話がほしい、通学路に水飲み場がほしい〉といった当事者の声に圧倒された。その意見を集約すれば、「安全でたのしい通学路とあそび場」に尽きる。

わたしたちは、高度経済成長以降、形ばかりのモダンな家と街をつくり続けてきたが、こんなヒドイ住宅と都市をつくった先進国はほかにない。いまわたしたちは、急速な都市化のツケを、高い利子をつけて払い続けているのだが、その支払いの主人公である子どもや高齢者たちの意見で、日本の家と街を再生させなければならない。

●――『月刊クーヨン』2000.6

3 発見的方法

3-1 壮大なる野外講義　大島元町復興計画

伊豆大島から沖縄へ

大島元町は、一九六六年からスタートした大学院都市計画コースの吉阪隆正研究室に、天与とも言うべき研究機会を与えてくれた。そしてその時の蓄積が、黒潮をたどるように一九七〇年代の沖縄における象グループによる一連の地域計画・建築へと展開したことを考えると、その初発の調査・研究に投入されたエネルギーと意味の大きさに圧倒される思いがする。

そして話は飛ぶが、その沖縄で大きな仕事となった「逆格差論」や「潜在的資源論」を柱とする〈空前絶後〉[★01]といわれた総合計画にかかわった名護市では、いま〈人間への信頼を基底とした〉逆格差論をかなぐり捨てて、米軍ヘリポートの移設容認という政治決定がなされた。しかし、ヒューマン・パワーも含めて地域の潜在的な資源の発見と顕現こそが、グローバルにも新しい地域社会創出の鍵であると信じて戦い続けてきた立場からも憤慨に耐えない。[★02]私事で恐縮だが、ここ数年広島国際協力センターで大洋州（オセアニア）の国々の政府と自治体からの研修生に「農漁村計画」の講義をしているが、沖縄におけるわれわれの地域計画と建築の経過と内容には、毎年大きな関心が寄せられている。とっくに世界は、そのような方向に向かっているのである。

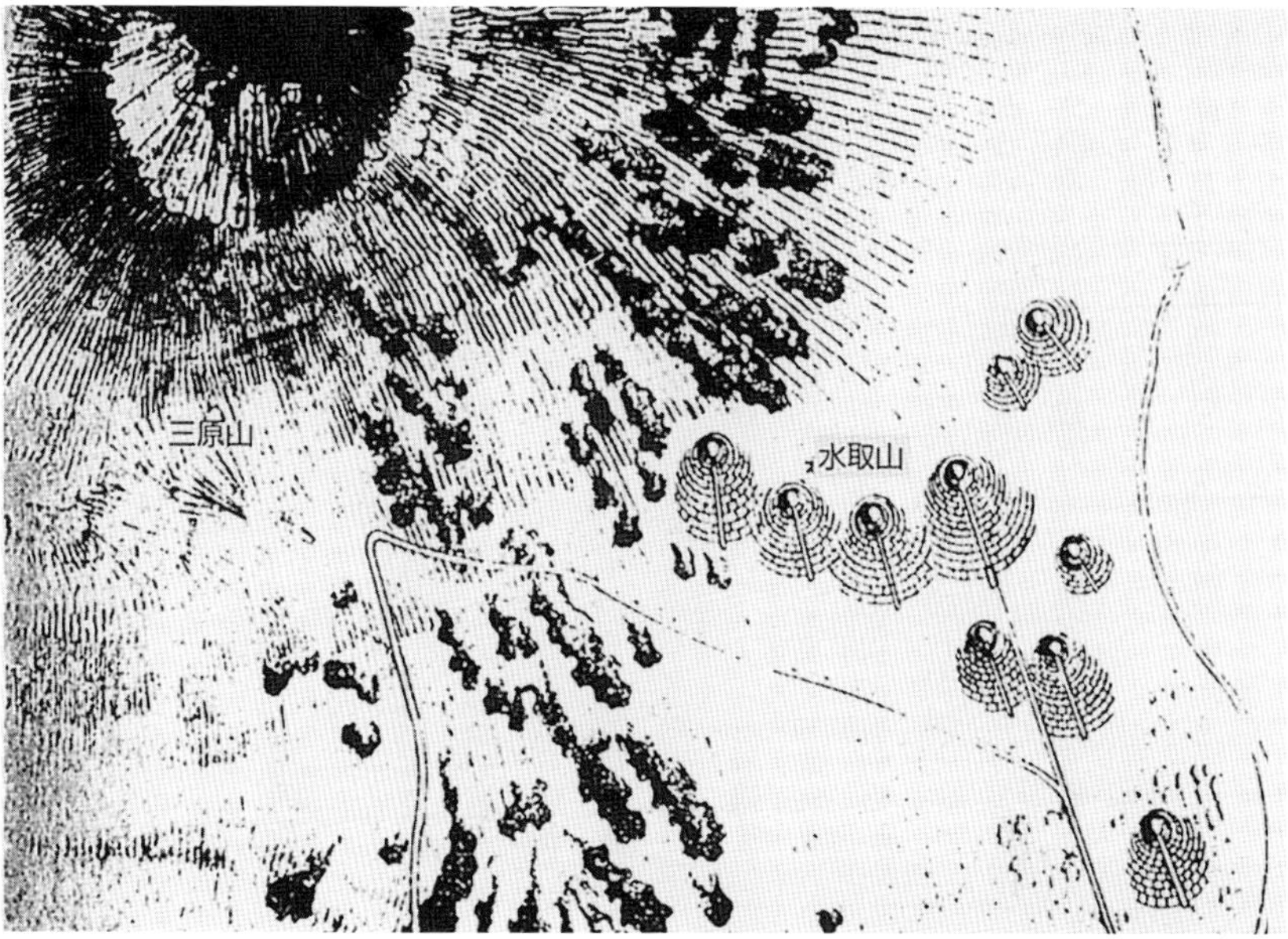

❶水取山計画

「大島が楽しい世界になるための一番の源は水を得ることだと考えた。
自然はここに年間3000ミリの水を与えてくれている。
1000ミリが蒸発しても2000ミリ残る。
水は地下ばかりでなく大気の中にもあるのだ。
この大気の中の水をつかまえる三葉虫、
生物が生きはじめた初源をつくろう。
村毎に競ってデッカイ奴を作るがよい。その村が先づ栄えるだろう。
これは聖なる仕事だ。全員でかかれ。難しい工事じゃない。
何千年前の人達の知恵なのだ。頭の山は湿気を、
ひろげた両翼は降る雨をとらえて池にためる。
山上に溜めた水は、村まで下る間に発電もできる。灌漑にも使える。
だが池の形がかわったら水を節約すべき時と思え」
（吉阪隆正研究室「大島元町復興計画」より）

書を捨てて島へ

それにしても一九六五年一月の元町大火の吉阪の初動スケッチ〈吉阪は大火ニュースを見てスケッチを描き、翌日の飛行機で産専［早稲田大学産業技術専修学校］の学生に役場へもたせた〉の効果は、その後の弟子たちに与えたインパクトの大きさから言っても格別であった。後になって、吉阪が少年時代に一度だけ大島に訪れたことを聞かされたのだが、よほど強い印象があったのであろう。

そのころ近代建築と都市計画の理論と現実を見限り、修士論文で日本の集落の研究をしたいのだが、さりとて〈何をすべきか〉に悩んでいた私にとって、吉阪からの大島復興計画への誘いに躊躇はなかった。そして大学院のみならず産専や学部の学生から社会人も含めて〈現場がすべて〉ともいうべき「壮大なる野外講義」がスタートすることになり、吉阪を中心に大挙して伊豆大島行き客船の三等客船で議論と酒盛りが幾度か展開された。

これにはオチがある。三等客船で寝る吉阪の大いびきで隣の私はほとんど寝ることができなかったばかりか、ときどき近くの客からの〈うるさい！〉という抗議に、私が陳謝するハメになった。そして元町の桟橋に上陸すると、吉阪は〈今日はいい天気ですね〉といってスケッチ・ブック片手に、町役場差回しの公用車を尻目に歩き出してしまったために、私が公用車で町役場に向かったこともあった。

その時の吉阪が浜辺で三原山を眼前に泰然とスケッチをしている写真を撮っていたのだが、いまは残念ながら見当たらない。大学教授は一等船室に乗るものと考えていた私は、天衣無縫な吉阪の姿を見て、密かに大学教員をめざす決心をしたのである。

分析学としての地域計画を超えて

こうして見ると元町復興計画は、いかにも現場と行動主義的な雰囲気の中で進められたのかというと、まったく違う。私は、そのころ密かに国立大学の研究室による地域計画書を集めて仔細もらさず検討し、その限界、つまり〈分析から始まり、分析的結論に至る〉という限界を感得した気がする。神戸大学の重村力教授からは〈あの時は、膨大な統計資料を手書きで写すというひどい仕事を仰せつかった〉というくらい、データにもかかわった（当時のコピー機は性能が悪くかつ高価だったのです）。

しかし、現場を歩くうえで、今和次郎の『日本の民家』や「考現学」は、まさに〈現場の聖書〉であった。なかでも「焼け跡考現学」は、そのまま元町に適用できたのである。いまでいう「路上観察学」である。もう一つ吉阪から教えられたことは、どんな人や組織ともキチンと議論や会話をするというマナーである。大島行きの船客はもちろん、大島の幅広い住民とも、吉阪はときには鋭い舌鋒を交えながらも実に誠実に丁寧に交流した。だから私たち若造たちも、吉阪とも当時の戸沼幸市助手とも激論を交わした、というよりも生意気な論戦を挑んだのだろうと思うと、汗顔の至りである。しかし、最後はデータのみならず現場や住民との議論も総合的に判断して決定されていったと思う。

そうした元町復興計画には、多くの出色の計画があった。ほんの一例だが、奇想天外な「水取山計画」や当時「原寸大都市計画」とよんだ、浜から吉谷神社へ至る「参道計画」とボン・ネルフのような「商店街の街路計画」である。参道については後から触れるが、いま考えても街路計画はスゴイと思う。今のコンセプトでいえば人と車と椿が共存する〈大島型ボン・ネルフ〉であり、住民説明会でも賛同を得て実現した！のだが、車時代を迎えかつ町長の交替もあってあえなく取り壊しとなってしまった。この街路計画に当時固有のネーミングがあったのか、報告書を点検したが残念ながら見当たらなかった（吉阪スクールは、いつも少し早すぎるのです！）。

大島での新たなる発見

紙幅の関係で結語へ進まなければならない。この一九九九年春、私はなんと三三年ぶりに伊豆大島を再訪する幸運に恵まれた。真っ先に吉谷神社への参道を訪れたのだが、参道の多くは健在で、子供たちの遊ぶ姿を見て単純に感動した。それればかりではなく、その参道や共同墓地を清掃する大島老人クラブのメンバーの中に、なんと当時の役場の「復興相談室」のスタッフとして活躍し、われわれも一方ならぬ世話になったN氏と出会ったのである。このたびの大島再訪の主目的は、神奈川県真鶴市民の間で語り継がれている〈関東大震災のときに、伊豆大島からの救援物資で市民が救われた〉という史実?を確認するためであった。これは〈助けられる島〉(たとえば、伊豆大島では一九八六年の三原山の大噴火時に島の全員が本土に避難した)から〈助ける島〉へという、島の持つ力の一八〇度の転換をせまる、本土の都市災害に対して島がもち得る防災支援能力を実証しようとする旅であった。結果的には実証には至っていないが、そのときN氏が〈沼津市から下田を経由して真鶴までの航路だから、途中大島へ寄って、甘藷や木炭やクサヤ(魚の干物)を積んだことは十分あり得ますね〉というところで、旅はとりあえず終えた。

これは、日米安保条約で他国に国防を依存して自分は何もできない、そして米軍のヘリポートをたらい回しするしかない、という日本の時代錯誤を転換する可能性のあるストーリーなのである。なぜなら、海に囲まれた日本の守りは、潜在的にも大きな力を秘めた島々の力を守ることに他ならないからである。

吉阪先生と大竹Jr.[象設計集団代表・大竹康市1938-83]! まだまだ伊豆大島や沖縄の仕事は終わっていません。終わらないどころか、迷走する日本への警笛を鳴らし続ける島々として、これからも頑張らなければならないのです。考えてみれば日本の「国生み」の最初は古事記にもあるように淡路島の「島生み」だったのです。また相談したいことがあると思いますので、その節はよろしくお願いします。

★01——杉岡碩夫「沖縄経済自立への道——開発を拒否する地域主義の芽生え」『週刊エコノミスト』毎日新聞社、1975.7.22号における「名護市総合計画」に対する杉岡氏の評価

★02——拙稿「沖縄振興のもうひとつの視点」『朝日新聞』論壇、1997.9.17[3-4]

●——『早稲田建築』2000.3

3-2 発見的方法

〈いまだ知りえぬ世界〉の外に身をおきながら、想像や予測をつみ重ね、外の世界の尺度によってデータを集めることにより、それを知ることができるだろうか。まず行って歩いてみることだ。立ちつくし目をみはり、耳をこらすことだ。心を白紙にして事象をそのままに受けとめてみることから出発する。

発見的方法とは〈いまだ隠された世界〉を見い出し、〈いまだ在らざる世界〉を探るきわめて人間的な認識と方法のひとつの体系である。

この発見的方法と称する仮説的な概念がはじめて提起されたのは、研究室のメンバーが昭和四〇年に大火被害を受けた伊豆大島の元町を訪れて以来、その一連の復興計画の仕事がひとつの区切りをつけることになった三年後の昭和四三年であった。[★01] はじめて大島を訪れて焼跡に立った時、私たちがなし得た最初のことは、確信の持てる方法論を何も持たないままいわば〈焼跡に放り出された自分〉を発見することであった。そして裸のまま、自らの目と足で島のあちこちを歩き廻っているうちに、そこに〈私たちによって作り変えられるべき世界〉ではなく、全く逆に〈私たちひとりひとりがそれによって支えられている世界〉を発見することになった。この二つの〈発見〉の帰納的総括から、もはや発見的方法としかいいようのないものの存在を確信するに至ったことは必然的であった。[★02] それはまた〈島社会〉の発見であり〈空間的世界〉の発見でもあったといえるだろう。私たちは長い間〈世界は時間によって発展する〉という進歩主義的図式によって徹底的に飼育されてきた。しかし地域とは、この〈時間軸〉の

〈空間的・地殻的歪み〉であり〈個性〉に他ならない。たとえば私たちにとってまた新たな空間発見の舞台となった沖縄の場合について考えてみよう。東京から那覇まで二千数百キロの距離にある沖縄は、船で約七〇時間、飛行機で約二時間半の位置にある。三日もかかる沖縄とたった二時間半の沖縄が、全く同じ空間であることの意味は決定的に重要なものであった。[★03]ここでは〈時間〉は相対的な尺度でしかなく、しかも本土では三日もかかる世界とたった二時間の世界が同じ空間であるという体験はもはや存在しない。よく未来の交通時間短縮を論拠として画かれた〈未来の日本列島〉などという奇妙にゆがんだ地図にお目にかかるが、これなどは船による時間や意識距離とでもいうべきものを忘れた〈時間軸発想〉あるいは〈新幹線型発想〉とでもいうべき貧相な空間認識の典型に他ならない。

この時間と空間の問題は、そのまま技術と認識（科学）の関係と置き換えることができる性質のものである。かつて武谷三男は、技術を実践概念と規定し〈客観的法則性の意識的適用〉と定義した。これはまた近代科学のひとつの輝かしい頂点を示すものであったといえるだろう。つまり近代科学の方法論とは、全体としての自然や社会への分析的手法を基礎とする客観的法則性の認識過程であり、技術はその適用過程であると解釈できるからである。そしてこれをまた地域計画的課題の中で技術（適用）と空間（認識）の関係と置き換えてみれば、近代科学とは〈技術（ないしその適用形態）の中に空間を想起する〉認識と方法の体系であると定義することができるはずである。なぜなら現実変革の手段としての技術が世界の認識としての法則の適用、つまり認識の適用であるからであり、適用とは認識（悟性的）の枠を超えることはできないからである。しかし技術の〈手段説〉にしろ〈適用説〉にしろ、現代はあまりにも作り急いでしまった。

だが一方では、私たちの歴史と社会は、私たちに〈空間（ないしその運動形態）の中に空間を想像する〉認識と技術の体系が存在してきたことを教えている。[★04]いうところの、知恵と技能の体系である。この方法の出発点は、全体としての自然や社会の部分における人間の側からの総体的（というよりは主体的な）認識ではないのか。部分における認識とは、たとえ主体的であり得たとしても、とうてい客観性を保証し得るものではないであろう。しかしこの部分における現実変革の手段としての技能は、必然的に〈主体的認識の客観的適用〉にならざるを得ない。なぜならある部分としての社会における主体的認識は、客観的に適用されない限り社会的な意味を持ち得ない性質のものだからである。そしてここで技能を支える知恵とは、必然的に自然や社会に対する対応としての認識とならざるを得ない。

こうした知恵と技能の体系はしかし、現代の進歩主義的思想の中で、黙殺されるかせいぜい懐古の対象としてしか評価されなくなってしまった。一方では〈客観性がない〉という悪しき客観主義が、一方では〈技術の進歩が生産力を拡大し人類の幸福を招く〉という生産力思想が、その適用の対象となる自然や社会への人間的、空間的洞察を致命的に欠落させてきたからである。しかし知恵と技能の体系といえども、本質的には科学や技術と矛盾するものではない。なぜなら部分における認識といえども、それは宇宙的、生物的、社会的な〈合理〉に反して存在することはできないからである。つまりこの知恵と技能は、

◉大島元町復興計画　海岸遊歩道計画

近代主義的認識が看過した部分（悟性による認識が残した部分）に対する、きわめて人間的な営存のあり様を意味するものに他ならないのである。

この人間的な要求、どうしたら〈ものが良く見えるか〉という点について、たとえばR・デカルトは、発見術書ともいわれるその著『精神指導の規則』[★05]の中でいう。〈規則第12・最後に、悟性、想像力、感覚、記憶の与えるすべての助力を用いるべきである。或いは単純な命題を判明に直観するために、或いは求むるものを既知のものと正しく比較して前者を知るために、或いはそのように互いに比較すべき事物を発見するために。つまり人間の用いうるいかなる手段をも、閑却してはならないのである〉。ここでは明らかに、悟性の看過しやすい部分に対して冷静な注意がそそがれている。そしてまた、〈規則第14・上の問題を物体の実在的延長に移し、あらわな図形（figura）によってすべてを想像に呈示すべきである。なぜなら、かくすればそれを以前より遥か判明に悟性は覚知するであろうから〉という一文は、きわめて明快にその手法を説いたものに他ならないであろう。

これはまた、近世の哲学が来るべき〈科学（認識）と技術（適

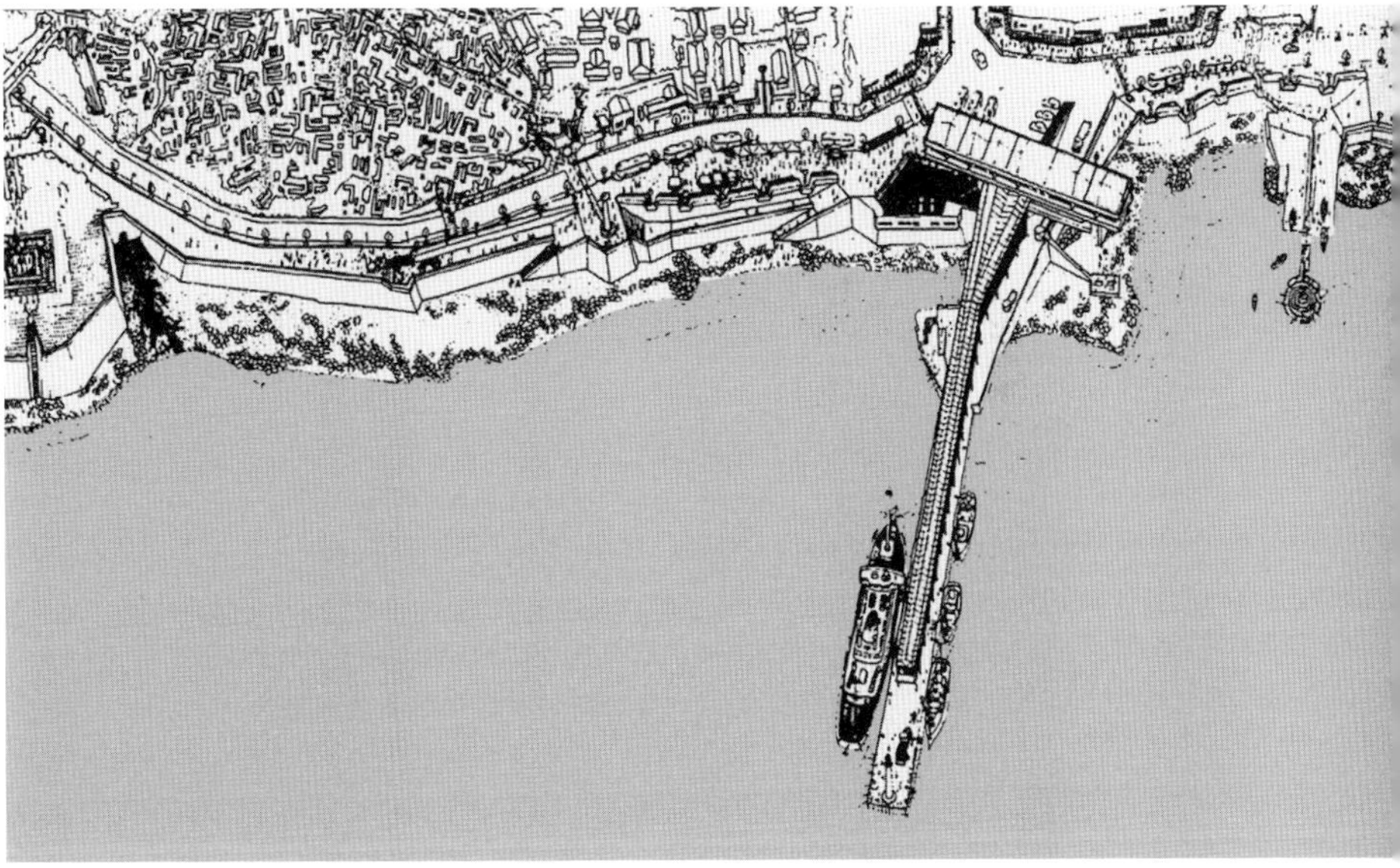

用）の密月〉を高らかに予告するものでもあった。しかし人間的な全ての能力から、ある部分のみを拡張してきた近代科学はもはや完全に破綻し世界は今新たな予告を求めている。科学と詩学を論じて高内壮介はいう。「存在論という如き哲学が、数学を指導することなどあり得ないと思うだろうが、僕はそうは思わない。存在論からひきだされるもっとも重要な結論は、〈見る〉ということである。どうしたらものがよく見えるかという問いかけこそ、今までの学会組織を瓦解させる指導理念になろう。……ともかくそういう存在へのまえもどりが我が国に於ても一九六〇年をすぎると、もっとも実力ある数学者によって唱えはじめられたのである。湯川秀樹博士の〈同定理論〉小平邦彦博士の〈発見の論理〉佐藤幹夫博士の〈代数解析への帰還〉そして北川敏男博士の〈営存の論理〉などは、それぞれの立場の相違にかかわらず、何等かの意味で、創造の主観性からの脱出をめざしているかに見える。創作は主観的であっても、真の創造は授与的である。創造の授与性こそ、創造の秘密だ。真の創造は構成ではなく、対象からの発見なのだ。……」★06

発見とは徹底的に部分的であってよい。私たちの伊豆大島から始まった発見的方法の展開は、その後全国各地において試練に立たされることになった。都市において、山村において、農村において、漁村において、島において。それは必ずしも〈見通しの明るい〉ものではないが、しかし〈部分の合理〉が存在することについてだけは確信がある。そもそも地域計画とは、認識論的にいえばいまだ隠された〈部分の合理と自律〉を発見することであり、方法論的には〈いまだ在らざる部分の新たなる顕現〉を決断することに他ならない。

新たな〈科学（知恵）と技術（技能）の密月の時代〉はすでに始まっているのである。

★01——吉阪研究室「第三次大島元町計画・環境基本計画」全三巻1968など

★02——地井昭夫「環境計画における発見的方法について、その1〜その2」日本建築学会関東支部研究発表会1968〈同・その3〜その9〉同中国支部研究発表会1969〜72など

★03——大竹・地井・重村「山原の郷土計画から」建築学会『建築雑誌』1975.5号所収、など。

★04——地井昭夫「建築技術の再出発1　空間思想の原像を求めて」アグネ社『技術と人間』第三巻所収

★05——デカルト『精神指導の規則』野田又夫訳、岩波文庫

★06——高内壮介『暴力のロゴス』母岩社1973

●——『都市住宅』1975.8

3-3 逆格差論

暮しやすさとは一体何なのだろうか。収入（所得）とは果して本当に暮しやすさの目やすなのか。所得格差が、地域の後進性として唱われ、格差是正のために、〈開発〉が押しつけられて行く。だが問題は所得の大小より、その使用価値の大小ではないのか。

逆格差論とは、いわゆる〈所得格差論〉に対決する〈生活逆格差論〉とでもいうべき認識の体系である。日本の地域構造は今や、池田内閣による所得倍増計画以来の工業優先政策によってその矛盾は極に達しつつある。そしてこうした政策を学問的に支えてきたものが、〈地域間所得格差論〉であり〈工業による地域繁栄論〉であった。ほとんどのジャーナリズムの論調も、こうした神話的ともいえる呪縛から自由ではあり得なかったし、悲しむべきことに学校教育においても公然と展開されてきたのである。そしてこの所得格差論は、統計数値やその意味に対する配慮を全く欠いたまま、いまだに多くの地域開発の論拠となっている。

しかし所得とは何か、格差とは何かそして本来社会的に要請される地域計画の論拠が、経済学的に説明されることは正しいのかといった点についてもっと疑ってみる必要があろう。しかし農業についていえば、格差論によって自立農家育成、経営規模拡大論が語られ、一方では工業開発、観光開発が促進されてきた。しかしこの格差論の本質は、どうやら農村から都市への〈労働力強奪論〉であり、都市から農村への〈公害輸出論〉であり、悪名高き〈列島改造論〉に至っては、明らかに〈地方資源収奪論〉であったと見ることができるであろう。

そして自立経営農家はいっこうに増加せず、農地の流動も見るべきものはなく、かえって百姓総兼業というかたちで、いまだに多くの農家は、農村地域において自らの生活防衛の道を歩みつつある。そればかりか、これまで日本一貧しいといわれてきた（実はこれは全くのデマにすぎないのだが）鹿児島県において、志布志湾の大規模工業開発に反対する多くの農漁民たちは敢然と〈オレたちは貧乏ではない。開発されなければならないのは、計画者たちの頭である〉と言い放っているのである。

当然のことながら、この確信の前に格差論は完全に破綻する。こうした事態の中で、格差論の多くが押し付けがましい福祉論や強圧的な土地収用法などによる〈公共福祉論〉に転化していくという現実は、格差論の本質を見事に表わすものであろう。

では逆格差論の論拠は何か。それは、たとえば〈所得格差論〉が県民所得などの名目の県民一人当りのＧＮＰであるのに対し、現実的な家計収支における収入と消費の〈地域的バランス〉に求めるものである。

私たちが一九七二年に、はじめて沖縄を訪れた時、そこに展開されていた沖縄の人びとの力強い生活と文化に、ほとんど圧倒的ともいえるショックを受けた。そこには〈本土〉では失なわれて久しいまぎれもない〈地域（地方ではない）文化〉が生きていたのである。

そして私たちはとても、沖縄の人びとがいう〈復帰して、日本で一番貧しい県（県民所得で）になっているのです〉という言葉を信じることができなかったのである。かりに所得において

$$\text{格差}=\frac{60\,(\text{沖縄})}{100\,(\text{全国平均})}=0.6$$

であるとしても、全国平均の消費支出が

$$\frac{100\,(\text{全国平均})}{60\,(\text{沖縄})}=1.67$$

を上廻るものであれば、明らかに沖縄県に生活逆格差が存在するはずである。そこで一九七〇年の総理府〈全国世帯家計支出調査報告〉の中から、衣食住、雑費という生活の基本となる費目についてその実体を比較したものが図❶のグラフである。このグラフから読み取れることは、家計収支からみて沖縄の人びとと同一の生活水準にあるためには、同一賃金水準とすれば、本土平均は実に約1.67倍働かなければならないということであり、たとえば衣服費に示される圧倒的な逆格差は、その絶対値の低さが、貧しさではなく逆に沖縄の圧倒的な〈暮しやすさ〉を示すということである。このことは同時に琉球政府時代の〈都市別小売価格調査〉や〈住民栄養調査成績〉などによっても補足検討されたが、むしろ沖縄の〈暮しやすさ〉が明らかにされたのみであった。★01

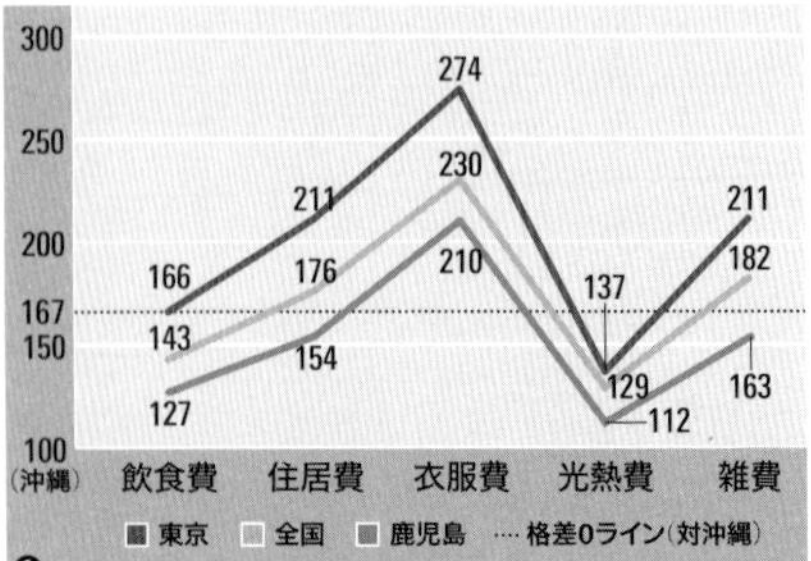

❶

図❸は、これを更に発展させるために、一九六九年におけるいくつかの県比較を行なった作業の途中経過のひとつを示したものである。ここでも重要ないくつかの点が明らかとなる。まず名目上の県民所得は、そのまま家計の実収入となっていないということであり、消費指数に至っては、実収入指数の全くの逆転でしかないという事実である。

そして名目上の県民所得の指数レンジは80と大きいが、実収入と消費でのレンジは約40と縮少しており、暫定的に算出した〈余力指数〉に至ってはたった20でしかないという事実である。

要するに〈県民所得格差〉なるものは生活上の何らの有効性を持たないデタラメにすぎないことが明らかとなるのである。そして図❷に見る如く、ある新聞社による〈民力指数〉はいわゆる〈工業集積度〉と比例する傾向をはっきりと示しており結果的には〈何のための民力指数か〉が改めて問われることになるであろう。しかし今後、国民の一人一人が自らの生きる地域の生活逆格差への確信を深めることによって、おそらく〈日本劣等感改造論〉★02とでもいうべき、全く新しい〈自律的な地域計画〉への展

民力水準＼工業集積度	300以上	100～299	50～99	40～49	30未満
110以上	東京・愛知 大阪・京都				
100～109	神奈川	静岡・石川	福井		
90～99	兵庫・広島	三重・岐阜 和歌山 岡山・山口	富山・群馬	長野	北海道
80～89		埼玉・奈良 愛媛・福岡	千葉・滋賀 香川・島根	栃木・新潟 高知	宮城・山梨 鳥取
70～79			徳島・長崎	茨城・大分 佐賀	青森・岩手・秋田 山形・福島・熊本 宮崎
60～69					鹿児島

［注］――工業集積度：平坦部面積あたり工業付加価値額（昭和39年　全国平均＝100）
民力水準：朝日新聞社の民力総合指標より（昭和39年　全国平均＝100）

❷

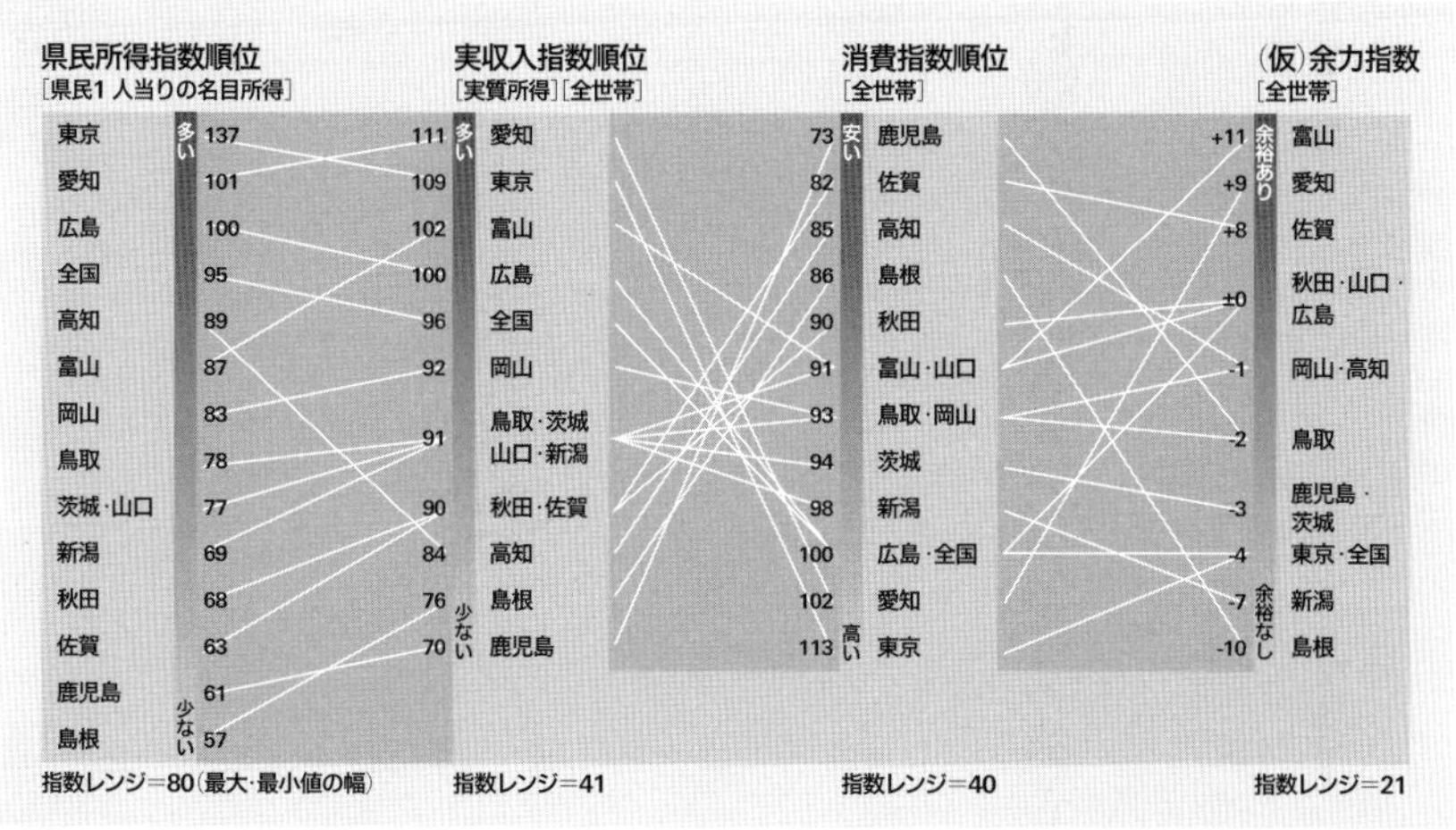

❸

❶沖縄における逆格差（沖縄を100とした比較）
❷「民力水準」と「工業集積度」（『図説・日本国土大系』5「日本の工業と工業地帯」より）
❸指数比較による「県民所得」と「実質所得」と「消費支出」（1969年総理府「全国世帯家計支出調査報告（広島を100として）」および「農林省統計」より）

望を可能にする地域認識の体系が、それこそ日本列島を蔽い尽すことになるであろうことは疑う余地がない。

★01——「逆格差による計画理念」〈沖縄県名護市総合計画・基本構想その2〉
日本建築学会大会梗概集1973.10参照
★02——吉阪教授の〈列島改造論〉批判の中の言葉

●——『都市住宅』1975.8

3-4 沖縄振興のもう一つの視点

沖縄県名護市で、米軍の海上ヘリポート受け入れの是非を市民投票で決めたいと、条例制定を求める一万九千七百人分の署名簿が先月提出された。私は、沖縄の本土復帰翌年に名護市のまちづくりに、建築・地域計画集団である「象グループ」の一員として、かかわってきたこともあり、この間の経緯についても大きな関心を持ちつづけてきた。

とりわけ私たちは、ヘリポートという特定の課題に限らず、いま市民はどのような価値観から未来を構想するのだろうか、という点に注目している。政府はヘリポートとひきかえに数々の地域振興策を用意しているようだが、仮に多くの市民が、今後も「本土並み」の所得の実現を唯一の目標とするならば、市民の〈豊かな〉暮らしはかえって崩壊してしまうのではないか、という強い危惧(きぐ)を抱いている。

これには訳がある。私たちが名護市の総合計画基本構想のお手伝いをした時の中心的な理論のひとつが「逆格差論」というものであったからである。復帰当時、沖縄県民の所得は全国最下位であるという「所得格差論」が盛んに唱えられていた。これに対し、私たちが提唱した「逆格差論」は、沖縄県民のフロー経済としての名目所得には確かに大きな格差があるが、農漁業や種々の伝統に支えられてきたストック部門(自給的経済)を含めた、暮らしやコミュニティーの内実は逆にかなり豊かなものであり、その暮らしや地域の仕組みを守り発展させることが沖縄振興の基礎である、という考え方である。

この豊かさとは、低い実支出で可能な暮らしであり、それでいて高い栄養の摂取量であり、凶悪犯罪の少ない社会の安全性であり、日本のトップを争う長寿などである。これらは今でも県民が確実に享受しているものであるが、なぜかこれまで政策の前面に出ることはなく、こうした暮らしや観光をささえる自然もかなり破壊されつつある。

なぜ沖縄県の人口は復帰後も日本の「地方」としては例外的に増え続け、さらに本土からの多くの人々の定住を実現してきたのだろうか。

それは、本土ではすでに失われつつある豊かな暮らしと安寧な社会のたまものであり、所得格差論ではとうてい説明がつかない。こうした暮らしと社会の特質は、復帰当時よりもむしろポスト・バブルの今こそ評価されるべきであろう。

しかし、〈低い所得に安住しなさい〉と押し付けることも許されない。とすれば沖縄の暮らしと社会の特質を失わない振興計画はどうあるべきなのかが、いま最も問われているのだと思う。

そのためにまず必要なことは、かつて海外貿易で活躍した平和王国・琉球のように、いまの沖縄の位置と社会を地政学的に生かし得る新しい起業と人材の確保にあると思う。盛んに論議されている自由貿易地域や国際金融センター構想にしても、その成否は、制度の良しあしもさることながら人と社会の力量にかかっていると思う。

さらに二一世紀のアジアという広がりの中で、困難ではあるが保護政策なしで生きられる第一次産業へ組み替えることであり、著しく立ち遅れている第二次産業の生産基盤を確立することであり、第三次産業や暮らしの基盤としての自然環境を保全・修復(ミチゲーション)することであり、さらに香港やシンガポールのように自由貿易地域や国際金融センターを保障する安全な沖縄の地域社会を守り切ることであろう。

沖縄は、戦後半世紀にわたって米軍基地の重圧に耐えるという、それこそ政治的な「一国二制度」の中に生きてきた。そして仮に、ヘリポートが普天間から名護市の美しいヒシ(サンゴ)の海に移ったとしても、沖縄や日本の米軍基地問題が解決されるわけではない。しかし、スーパーテクノロジー時代の地政学的観点からしても、沖縄が未来永劫（えいごう）に国際的に優位な軍事基地空間としてあり続けるとは考えられない。そのためにも日本やアジアにおける米軍基地の空間的、時間的、社会的なあり方を、アメリカやアジアに対して説得的に逆提案できるような国民的考究と合意づくりに即刻着手する必要があろう。

●――『朝日新聞』1997.9.17

4 エトスの表現としての農村空間

4-1 エトスの表現としての農村空間——安佐町農協町民センターの設計をめぐって

起

私は本誌『新建築』の一九七二年十二月号に、当時全国で建設されていた〈山村開発センター〉の設計をめぐって、「農村亡びて福祉施設あり」という一文を建築批評として寄せたことがある。紙幅をとるがそのほんの一部の主旨を再録させていただきたいと思う。

「……建築や地域計画の技術体系は、直接的に農業生産そのものを保証しない。むしろ、農業生産の高揚が新たな空間的営為を保証するという、一種の不可逆的な関係にある。ここに建築技術の限界がある。この限界を忘れた建築技術の適用は、単なる虚構としての建築しか生み出さず、また意識的にこの関係を切った場合、それは福祉施設でしかない。……今、農村に求められるのは、都会的優等生的建築ではなく、地域の条件に即した破格的、非科学的建築である……」。

この拙文を読み返しながら、この結論はしかし、今度の私たちの設計の立場からしても〈間違っていなかった〉と少し安堵した。広島県安佐町農業協同組合から町民センターの設計依頼を受けた時、まず私の頭を過(よぎ)ったのはこの〈破格的建築〉をどうつくり出すかということであった。それは〈大向をうならせる〉という意味の破格ではまったくなく、いまだ解き得ない農村空間にどう向き合うのかという意味においてであった。そして、さらに向き合うということだけでなく、現代建築の最大の病癖ともいうべき〈想像力の貧困もしくは独善〉から、どう逃れられるのか、というシンドイ課題を背負うことでもあった。

承

しかし、考えてみればこうしたシンドイ課題を、その反対側からまず背負ったのは私たちではなく当の安佐町農協であったといえるだろう。反対側からというのは、〈農村は、都市勤労者のために土地を提供して当然である〉という類の〈都市の独善〉と向き合わなければならなかったからである。昭和四三年に当時の安佐町農協が、押し寄せる都市化のスプロールに音を上げ自らの手で組合員を説得し、いわゆる「農住都市方式」による住宅団地建設を想起した時、すでにこのシンドイ課題を自らの内に抱えることになったといえよう。おそらく当時、人びとはこうした課題を自覚していなかったであろう。しかし、昭和四八年の鍬入れ式の前後からはオイルショックなどもあって、〈なぜ農協がつくるのか、どのような農住都市をつくるのか〉というきびしい課題と向き合うことになったはずである。昭和四六年十月からこの農住都市建設に参画してきた私も、当時予定地の山林の藪漕ぎをしながら「こんなところに本当に農住都市ができるのだろうか、どんな空間が求められるのだろうか」と自問自答したことを思い出す。

ここで農住都市の理念や計画について記す余裕はない。しかし、安佐町農協は昭和五八年三月に〈二〇〇〇世帯入居記念式〉を迎えたのである。それはまた農住都市と呼ばれた全国の事業の中で、もっとも〈精神〉の入ったものであった。ここで昭和五一年十一月の竣工式における滝中博組合長の挨拶を引用したいと思う。

「……かつて徳富蘆花は、〈農民は「ミミズ」で、資本は「モグラ」である。所詮勝ち目はない〉と申されましたが、私たちは土地を所有する農業者が協同することによって、農業と農村に調和のとれ且つ環境豊な街づくりをもくろみ、揶揄と嘲笑に耐えながら、渾身の情熱を捧げてひたすらに一路邁進して参りました……」。

そして安佐町農協はついに農住都市「コープタウンあさひが丘」を完成させ、その建設剰余金をもって、その総仕上げかつシンボルともいうべき〈町民センター〉の自力建設を目論むことになった。「日本いや世界にない、安佐町の子供たちが世界に誇れるものを」という組合長の、どうも〈卵かマシュマロのような形〉のものらしい構想を聞きながら、私たちが再びシンドイ課題を引き継ぐことになった。その時の組合長の近代的〈ハコ建築〉を拒否する態度は、実に毅然としたものであった。しかも、そのホールに求められる機能も、実に多様かつユニークなものであった。音楽、演劇、展示会はいうにおよばず、神楽、盆踊、結婚式、スポーツ、農協総会から車座の宴会にまでおよぶものであった。私たちは、この〈車座の宴会〉をもっと大切にしたいと密かに考えていたが、これらすべてをまともに受け入れようとすれば、現代建築としては当然破綻するしかない。

しかし、それらの要求をじっくりと紐解いてみれば、そこにムラとマチの記憶らしいものが浮かび上り、さらにそれらを紡ぎ合わせてみれば、そこにどうやらかつての市（イチ）や農村舞台らしい空間構造が浮かび上ってきた。かつて農村や地方都市のあちこちに見られた牛市や野舞台の賑わいは、〈知る人ぞ知る〉ものであった。たとえば『野の舞台』（竹内芳太郎、ドメス出版）などを見ても、自然の地形、草木と一体となった石段桟敷や舞台に見られる共同体のドラマの空間は、〈美しい〉というより他にない。だが今日まで、農村に〈持ち込まれた〉現代建築は、ほとんどどこうした昂奮を農村の人びとに与えることはなかったのである。まさに建築の世界においても〈近代化は、農民や漁民の頭上を通り抜けて行った〉。

❶安佐町農協町民センター
（甍賞金賞・通産大臣賞、広島市優秀建築賞受賞）
設計＝象設計集団・地井昭夫
施工＝奥村組
1985年3月竣工
撮影＝山田脩二

にもかかわらず日本の農村社会には、伏流水ともいうべきエトス（共同体意志）が、悠久の歴史を生き続けてきた。そしてこのエトスは、母なる大地と水系に注がれた労働を媒介として見事な生活様式と集落空間を生み出してきたし、生み出し続けているといえるであろう。共同体研究の本質的な目標が、〈人間社会の原形質〉を明らかにすることにあるとすれば、私たちはこのセンター建設を通して、エトスの空間構造を明らかにしようとしていたのだと思う。つまりセンターの建設とは、安佐町の人びとと共に〈失われたかに見えるムラとマチの共同空間〉を蘇生させるひとつの作業であったのだ。私たちのスケッチブックには、次のように記されている。

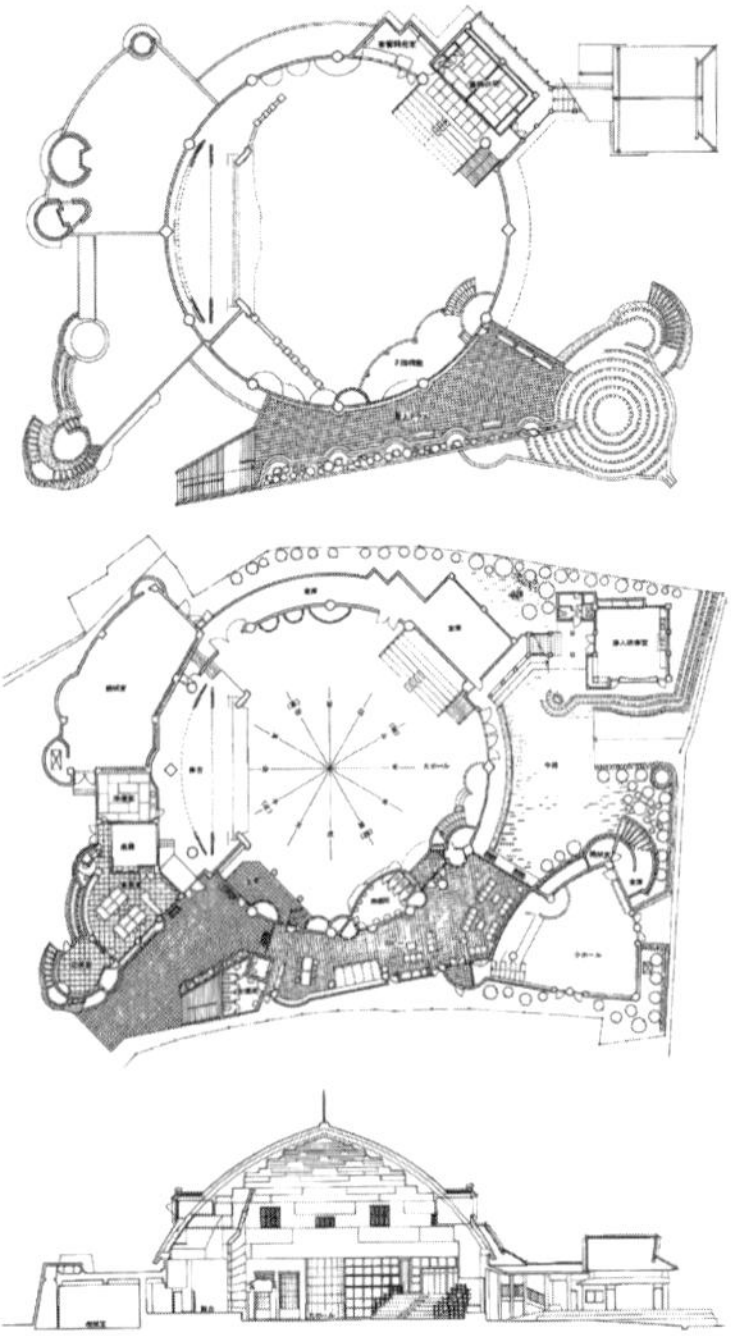

❸

❷石州瓦のつらなり［撮影＝山田脩二］
❸上より、2階平面図、1階平面図、断面図

「コミュニティホールは、小さなマチである。小さなマチは、広場（大ホール）とそれをとり囲む家々（部屋群）と、段々とそれらを包む大空（ドーム）とからなっている」。

そこで私たちが〈想像力の独善〉を免れたかどうかは分らない。なぜなら、それを自ら判断できるとすれば、それはもはや想像力とは呼べないからである。しかし、破格的建築であることには、いささかの自負がある。できることなら現場を見て、私たちが〈ムラとマチの空間作法〉とどのように向き合ったのかをご明察いただきたいと願うばかりである。最後に、私たちにこうした貴重な機会を与えていただいた安佐町農協の方々と、〈子、丑、寅、卯、辰……〉と画かれた施工図を見ながら、〈こんな現場は、はじめてだ〉と嬉々として仕事に取り組んでくれた現場の方々、瓦や漆喰をはじめ数多くの職人たちに対して、深く感謝したい。そしてまた、困難をきわめた基本設計の完成と時を同じくして急逝した畏兄・大竹康市に、このセンターを完成させることができた喜びを捧げなければならないと思う。

●――『新建築』1985.8

4-2 山城を築きて国家と対決致し候——幻の蜂の巣城[★01]を復元する

昭和三四年五月の、ダムサイトの地形測量にともなう立木の無断伐採に抗議する看板と集会所の建設に端を発する〈蜂の巣城（砦）闘争〉は知将・室原知幸（むろはらともゆき）氏の死去までの十一年間にわたって展開された。一人の個人を軸にした闘争としては日本の歴史上空前絶後というべき質量であった。

日田（ひた）林業地帯の一角、熊本県小国（おぐに）町の美しい杉林の中、蜂の巣岳のふもとに構築された砦は、闘争の進展につれて見張り小屋、各種居室、室原氏の書斎から炊事場、風呂、便所などが増設され、戦後初の土地強制収用を迎えた大詰では、オルグ三百人を収容する大集会場も作られ、その数およそ七十棟を数えるまでになって、収用隊、機動隊と数次にわたって対決した。

この間に、小屋の建築方法も、角材にホゾを切った部材を用いるプレハブ方式にまで発展、夜毎その位置を変えて建設省側の〈敵状視察〉や調書作成を混乱させるという変幻自在の不夜城（ダム反対のネオンも造られた）に成長していったのである。

山鹿素行の兵法書に酷似

こうした小屋群とそれをつなぐ渡り廊下などの建築構造は、きわめて単純明快な杉丸太と番線による、いわゆる「圧縮」と「引張り」という建築構造上もっとも基本的な応力要素の組み合せによったものである。自然の立木や岩

❶蜂の巣城全景スケッチ
地井昭夫研究室
（当時、広島工業大学）、
上木薫、松尾朗、黒川京子の卒論より

盤を活用しながら、急崖はおろか、谷を軽軽とまたぎ、オーバーハングの岩場にさえも、室原氏の命令一下たちどころに砦が出現していったという。

この砦づくりの技術上のリーダー穴井武雄氏は今も健在であるが、氏は戦前の山師見習い、戦後のトビ、大工仕事の技術をフルに生かして、奥山からの杉の伐採、運搬、砦の奥での加工、現場での組み立てを指揮した。周辺各部落からの男衆の手助けによって、作業はきわめてスムーズに行われたという。

抵抗の拠点としての蜂の巣城はまた一方で、地元志屋（しや）部落を中心とする多くの人々にとっての生活の場でもあったといえるだろう。室原氏をはじめ多くの人々がこの砦に住民票を移し、色とりどりの花の咲く花畑や野菜畑が作られ、村の女たちによって炊き出しが行われた。そして五十羽のアヒルも飼われて、人々の目をなごませるとともに、その卵は重要な食料になった。そして例えば、奥山から導かれた水は、砦上の池に貯水され、そこからビニール・パイプや竹樋で各小屋群に配水され、炊事場の生活用水となり、その排水がアヒル小屋の汚物を洗い流して下の津江（つえ）川に放流されるという見事なシステムをもっていた。

しかし、この蜂の巣城が我々の想像力に訴えるものは、下筌（しもうけ）・松原ダムに反対した人々の抵抗と生活の場としての〈空間〉そのものだけではない。下方の県道を見通す高い崖上に屹立する見張り小屋の建築作法やその寸法は、山鹿素行の『兵法或問（わくもん）、城制』などに見られる「櫓組（やぐら）み」の作法と寸法に酷似したものであった。当時、関係者が兵法書を読んだことはなかったということであったが、その他の小屋・渡り廊下（武者走り）などに見られる構築技術は、いわゆる中世の山城（やまじろ）に見られる土塁、櫓、板土橋、竹矢来、木棚、空堀などの技術と見事に一致するものであった。

日の丸に対し「白丸」を掲げる

こうした同定はまた、次のような仮説を生むことになるはずである。つまり、蜂の巣城と志屋部落などの関係は、そのまま中世における山城と根小屋(ねごや)集落の関係に置き換えることが出来るのではないかということである。中世末期、とくに南北朝以降、山間部を中心として全国各地に村落共同体のルーツともいうべき〈惣村〉が形成されていったが、この惣村こそが、〈兵農未分離〉の中で自らの居住地(根小屋)と防禦の場(山城)を有機的、重層的に構築していった生活共同体であった。

こうした惣村の形成は荘園に雇用された小農民層の経済的自立と農民化した地侍などの結合によるものであったが、やがて荘園制を根底からゆるがすと共に、また「土一揆」などの母体ともなっていったのである。

たしかに室原氏の胸中にも、こうした新しい〈山に生きる人々の共和国〉のイメージが出来ていたのかも知れない。なぜなら室原氏は、昭和四二年二月十一日(第一回建国記念日)に自邸の前に〈赤地に白丸〉の〈国旗〉をかかげ、高らかに〈室原王国宣言〉を行ったからである。

白地(国家)が赤丸(国民)をとり囲むのではなく、人民(赤地)が国家(白丸)をとり囲まなければならないのだという室原氏の思想は、蜂の巣城における村づくりという、村落共同体の原初的形態を回帰的に幻視していたのだといえるだろう。

★01——蜂の巣城=国のダム建設(下筌・松原ダム)に対し、熊本の山村住民が抵抗の拠点として築いた砦。一九五七年にはじまり、リーダー室原知幸はその死(一九七〇年)まで抵抗を貫いた

●——『ペンギン・クエスチョン』創刊準備号1983.5

4-3 環境と建築——他力本願の住宅づくり

はじめに

私は九年ほど前に、広島市の北端・安佐北区の山中に「他力本願」型の山荘（偕林庵）を建て、主に週末の住まいとして利用しながら、様々な実験を行なっています。ここでは、その実験のひとつである「環境と住宅」という実験に関する経過を報告してみたいと思います。

住宅の持つ四つの環境システム

環境と言えば、普通は気候的環境や生態的な意味で住われる場合が多いのですが、私は、少なくとも以下のような四つの住宅の持つシステムを含めて考えています。これら四つのシステムは、最近の住宅がほとんど失いつつあるものです。

①——自然—住宅系システム

言うまでもなく周囲の自然環境と住宅は、密接な関連がありますが、エアコンの普及に代表されるように自然と住宅は切り離されつつあります。

②——社会—住宅系システム

もともと住宅と周辺のコミュニティは密接な関連を保ちつつ生きてきましたが、これも高度経済成長とともに衰退の一途を辿っています。

③——生産—住宅系システム

これは近代以降の都市住宅が失った最大のシステムです。そして家族は、際限のない消費者としてしか生きられなくなりました。

④——家族—住宅系システム

これも近年の住宅が失いつつあるシステムなのです。つまり〈家族〉が失われて、住宅は〈消費集団〉が生きる器に成り下ってしまったのです。

私たちは、最近の青少年による悲劇的な事件の続発と、こうした住居・住生活の貧困化は強い相関関係にあると考えています。しかし、こうした事態に思いを寄せる政治家や行政官は、残念ながらほとんど居ません。

それでは建築家はどうなのでしょうか。〈作るに追われる〉建築家も、どうやら時流に押し流されているようです。

住生活は〈他力本願〉です

仏教で言うところの他力本願とは、要するに〈自力以外のすべての力〉のことであり、文字どおり環境の力と言っても良いと思います。

そう考えますと住生活も他力本願そのものと言っても過言ではありません。一滴の水も一握りの土も一吹きの風も生み出せない人間は、ただひたすらに自然に寄り添う他はありません。また一人では生きられない人間は、ただひたすらに家族や共同体に寄り添うしかありません。

そこで私が、この山荘で試みているささやかなシステム実験を紹介します

①――自然―住宅系システム

文句なしにソーラー暖房（採湯）にしました。お陰で適切な湿度が保持されてシロアリの発生もなく洗濯物や布団も室内で乾きます。可燃物は新型の五右衛門風呂で処理し、生ゴミは土中でコンポスト化しています。今年はソーラーに加えて薪炭利用の暖房実験に取り掛かります。

しかし、先輩から「ソーラーのためにも、なぜ北海道産の気密性の高い木のサッシを使わなかったのか」と厳しく指摘されました。将来替えるつもりです。

②――社会―住宅系システム

私は、この山荘を〈庭付き〉、〈森付き〉ならぬ〈村付き住宅〉と呼んでいるのですが、旧村の小河内の老若男女との付き合いを最大の財産と考えてきました。私の、農山村研究の最大の資源でもあるからです。また毎年の祭りに地元の素人劇団の観劇や運動会への参加、三年に一度の村祭り（市の無形文化財）への参加も貴重な体験です。

❶借林庵の全景
❷地域（楓原）の人たちと
❸借林庵（母屋）の間取り
▼この間取りはかつて中国山地に展開していた小作農家の間取りをほとんど復元したものです。
▼建築家の主体性の放棄と言われそうですが、洋の東西を問わず、これからも農家以上の住宅空間は生まれないだろうと考えています。
▼老後の生活に備えて母屋の内部はバリアフリー対応となっています。ここに隠居してからはソーラーや風力発電に取り組む予定です。
▼風水の本によると、この山荘に不足しているのは山からの水だと分かりましたので、将来ここに山からの〈下り水〉を導くつもりです。

❶

2

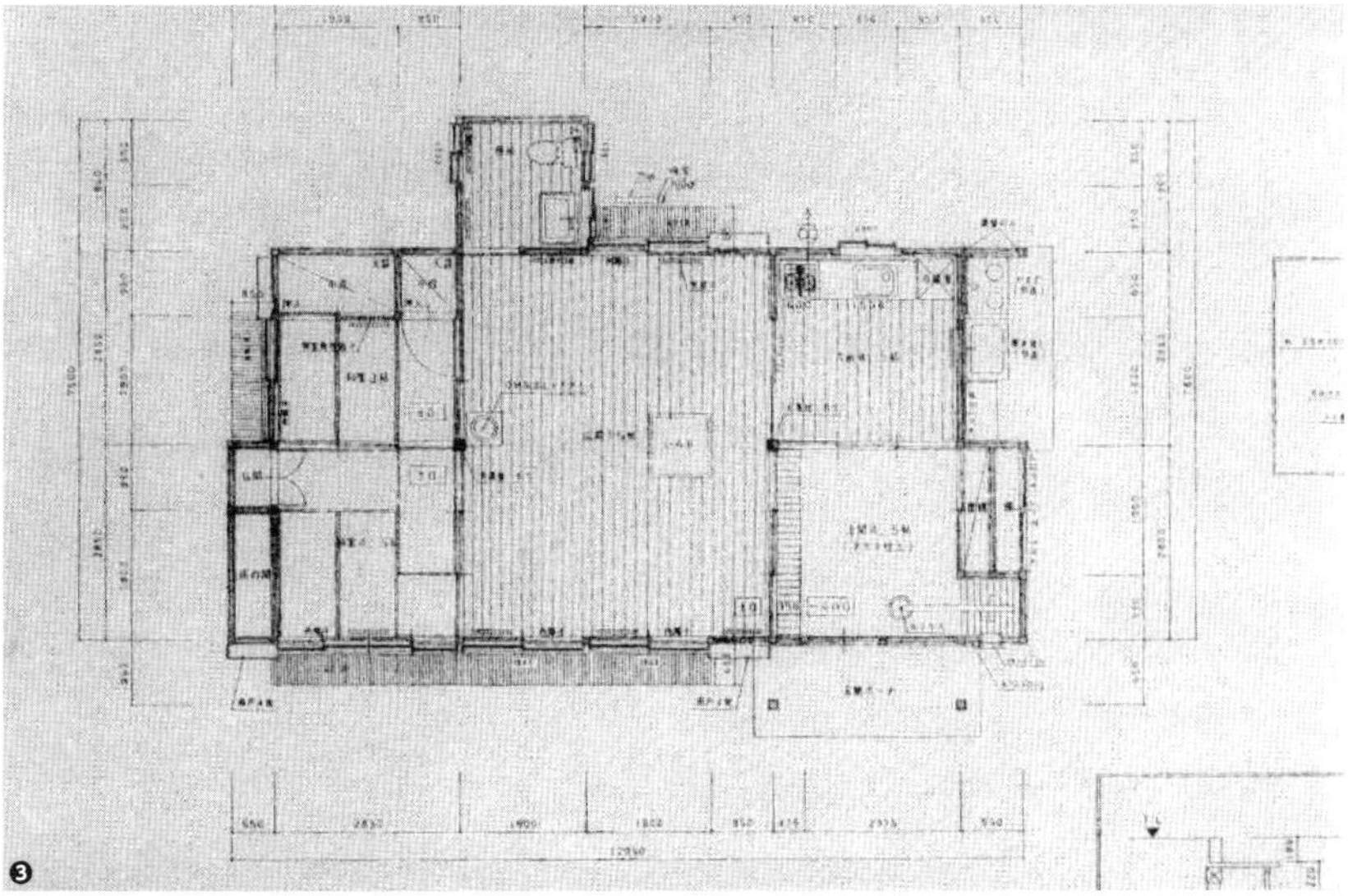

❸

③──生産─住宅系システム

近年の都市住居・住生活から最も失われたものがこの「生産」です。そこで隣の農家の田を拝借して、時々学生とともに田植えや稲刈をしていますが、この山荘は、こうした〈ささやかな生産と収穫〉にも十分対応してくれています。

それにしても、私にとってこの「生産実験」が最も難儀でした。〈農村研究三五年〉などと自惚れていましたが、草刈りや鎌による稲刈りが、これほどの重労働だとは想像もできませんでした。農業は〈草との戦い〉なのです。そしてヨーロッパの農村がなぜ美しいのかも分かりました。他の理由もありますが、要するに雑草が日本ほど生えないのです。

④──家族─住宅系システム

子育の終わった私にとって、この実験は不十分なものですが、孫育ての舞台となる日を密かに期待しています。しかし、この度他界した私の母を、この山荘から葬送することによって、家族（祖先）─住宅系システムの大切な実験のひとつを体験することが出来ました。そして座敷前の〈上の踏み石〉も立派に役割を果たしました。

建築家の仕事とは

以上粗雑に他力本願の住生活実験について触れてきましたが、ここで建築家の仕事とくに住宅設計について考えてみたいと思います。すでに私の住宅テーゼからも明らかなように、建築家（大工さんも同じですが）の設計する住宅はあまりにも〈自力本願〉に過ぎると思います。有名建築家の住宅は、もう見るにも耐えない自力本願の無残な姿です。

ですから住宅設計は、〈自力の悲しさ〉を施主とともに自覚し悲しみ、そして失われた〈他力世界の恢復〉を祈る仕掛け、それはかなり困難であったとしても、国民と共にそれを目指さない限り、住宅設計家は永久に、政府の持家主義住宅ローン政策に呪縛された、自力本願の核家族用の「住宅設計奴隷」としての地位から脱却することは不可能なのです。

しかも今や、その孤立した核家族ですら崩壊しつつあるのです。ここからの道は、極論すると三つしかないと思います。

▼依然として「自力本願の悲しい家」の設計を続けること（悲しい家であることを理解していれば、まだ救われますが）

▼家族とコミュニティが崩壊した後の孤立した個人を住まわせるための〈強制収容所型〉の集合住宅の設計（そのサンプルが、ちょうど今年［2001］八月号の『ブルータス・カーサ』に出ていたナチス・ドイツの巨大な観光客収容施設です。余談ですが、この種の雑誌の方が既成の建築・住宅の月刊誌より、よっぽどマシです）

▼新たなコミュニティと家族の他力本願型のそしてコーポラティブ型の再生を展望した住宅・住環境形成の国民的運動の支援者としての仕事（このサンプルとしては、コーポラティブ住宅を挙げれば十分でしょう）

それにしても国際平和文化都市・広島で、なぜコーポラティブ住宅が現われないのでしょうか。

多言多謝

●——『鯉城』2001.9

4-4 草葺の家・私的体験から

私は広島に住んで四年になりますが、昭和四五年四月から一年間、家主さんをおがみ倒して家族と共に草葺きの家で生活するという体験をしました。ここにその時の様子や考えたことなどを書いてみたいと思います。一般的には私達のように研究の立場にあるものが、その私的体験を公表することは、研究上はあまり意味のないことと考えられていますから、この一文を書くことは、実は少し勇気のいることでもあるのです。まして、それで新しい技術観の達成などができるのかという批判も聞こえそうな気もするのですが、しかし私は、近代の科学、技術の様々な問題の解決は、いわゆる科学技術の「客観性」と私的体験、私的感性とをはげしくぶつけ合うところから生まれると考えています。

さて、その古い田の字型の草葺の家を借りようとした時、私は妻と母に大反対されました。建築屋が何を今更物好きな、というわけです。けれども別居している母はともかく、妻には古い台所を改善するという条件でようやく転居の許可を得ました。しかし一年経っていよいよその家を出る時、妻は買物の不便さなどで苦労したにもかかわらず、出るのがおしいというようになっていました。私もそういう気持でしたが、逆説的には早く出たいという気持もありました。なぜなら、それはあまりにも素晴しい家だったからです。そのまま永く住むことは、建築屋としての私をダメにしてしまうのではないかという恐れすら感じたのです。土間に一枚のタタミを敷いて私の書斎をつくり、そこに座りながら、この家は建築屋として何も手を加える必要がないのだという奇妙な満足感にひたっていることができたのです。

それは、都会人の感傷だ、農村を知らない人間のいうことだというきびしい批判も幾度か受けました。しかしこれらの批判も、たったひとつ、冬寒くて困るのだという意見を除いては、今だに私を納得させるものではありません。古い農家住宅の生活は封建的なのだという意見に至っては、坊主にくけりゃケサまでも式の感情的、形式的批判にすぎず、自らの歴史を否定するものの見方にすぎません。例えば、台所に関しては作業レベルが低く昔の農家台所は、嫁に過重な労働を強いるものだという私の意見に対して、ある老人は、だからこそ昔の料理には力が入っていたのだ、今の料理はまずい、それは力が入っていないからだという反論を受けたこともあります。

私は、どちらが正しいか直ちに判断できません。しかし私が再反論するには、たしかに現実はあまりにも貧弱なものであることは間違いありません。私も単に古い家で生活するだけでは不満ですから、これも家主さんに無理をいって一畝ほどの前の畑を借りて、自分で肥汲もしながら、ほとんどの家庭野菜や、スイカ、イチゴなどの果物も作ってみました。そして、ダイコンの間引き菜のおいしさ、本物のトマトジュースが赤くないこと、ハウスイチゴのまずさ、スイカ作りのむずかしさ、雑草とりの苦労などを学ぶことができました。米も作らないたったこれほどの農作業にすぎませんでしたが、いわば私達の三種兼業(?)の生活にとっても、その古い家は何らの問題もありませんでした。

私の結論はつまりこういうことになります。それは農村建築の未来は、過去の農村建築を正しく発展させる以外にないということです。またこれを実行できる基礎は、専業、兼業を問わず農民の生活以外になく、技術的にはそうした生活に最も近いところにいた技能者としての大工さん方が担うのが最も正しいのではないかということです。流行作家のような建築家はどうやら失格です。なぜなら近代以後の建築家は、技術の同質性(画一性)、空間条件の抽象化(形式化)、時間の圧縮(無視)を前提として仕事をしてきたからです。ですからサラリーマン住宅ならともかく、日本の農村においては事情は全く違うのだと言っても過言ではないと思うのです。

しかしそうは言っても、高度経済成長の中で大工さんに頼ったり、近代化の中で古い形式にこだわるのはおかしいという意見もありましょう。もしそれが正しいとするなら、日本は農業をやめる以外に、都市と農村の経済競争に終止符を打つ方法はありません。事実こうした経済中心思想が、日本の農村を破壊してきたのです。そして、都市の労働組合などの経済闘争至上主義なども、確実に農村破壊に加担してきたことも知らなければなりません。こうした点から考えますと、現在の農民の総兼業こそが、日本の農業ひいては日本の将来を決める重大かつ貴重な農民自身の対応なのだと見ることができます。そしてこのことと同じように、今あちこちの農村で見られるトタン葺の草屋根こそは、日本の農村建築を内部から発展させるためのひとつの貴重な過程なのだと私は確信しています。私は草葺の家に住むまでは、あのトタン屋根をにがにがしく思っていましたが、それが誤りであることに気がつきました。近代主義は、建築であれ教育であれ、あまりにもものや自身の内部に孕む発展の可能性を見落し、見捨て、外部の力にあまりにも頼りすぎています。事実、古い農家から農民を追い出し、コンクリートのモダン住宅に住まわせ、農村から農民を追い出し、都市労働者にすることが農民の内部発展の法則に合った正しい道だったのでしょうか。公害の状態ひとつみてもそれがいかに重大な誤りであったかが分かると思います。こういう意味で私は、建築家は謙虚に技術の本源に立ち返り、技能との新しい止揚の方向を探り出さなければならないと思います。

最後に、草葺の家で本当に素晴しいと思ったことは数多いのですが、その中から風と住居について少し書いてみたいと思います。その家は瀬戸内海を見下す高台にありましたが、特に夏の昼と夜の風の変化は実に素晴しいものでした。昼は下から涼しい風が山の方へ吹きぬけ、扇風機も必要ありませんでした。家主さんは新しい住宅に住んでいたのでしたが、相当の暑さのようでした。そして夕方三十分ほどの凪（なぎ）の後、夜は山から冷たい風が後の石垣と屋根の数十センチのすきまから吹き込んで、うっかりすると、風邪をひきそうになりました。しかし私達がその家を出る頃、近くに大団地の造成が完成に近づき、地元の人の話では風の様子が変わってしまったということでした。風といえば冬はちょっと寒いのですが、悪名高き五右衛門風呂も予想に反して良いものでした。何

❶草葺の家（五日市）
❷土間にしつらえた書斎

しろ風通しのいい所ですから、都会の団地のガス風呂のように、換気が悪くて頭がぼけるようなことがないのです。これは東京から私の家を訪れてくれた友人たちによっても実証されました。そして妻に風呂を焚いてもらいながら（当然私も焚いてやらなければならないわけですが）入る五右衛門風呂の味は格別でした。こんなささいな楽しさや工夫を積み重ねるところにこそ、都市、農村を問わず住宅の未来があるのではないでしょうか。いささか論旨の飛躍があったかも知れません。しかし二年経った今もこの確信は変わりありません。もし機会がありましたらまた書いてみたいと思いますが、読者の方々からのきびしい批判などをいただければ誠に幸いに思います。

●――『建築と工作』1972.12

4-5 棚田の米づくり体験から「水の社会資本素」を考える

地球環境を中山間地からみる

この原稿を依頼されたのは、背戸山からの水不足で、私が農家から借りている三アールの田んぼの田植えができるかどうかと心配をしている頃であった。その時この主題に関して知見を展開することは、筆者の能力を超えると思われたが、「中国山地の棚田と水問題から、地球環境を考えるというのがあってもいい」というきわめて個人的な動機から引き受けたことをお断りしておきたい。

さて広島市の最北部に位置する〈我田〉の昨年は、猛暑と渇水で稲の立枯れが心配されるほどであった。ビギナーの私は、干上がった田にポリバケツで水を運んでは、近所の農家の人から「そんなにあせってもダメ、なるようにしかならないから」と諭される始末であった。今年の春も五月の連休前までは背戸山からの谷水が例年の三分の一程度で、田植えは絶望的であったが、その後のまとまった雨でようやく田植えにこぎつけられた。しかるに昨年の大渇水期にも太田川水系に依存する広島広域都市圏の住民には、洗車のための水も含めて(!)十分な飲料水が供給された。

①――この落差は、何に由来するのであろうか?

②――この落差をそのままにして、中山間地を、ひいては国土環境(地球環境)を維持できるのか?

これが米づくり入門の年から水不足に見舞われた私の〈水循環〉をめぐる問題意識なのである。

中山間地に社会資本はないのか

さて昨年私は、ある書評依頼で、下河辺淳氏による『戦後国土計画への証言』を拝読する機会にめぐまれたが、その中の「社会資本」に強い関心があった。とくに七章には下記の「社会資本ABC論」というのが取り上げられているが、私は、これを見てショックを受けた。つまり歴代政府がこのていどの社会資本論を基礎に国土計画を進めてきた事実にである。

社会資本A：全国的効果を持つ社会資本―鉄道幹線、国際貿易港など

社会資本B：地方の広域的効果を持つ社会資本―国道、大規模水系開発など

社会資本C：狭域的な効果を持つ社会資本―生活環境整備、農業関係投資など

「これではとても中山間地の社会資本整備など望むべくもない」というのが率直な思いであった。さらに下河辺氏は、同じ所で、例えば次のように述べている。

「……池田内閣の時には、計画調整よりも、まだプロジェクトが重視されていたと思います。……計画論争が出てきたのは佐藤内閣のときであり、しかも、やはり明治以来の社会資本が老朽化したという明治百年論が大きかったかもしれません」（強調点は筆者）

先のABC論とともに、ここでは次の三つの問題が指摘できると思う。

①――中山間地の水系は、下流域の社会資本を支えてきた〈素〉であるということ。

②――その〈素〉を中山間地の住民は、自力で補修・管理してきたということ。

③――さらにその〈素〉の水は、十分に利用される前に根こそぎ都市部へ〈持って行かれる〉ということ。

事実、中国山地の谷奥にある私の田の水は、広島一〇〇万市民の命とも言うべき太田川に連なっているのだが、社会資本Bとしての太田川整備や社会資本Cとしての中小河川整備はあっても、最も川上の背戸の湧水の水路や

溜池を整備する事業がないために、農家はとくに昨年のような渇水年には大変な心配と苦労を強いられてきたのである。

逆に言うと、中山間地の農家が、こうした水系と谷地田を守るために長年にわたって多大の労力を注ぎ込んでくれたからこそ、下流域の水が保証されてきたのである。ここでは明治どころか江戸以来のミクロな社会資本が確実にメンテナンスされることによって、社会資本のCやBが生かされて、日本の近代化が達成されたのである。また、こうした中山間地の昭和三〇年代ぐらいまでの暮らしが、環境と資源の複合的な管理・利用によっていかに豊かなものであったかは、中国山地の村の記録を紐解いても明らかなのである。

つまり中山間地における里山が山(水)と〈出会う〉場所こそが、いわば「社会資本素」とでもいうべき機能を果たしてきたのであり、国土環境保全の橋頭堡なのである。ここを守る作業は、炎天下の草刈りや溝さらいなど困難を極めるが、地元農家には、その水を一時蓄える溜め池すら無いのである。そして地元農家の努力によって維持されてきた水系を通過した水は、下流の二級、一級河川を経由して都市部へいとも効率的に〈収奪されて〉行くのである。

中山間地を見捨てたのは誰か

農村研究をはじめて以来、長い間私にはもうひとつの強い関心事がある。それは、昭和三〇(1955)年から始まった〈農山漁民の自主的な総意に基づく適地適産〉を旗印にした、当時の農林省あげての「新農山漁村建設計画」の消長についてである。

私は、この〈河野構想〉と言われた「新農山漁村建設計画」と「所得倍増計画」を基底とする「基本法農政」(1960)の間には、一八〇度の政策転換があり、その裏にはかなりの政策論争(政争)があったのではないかと予想していたからである。

そして同じ著書の中で、興味ある事実を知ることができた。それは、当時の社会党が「賃金倍増論」を主張したこともあって、政府はいわば社会党と二人三脚で「所得（GNP）倍増計画」を発表した（のではないか）という指摘である。おそらく当時の社会党は、農業振興による賃金倍増は考えていなかったであろうから、結果的には「所得倍増」によって〈低生産性農家の離農促進（切り捨て）〉を謳った「基本法農政」の成立を支えたことになるはずである。とすると「食料備蓄なし」と「米の自由化」を〈政府に許してきた〉社会党が、自民党と共に政権を支えているという現下の政治構造は、今に始まったことではないということに改めて気づかされる。

そして基本法農政以来中山間地の農家は、〈坂道をころげるように〉向都離村を続けている。その後〈全総［全国総合開発計画］〉で、どのようなキャッチ・フレーズが示されようとも、中山間地の多くの人々は出自の土地の振興を信じることはなかった。

このことが二一世紀にどれほどの重いツケとなるのかは、本協議会でも明らかにされるはずである。まさに〈国栄えて、山河滅ぶ〉なのである。

社会資本の抜本的な再編・整備を

いささか悲観論を展開してきたかもしれない。たしかに〈地球環境時代〉を迎えて、森林や生態系への関心は飛躍的に高まり、例えば北海道や東北では〈森は海の恋人〉であるという認識から、多くの漁師たちが川上で植林する光景も見られるようになってきた。

しかし、人里が〈山と出会う〉多くの地域では、過疎と高齢化で水系を含む環境管理の水準は著しく低下し、減反田の荒廃化や鳥獣害の急増、森林所有区分の不明化ばかりか〈植林した杉が盗伐されている〉という悲鳴も聞こえてくる。場所によって様相に違いがあるかもしれないが中国山地の山里の多くは、こうして〈寝たきり〉の様相を呈している。

こうした状況を回復させるいくつかの方法を、思いつくままに列記して稿を閉じることにしたい。

①——中山間地の水系を中心とする社会資本整備を推進して、在村農林家が水の恩恵を十分に享受できるシステムを創出すること。

②——その社会資本整備は農と林の境を取り払い、いわゆる複合的な「六次(一+二+三次)産業」を実現できるような内容であること。

③——こうしたシステム化が困難な地域については、私有林野の公有林化を積極的に推進して、森林環境の保全とクライン・バルト(市民の森)化などに努める。

④——そして在村農林家を、例えば公有林を含めた森林のバルト・フォスター(森の管理人)と位置づけ、その国土環境保全への貢献に対する「所得補償」制度を確立する。

●——『地球環境時代の村計画』1995.8

4-6 日本はクラインドルフ政策を──クラインガルテンは「住宅・都市政策」である

昨年六月にペレストロイカ下のソビエト、ベルリンの壁崩壊後のドイツとフランスの農村を訪れることができた。多くの収穫があったが、ここで私のクラインガルテン考を披露してみたい。

はじめてミュンヘン市内のクラインガルテンを尋ねて、手入れのゆきとどいた、そして七〇坪という規模に改めて驚かされた。そして、四時間に及ぶ、バイスビアーというミュンヘン産のとてつもなく旨いビールを飲みながらの、組合の副会長を含む数人のクラインガルテンナーたちへのヒヤリングの途中、私はドイツのクラインガルテン政策は、住宅・都市政策ではないかと考えるようになった。

その最大の理由のひとつは、入居資格に〈庭のある住宅を持っていない〉ことが上げられているからである。これ以外の理由もあるが、訪問して「なぜ、せっかくのクラインガルテンが、高層住宅団地のすぐそばにあるのか?」という以前からの疑問が解けたような気がした。つまり、ドイツのクラインガルテンは、自然回帰を基底とした住宅政策、都市緑地対策であるために、基本的に都市内になければならないのであり、したがって〈原則的に宿泊禁止〉という規定の意味も了解できた。

要するに、自分の庭が欲しい都市居住者と都市内に緑地を確保したい市当局との利害が一致するために、入居者も花、野菜、芝生、樹木などの作付けや小屋のデザインなどに関する厳しい規制を甘受できるのであり、一方市当局は、安い経費で都市緑地を確保できるために、かなり安い費用で市民に貸すことができる。ここに例えば賃貸期間が三〇年とか無期限というドイツ方式の意味もあると考えられる。まことに合理的なガルテン政策なのである。また第二次世界大戦では、このクラインガルテンによって多くの市民は、飢えや延焼から救われたという。このクラインガルテンの組合は、一方強い権限を持っている。例えばある組合員の世代交代時に、その息子が、ガルテンは好きではないが高い借用権をねらってその権利の継承を申し出た場合などは、きっぱりとその申し出を拒否できるということであった。

ここらが、日本におけるクラインガルテン観やその運営方式と少し、というよりもかなり異なる点ではないか。残念ながら日本では、ドイツ型の住宅・都市政策的なクラインガルテン政策は、すぐには不可能と思われるが、しかし研究の価値は十分にあるのではないか。それは市民の居住意識のみならず、行政の都市居住政策に関する哲学の転換を迫る問題だからである。

これに比較して、私は日本の実利優先型のクラインガルテン政策は、いささか中途半端ではないかと思う。そこで日本の農村関係者としては、ガルテン(これは住宅・都市政策にまかせる)ではなくむしろクラインドルフ(小さな村)とでも言うべき、より農村に近づけた本格的な市民農園というよりも市民農村とでもいうべきスタイルを追求すべきではないかと考えている。つまり現在のような地価がベラボウな都市内や都市近郊(これでは農家も農協も落ち着いて貸地などしていられない。したがって長期的に双方の利害が一致しない。さらに日本の地価対策が本格化しないかぎり、現在のクラインガルテンの存続は困難なのである)に細分化された農地を借りるのではなく、むしろ過疎の町や村に、行政や農協などと連携したクラインドルフ組合を設立し、より規模の大きな農地を借地ないし取得して、本格的に週末や休暇に自然や農産物や農村の人々と交流するという方式である。これならば、農村に対して理解のあるひとである限り、双方の利害が一致するはずである。

私自身、近いうちにこうした個人的なドルフ(というよりも当面はクラインハウスにすぎないが)建設に着手する予定であり、これから農協や仲間に働きかけてクラインドルフを実現したいと考えている。そう簡単に進行するとは考えられないが、長期的には成算ありと踏んでいるが、いかがなものであろうか。

●――[初出不明]

4-7 吉阪研究室と中国研究

はじめに

本交流会［日中建築技術交流会］の三〇周年記念誌への寄稿を依頼されて、浅学の私は引き受けることをためらったのだが、この記念すべき節目に、吉阪研究室の中国研究の経緯をしたためる役割をお断りすることは出来ない。そこで、一九六六年の吉阪研究室大学院都市計画コース設立以降のメンバーを中心として、私の記憶をたどりながら、各種資料への渉猟も不足であること、研究内容まで立ち入れないことをお断りしつつ、中国の農村・都市の調査研究に関する吉阪研メンバーの歩みと、今後の課題に関する私的な展望を披瀝することをお許しいただきたい。

師の地球大エネルギー

吉阪から〈韓国の農漁村調査へ行きませんか。そのあとに中国にも行きます〉という誘いを受けたのは、私が広島工業大学へ赴任した数年後であった。折しも瀬戸内海の海洋汚染と闘う漁師たちの調査に取り組んでいた私は断ってしまったのだが、このことは、今でも後悔し続けている。実は、それから遅れること約二〇年にして、はじめて中国と韓国を訪問したのだが、多くのカルチャーショックを受けた。とくに韓国についてはいまも訪問が続き、すでに四回目を迎えた日韓農村建築（相互）交流会のささやかなお手伝いをさせていただいている。

それにしても当時の吉阪の、日本建築学会会長や日本生活学会会長をこなすばかりか、院生たちを引っ張って韓国調査を軽くこなし、本交流会会長として中国各地を訪問し、建築学会視察団長として東欧を訪問し、帰国後ただちにチャンデガール研修会団長としてインドやカトマンズへ出かけるという途方もないエネルギーを目の当りにして、私はただ驚くばかりであった。いったい、いつ授業をしていたのだろうか。そうした中で長い間私は、吉阪が中国との建築交流に、なぜあれほど情熱を注ぐのかを理解できなかった。

しかし、弟子は会うたびに吉阪から世界中の建築や暮らしの情報を聞いて〈地球大の栄養分〉を摂取していたのだが、私の記憶では、中国のことを語るときだけは様子が違っていたように思う。当時農村計画委員会・集落計画部会の委員として師と時々お会いすることができたが、中国を語る時だけは、他の国々のことを語るときのように〈断定的〉ではなかったからである。しかし、当時私は、そのことをよく理解できなかった。

「吉阪の中国」との出会い

しかし、それから七―八年後に吉阪の遺稿集を編集することになるとは夢にも思わなかったが、自宅があった百人町近くの遺稿集編集室で〈吉阪の中国〉と衝撃的な出会いをすることになった。ある後輩が段ボールの中から、〈へぇー、こんなものがありましたよ〉と言って持ち出してきたのが師の卒業論文「北支蒙彊に於ける住居の地理学的考察」であった。

それは、皇紀二六〇〇（1940）年十月という日付のある全文タイプ印刷の保存状態の極めて良い卒業論文であったが、私たちは、しばらく冷静な判断ができなかった。しかし、読み進むうちに、吉阪が中国で〈建築に出会ったのではないか〉ということと、日中建築交流にかける情熱というよりも怨念とでもいうべき思いが理解されたのである。それにしても、師は長い間、私たちに〈中国の住宅調査をした〉とは一言も言ってくれなかったのは、今でもヒドイと思っている。

この卒業論文とその解説や編集後記は『吉阪隆正集1――住居の発見』に詳しいので省略するが、建築家としての吉阪にとって、中国とは建築の出発点であるとともに帰着すべき〈世界〉ではなかったのかと思われる。ここで、ひとつだけ吉阪の中国調査のエピソードを紹介したい。吉阪は、卒論で訪れたいまの内モンゴル自治区の草原で〈燕の巣〉のような泥作りの小さな家を見て〈ウォー〉と叫んで走り出し、同行者は〈吉阪は野生に戻ったのか〉と心配したらしいのだが、それが師の名作住宅「ヴィラ・クックー」の原型であることに気がついたのは、かなり後になってからであった。

こうした吉阪の卒論発見が、今思えばその後の弟子たちの中国研究を強く後押したと思われる。そして『吉阪隆正集』は多くのメンバーや友人たちに支えられて、一九八六年十二月に刊行を終えたのだが、その前後から研究室やその仲間たちによる中国の農村関連の研究が堰を切ったように精力的に進められたからである。さらに、こうした研究には、それ以前から進められていた早大尾島教授などによる早大―ハルビン建築工程院との交流や神戸大―天津大学との交流も背景となっていた。

沖縄からアジアへ

その第一陣は、ちょうど『吉阪隆正集』が全巻刊行された一九八六年から数回にわたって行われた神戸大学重村研究室と仲間による中国南西部に分布する円形土楼に関する一連の調査・研究であった。これは中国政府文教部から招請された重村教授が大連工学院での設計指導の機に、しかし、許可を得ずに現地調査に入ったために公安部の聞き取りを受けるなどの困難な状況の中で着手されたものである。その後も同研究室は、早大院生とともに一九九〇年に安徽省徽州集落に関する研究から、さらには上海市里弄（リーロン）住宅（1991）や京大布野助教授らとともに北京内城（1999）などの都市部の研究にも精力的に着手して、広範な成果を挙げ、また中国、韓国からの多くの留学生の学位取得をも果たした。

さらに台湾に関する研究と計画も注目される。この間に個別にではあるが千葉大寺門教授、山口大内田教授らに

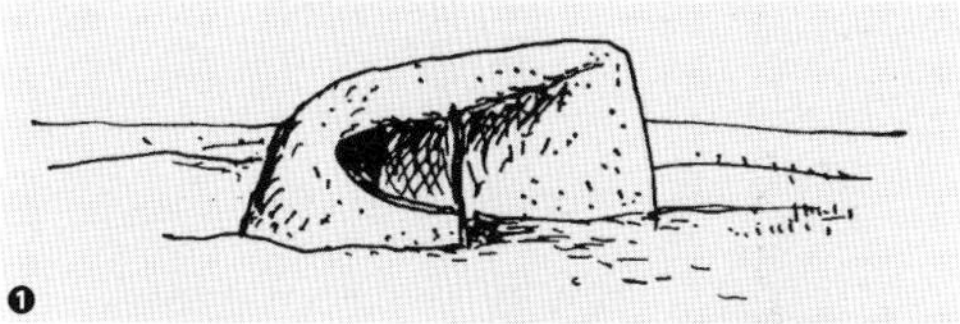

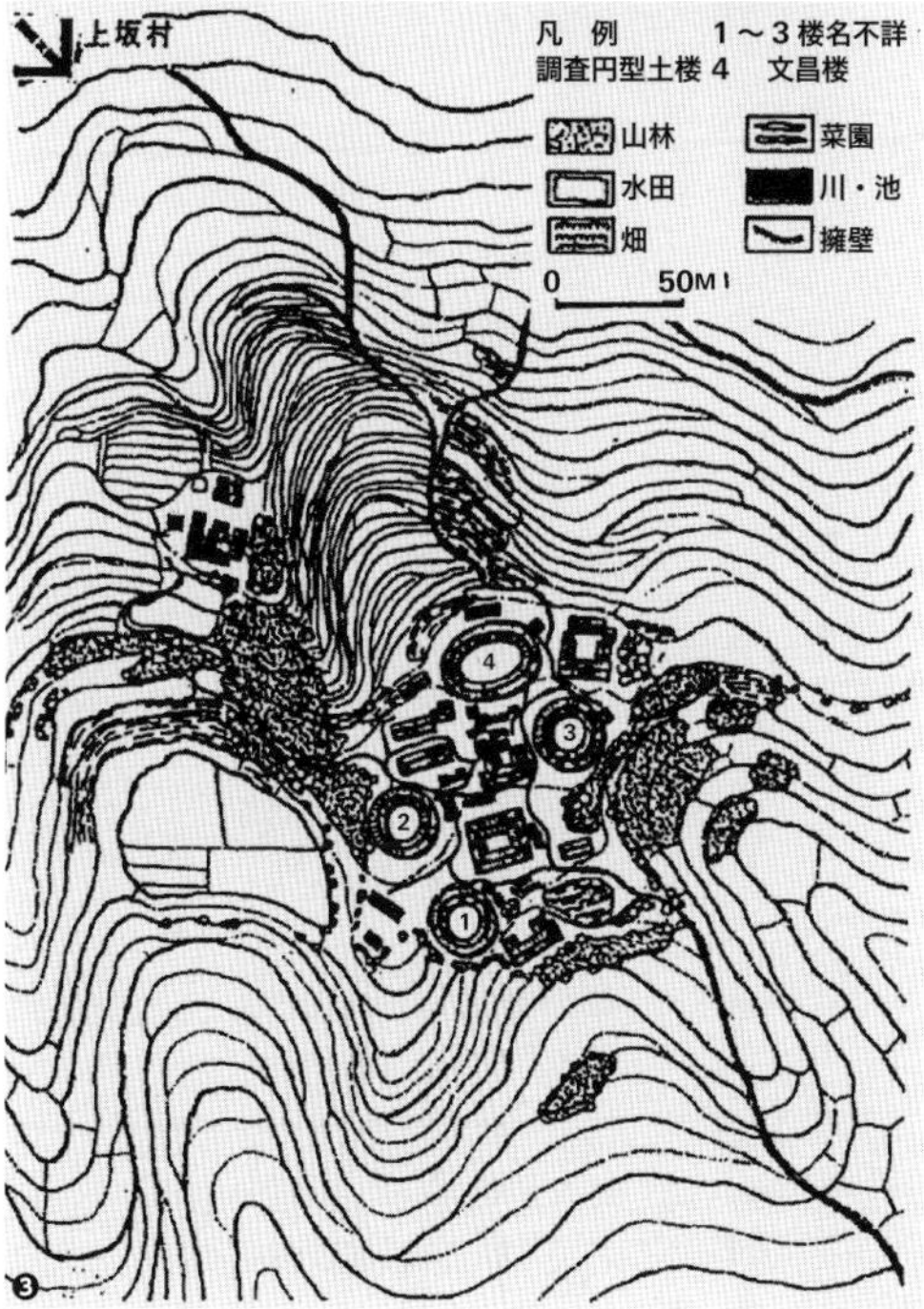

❶泥の家（吉阪隆正）
❷ヴィラ・クックー（吉阪隆正＋U研究室）
❸南靖県の円形土楼（神戸大学重村研究室）

よる蘭嶼島のヤミ族の住居・集落研究が行われ、さらに早稲田大後藤教授と台北大陳教授による台北の高密度居住の研究も行われた。また象設計集団とTeam Zooと郭中端らによる風水を活かした宜蘭県のウォターフロント公園計画は着手後一〇年を過ぎた今日まで続けられ大きな成果を挙げ、さらに同県庁舎も完成させている。また、すでに第四回となる日中韓の建築学会による「アジア建築交流国際シンポジュウム」（九大青木、工学院大荻原、早大尾島教授らの尽力による）への研究室メンバーの参画も重要な出来事である。とくに九八年には神戸大学で開催（委員長早大中川教授）され、〇二年の中国・重慶におけるシンポジュウムでは、重村教授が「生態的都市と建築」と題する基調講演を行った。またこのシンポの背景となったのは、吉阪らが中心となり一九七五年に始められたEAROPH（国連住宅都市会議アジア協議会、これには早大からは寺門、重村、東洋大藤井教授らが参加した）であった。この間私は、本交流会と両国建築学会の共催による「日中伝統民家・集落シンポジュウム」（1992 これは東工大青木教授らの尽力で開催された）に参加して、「舟住まいの陸上がりに関する仮説的考察」を発表した。私事になるが、この奇妙なタイトルの研究は、師の友人でもあった民俗学の故・宮本常一の示唆によって始めたものであるが、この研究に有力な歴史的物証を与えてくれたのが、形見分けされた師の蔵書『支邦住宅志』（満鉄経済調査会、昭和七年）の中の川や海の舟住まいの数枚の写真であった。この形見の本は、実は吉阪の卒業論文の参考文献の初めに記載されていたものであり、いまでも私の〈バイブル〉の一つとなっている。

その後こうした神戸大をはじめ多くの大学のメンバー（紙幅の関係で大学名や研究者名は省略させていただく）による中国や東アジアの農村に関する研究は、一九九三年の建築学会大会農村計画委員会の研究協議会「共生と現代―東アジア集住文化を通底するもの」となって結実することになる。

さらにこうした多様なメンバーによる研究の成果は、建築学会の中に横断的な「アジア集住文化特別研究委員会（重村委員長）」（1997-2000）を生み出すことになり、新たなアジア研究の展望が探られる場が設けられたが、これも建築学会の研究部門を超えた多様な研究者によるグローバルな農村研究の成果が評価されたものであり、特筆すべきエポックとなったといえよう。

つまり、農村研究レベルでは、それまでの中国やアジアに関する個別的な事例や特殊性に着目した研究からアジアを〈通底するもの（普遍性）〉への研究へと進化したことを示し、学会の計画研究レベルとしては、個別部門の共同研究から（容易に達成されるかどうかは別としても）計画分野全体の〈総合研究のレベル〉に達しつつあることを物語っていると思われるからである。

さて、こうしたメンバーとその仲間たちによるアジア研究の展開を考えると、一九七〇年頃からの研究室と仲間による沖縄における一連の調査・研究・計画が、多大な貢献をしたのではないかと考えている。詳しくは触れられないが、アジアの要石（キーストーン）とも言うべき位置にある沖縄の研究成果は、その後に、地政学的にも四方八方に広がる研究の展開を可能にしたように思われる。

これらの沖縄研究は、さらに東京の要石ともいうべき伊豆大島の研究がベースとなっているのだが、大島→沖縄→アジアという研究の展開は、確実にその拡がりとともに、日本本土を相対化することを可能にしたと思われる。私も、一昨年北九州市で開催された第三回「日韓中漁港技術交流会」で記念講演の機会に恵まれたが、その趣旨の多くも沖縄から学んだものであった。

ユーラシアとオーストロネシアへ

ここからは、中国や東アジアの研究進化は当然として、さらにアジアからユーラシアとオーストロネシアへと連なる研究フィールドの課題が登場すると思われる。ここでは、私の、河と海の観点からユーラシアとオーストロネシア研究への一つの予感についてのみ触れることをお許しいただきたい。

中国では「舟住まいの陸上がり」を発表したのだが、つい最近長江流域に展開する崖上の洞穴に置かれている数百年から数千年の歴史を持つ「木棺の民族」は、〈僰人(ボウ)〉と呼ばれる海洋民族であったらしく、東シナ海から長江を上って住み着きながら上流に辿り着いたという中国の歴史研究者の報告を知った。確かに河口部の木棺は「舟型」であるのだが、上流になるほど切り妻や入母屋の「家型」になっている。こうしたことからも、これからの長江流域の研究は、シルクロードとともに、「東シナ海という足元」から始まって内陸部の雲南省などの少数民族の文化とも連なる魅力的なユーラシアの一つの研究ルートと思われる。

さらに、最近ヨーロッパの言語人類学者のブラスト教授によって、ハワイからニュージーランドやイースター島に至る超広域の海洋民族(オーストロネシア語族)文化のルーツはどうも台湾にあるらしい、ということをはじめて知った。これらの海洋文化を支えていたのは、〈自然の星座と風、それを知るキャプテンのいるアウトリガー舟、女たちの作るタロイモ弁当、そして漁獲物〉だけであったという。これらは、かつての沖縄の風景や文化を髣髴とさせるものである。だからオーストロネシア研究の場合にも、改めて沖縄や台湾のあるアジアの要石としての「東シナ海という足元」の再確認が必要ということではないかと思われる。考えてみれば、台湾もまた中国大陸の要石でもある。

吉阪も、長い付き合いの中国と東アジアの要石に軸足を置きながらも、〈世界大の空間の仕組み〉を探るがゆえに、歴史・文化とともに多様な世界の交差点(クロスロード)としての中国について断定的に語ることを慎重に避けていたのではないだろうか。しかし、そのキャプテン・吉阪は、あまりにも早く逝ってしまった。弟子たちは、これからも吉阪の〈単純で美しい天体儀〉の下に、そしてグローバルなネットワークに頼りながら、吉阪の想望を展開させて行かねばならないだろう。

●——『日中建築』2003.11

5
島と本土の防災地政学

5-1
三陸津波被害とその復興計画

一九三三(昭和八)年三月三日、三陸地域を中心として東北地方太平洋岸一帯を襲った津波は、被害の大きかった岩手県と宮城県だけで死者・行方不明合わせて二九六五人、家屋倒壊、流出合わせて六五七三棟という著しい被害をもたらすものとなった。これは、一九三一(昭和六)年の東北大凶作に追い打ちをかけるものであり、三陸沿岸の村々は、ほとんど再起不能と思われるほどの打撃を受けたのである。

しかし、その後の被害調査とそれに続く復興計画への着手は、官民共同によって迅速に行われ、筆者が入手している主なものでも『三陸沖強震及津波報告』(岩手県1933)や『三陸津波に因る被害町村の復興計画報告書』(内務大臣官房都市計画課1934)などが上梓されることになった。その後岩手県は一九三六(昭和一一)年三月に『震波災害土木誌』をまとめたが、その内容は被害集落の防波堤と高所移転を中心とした、わが国で初めての本格的な「漁村集落計画」と呼ぶべきものを含んでいた。一方こうした報告書を受けて各浦々では、経済更生や生活改善を含む、高所移転・防波堤・区画整理などによる集落整備が着々と進められていった。

例えば、岩手県大槌町吉里吉里(きりきり)地区では、総戸数二七二戸中約二〇〇戸が被害に遭った(死者、行方不明は一〇人と比較的軽微であった)が、被災からわずか四か月後には『新漁村建設計画要項』という六〇ページに及ぶ集落計画図入りの計画書をまとめ、経済・社会計画をも組み込んだ〈理想漁村建設〉に着手した。このとき、各種事業の主体となったのは、大槌町、大槌町産業組合、漁業組合、農家組合、養蚕実行組合、青年団などの諸団体であったが、その中でも、産業組合と漁業組合の役割が大きかった。★01

高所移転の住宅地そのものは町によって進められたが、住宅と共同施設については産業組合を主体とする「吉里吉里住宅信用購買組合」によって建設・販売・管理されることになった。この当時参画した計画技術者は、県内務部長を中心とする総務・農林・水産・耕地・土木などの主事、技師ら総勢一二人であり、こうした行政と各種団体、専門家の協同という点からも先駆的なものであったと考えられる。表［割愛］は、このときの実行項目の一覧

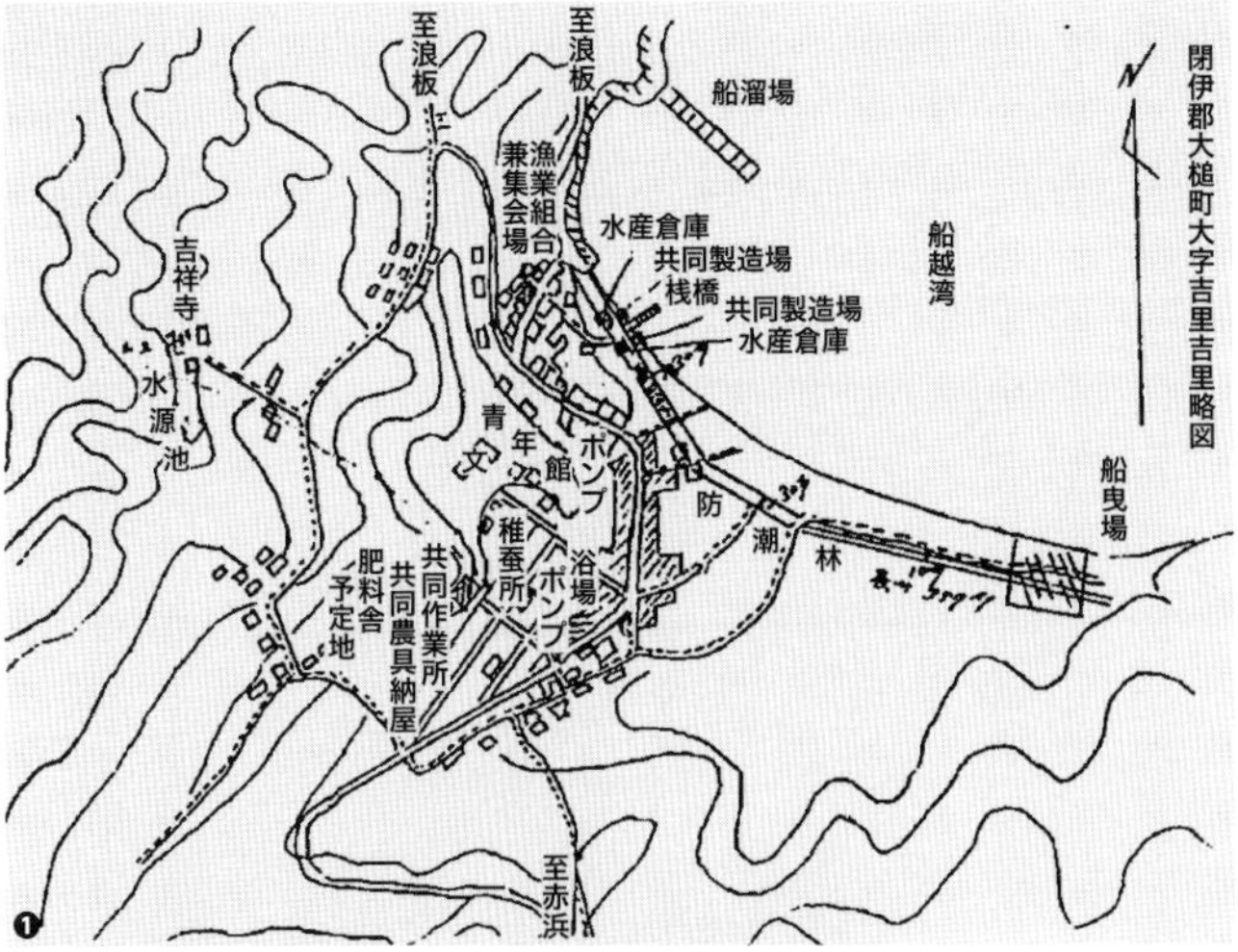

❶吉里吉里新漁村建設計画付図（岩手県閉伊郡大槌町吉里吉里 1933）
❷『新漁村建設計画要項』（左）と『経済更生一覧』（右）（岩手県閉伊郡大槌町吉里吉里 1933）

表であるが、生活・防災・農林漁業を複合した計画と実行内容は、今日において見ても極めて示唆に富んでいる。

さて、この頃の建築学界関係の動きを見てみよう。被害直後の三月六日には、東京帝国大学教授の浜田稔らによって家屋被害の調査が行われ、同年六月の建築雑誌に「三陸津波に於ける家屋被害について」と題する二八ページに及ぶ報告が提出された。また同じ雑誌には、東京工業大学研究科の笹間一夫による論説「防浪漁村計画」が発表されており、その内容は、三陸海岸地形と漁村の形態、各種防浪施設の特徴、防浪漁村計画の要綱とその試案などを含むものであった。その最後の部分を引用してみよう。

「……以上で筆者の防浪漁村計画の大要を終るのであるが、この試案と被害地復興計画の現状を対照する時、若干この案が現実に即せざる案なりとの懸念がないでもない。然しながら、真に津波の惨害を思ふならば、この程度の案が寧ろ最小限度の妥協案であって、三陸沿岸の漁村は勿論津波の恐れのあるところは何処でも、この程度の案を目標として計画がされたい。それにしても世界有数の漁業国日本の漁村計画の貧弱なる事よ」。

またこの後、一九三六(昭和一一)年には同潤会による「東北地方農山漁村住宅調査」が着手されることとなったが、ここではメンバーとして内田祥三・今和次郎・竹内芳太郎・高山英華らが参加し、住宅改善と集落改善のための初めての本格的な調査・研究・計画・普及がスタートすることになった。この間の漁村に関する成果は『東北地方農山漁村住宅改善調査報告書』第三巻として一九四一(昭和一六)年三月に刊行されたが、建築学者とその学際的協力とともに、住宅・集落の標準設計から技術者教育と普及までを含んだ、当時としてはまさに画期的な成果を収めたものであった。

❸防浪漁村計画案(笹間一夫「防浪漁村計画―三陸津浪の被害を論拠として」『建築雑誌』(社)日本建築学会 1933.6より)

❹(漁業)地域計画説明図(其ノ1)(高山英華、日本学術振興会編『東北地方農山漁村住宅改善調査報告書』第3巻 1941より)

❸
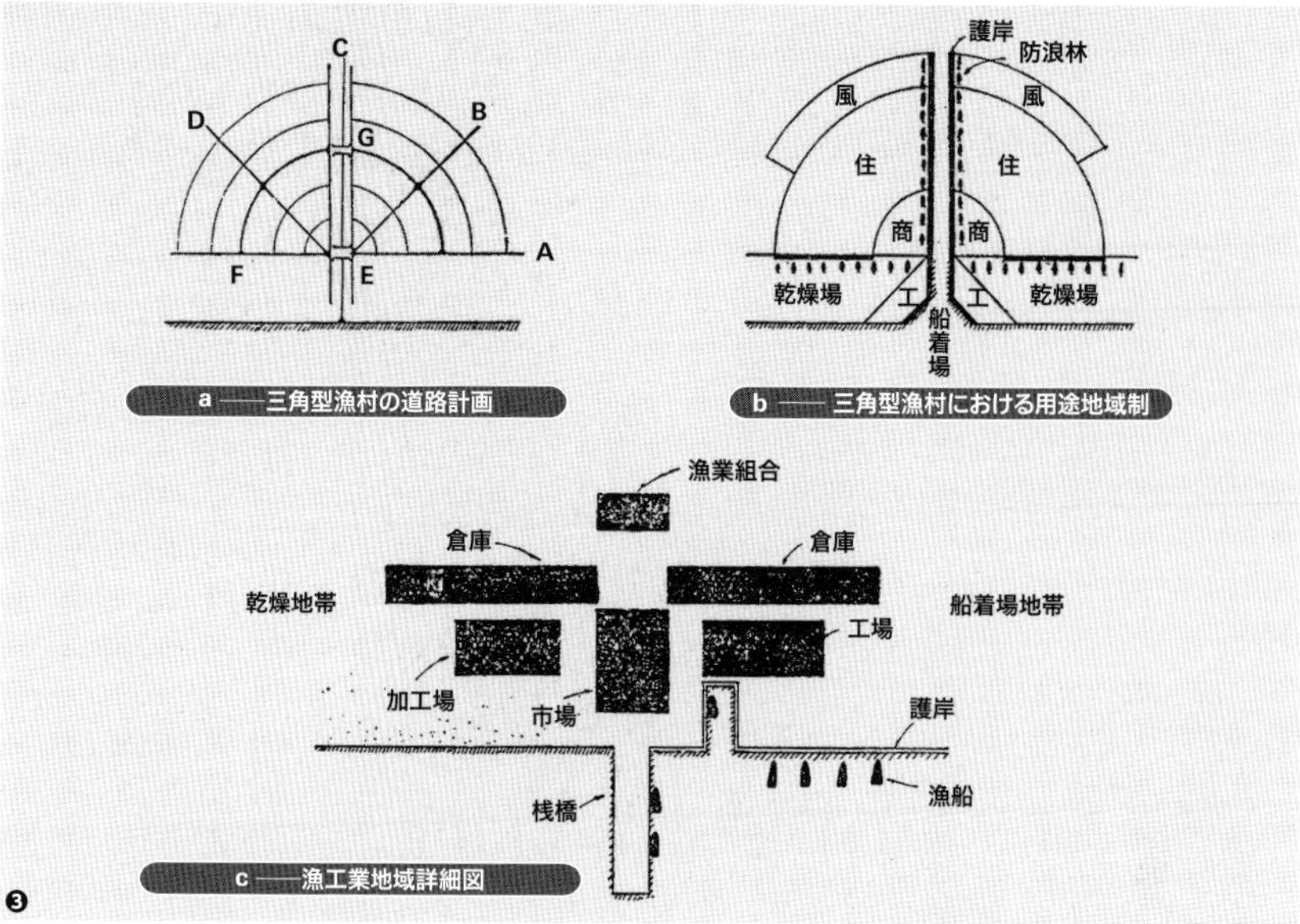

a——三角型漁村の道路計画

b——三角型漁村における用途地域制

c——漁工業地域詳細図

❹
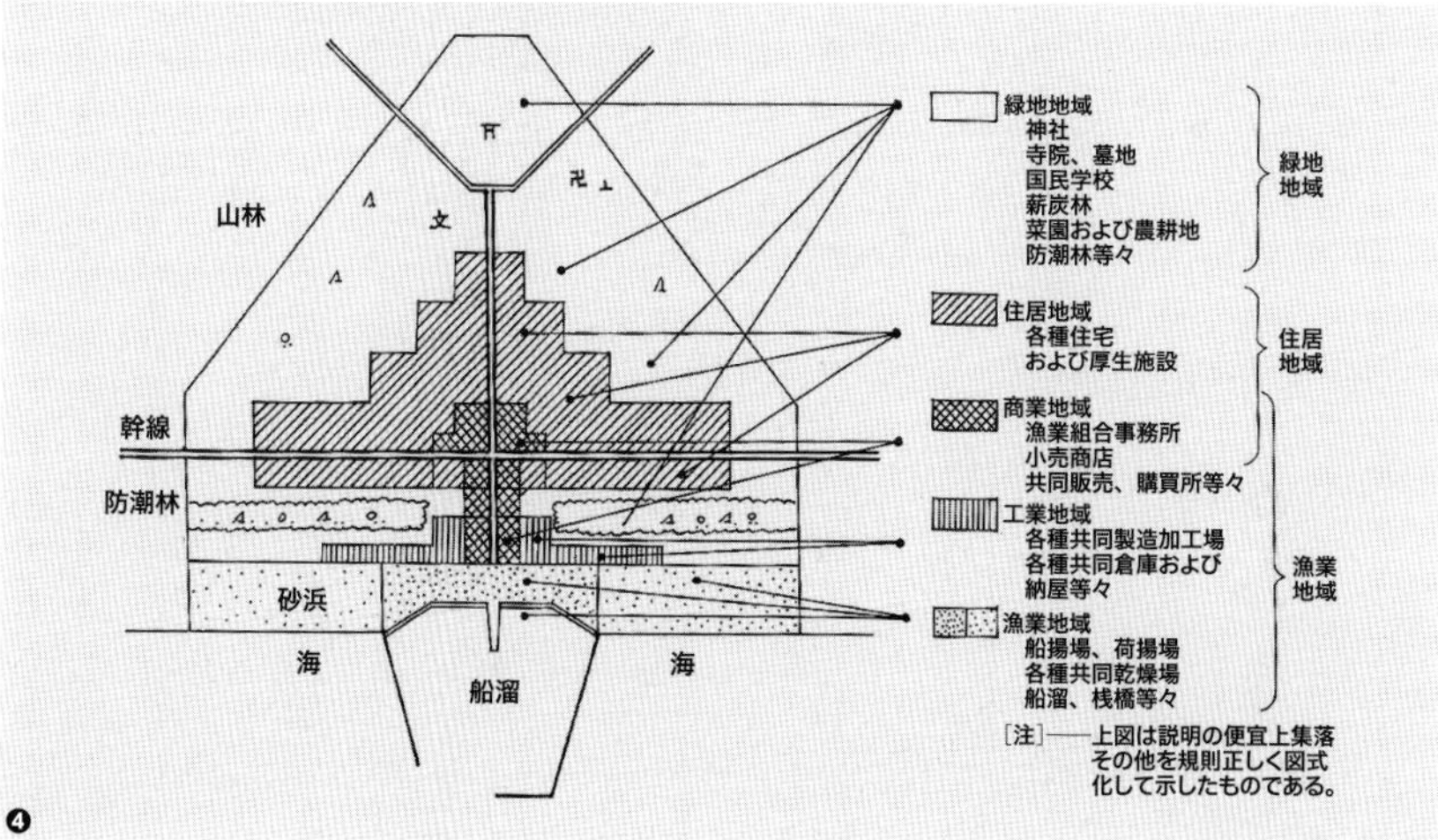

特に当時東京帝国大学の助教授であった高山英華は、卒業設計で千葉県の漁村計画[02]を行った経験を買われたためであろうか、ここで集落計画を担当し、漁村の性質および規模・形態を分析し、漁村集落の計画図を提示した。先の笹間一夫のものとともに、おそらくわが国の漁村計画史上初の理論的成果であったと考えられる。特にその中でも、高所移転といわば職住分離の方針は、その後の三陸漁村にとって重要な方向を示すことになった。しかし一方で、同じ調査に参加した竹内芳太郎の「……もちろんそれ（高所移転）によって津波の再来を防止することはできたが、漁業者の日常生活は当然のことながら不便極りないものとなった。しかし漁民の津波に対する恐怖感は、そう長くは残らなかった。そこでついに危険を犯して、旧地に復帰するものが徐々にでき、旧態を再現するのに一〇年の歳月は要しなかったのである[03]」という一文は、漁村計画の難しさを語るものであるといえるだろう。例えば、こうしてすべてではないが旧地に復帰した三陸漁村では、一九六〇（昭和三五）年のチリ津波によって再び大きな被害[04]を被ることになったのである。その後漁村の防浪計画は、防波堤の嵩上げが主体となって今日まで進められてきたが、こうした〈防波堤主義〉とでも言うべき手法は通風、景観のみならず、浸入した海水が防波堤によって逆に集落内に滞留するという問題などを持つことなどからも、再び地震・津波の予知、広報体制から避難対策という社会的側面をも含めた総合的な計画が模索されはじめている[05]。

それにしても、戦前こうして一種の高揚期を迎えた漁村計画の成果が、その後十分に継承発展されることなく、例えば日本の漁村にとっても大きな転換期となった昭和三〇年代後半からの高度経済成長期において、激動する漁村社会への有効な漁村集落計画の理論と実践がほとんど示されなかったのは、まことに残念であった。まさに笹間一夫の慨嘆は五〇年後の今日においても妥当するといえよう。

こうした事情の背景はさまざま考えられようが、中でも漁村空間やその社会に対する認識が大きくかかわっていたのではないだろうか。例えば当時の諸論を見れば明らかなように、漁村空間への認識が、いわば現象論や実体論にとどまっているものが多く、例えば集落が住宅の単純集合としてとらえられ、集落空間の固有性や意味が十分に理解される段階になかったからではないかと思われる。つまり、現象論や実体論にとどまる限り、特に大きな問題や変化があったときのみに研究者・計画者の興味を引くことになるからである。

★01——地井昭夫「漁村における村づくりとその主体性——漁協の役割を中心として」(『建築雑誌』日本建築学会 1980.11)参照

★02——この卒業設計の内容やその間の経緯については「特集・近代日本都市計画史」(『都市住宅』1976.4)に詳しい

★03——竹内芳太郎・下河辺千穂子「漁村住宅」(金沢・西山・福武・柴田編『住宅問題講座六　住宅計画』第七章、第七節、有斐閣 1968)より

★04——チリ津波被害：一九六〇(昭和三五)年五月二一日南米チリにマグニチュード八・七五の大地震が起こり、その二二時間三〇分後に太平洋を超え津波になり三陸沿岸に達した。死者は約一四〇名にとどまったが、家屋被害は四万戸に上り、資産価値が高かったこともあり、経済的損失は過去の大津波に匹敵するものとなった。またこれまであまり被害を受けなかった志津川湾や大船渡湾など南部大型湾岸で大きな波高となったことも特徴であった

★05——室崎益輝「地域防災計画に関する基礎的研究」(博士論文1978)／水産庁「津波常襲地域総合防災対策調査報告書」1983.3など。前者は防火という観点からではあるが、農山漁村の火災危険や対策条件(防火意識)などについてまとめたものであり、後者は三陸地域における度重なる津波とその被害、復興計画に学びつつ、今後の総合的な津波対策と漁村づくりを提言している

●——『新建築学大系18　集落計画』1986.2

5-2 天災は覚えていてもやってくる——淡路と奥尻と伊豆大島と

淡路・〈死者ゼロ火災ゼロ〉の村

いらだたしい気持ちで過ごした一ヶ月後に淡路島を訪れた私は、住家の全半壊が二四七棟という北淡町の漁村・室津で、〈ここは、死者ゼロ火災ゼロでした〉という説明に絶句した（この町の世帯数は六〇四世帯であるから、住家の被災率は四〇パーセントを超えている）。これは町の消防団が日頃からプロパンガスに対する防災訓練をしていたことと瓦礫に埋まった住民救助が、消防団や地元住民によって迅速に行われたためである。〈あの家のおばあさんは、いつもここに寝ているか〉まで近所の住民によって認識されている若者にはいささか評判の悪い共同社会の賜物であった。昨年［1995］一二月ようやく農村計画委員会としての現地ヒヤリングが実施されたが、そこは、まさにこうした共同体との出会いの場であった。上記の他に、例えば多くの住人が、ハンカチを口に当てながら近所のプロパンの元栓を閉めて歩いたという。そして数十人のノリ養殖の経営者たちは、前日から徹夜の作業中であったために迅速な対応行動が可能であった。また二〇人ほどのおばあさんたちは、午前三時頃から近くの御太子堂で「お籠り」の最中であったために身体的な被災を免れたという。さらに家屋が倒壊した人々は、近所の無事だった家々に集まりしばらく世話を受けたなど〈多様でしなやかに生きる共同体〉に感服させられるばかりであった。

しかし、一方で復旧・復興の現場を見ると、その進捗情況がはかばかしくない。北淡町でいえば、その最大の問題が中心集落における区画整理事業の適用である。これについては、間もなく行政と住民組織間の話し合いが大詰めに入るということであったが、事業の柔軟な適用が望まれる。しかも、その復興のために単一の事業しか導入されていない、というのも問題であると思われる。

これについては農村計画委員会としても、近いうちに対応する予定であるが、例えば同じ淡路島の東浦町の仮屋地区では、建設省の「密集住宅市街地整備促進事業」と水産庁の「漁業集落環境整備事業」が役割分担をしながら連携して行われることになったが、災害時にはこうした各種事業の柔軟な適用に関する制度上の改良が求められる。そのことによって、通常の住環境整備についても各種事業の柔軟な適用が促進されることになるはずである。

奥尻・見事な立上がりと課題

さて奥尻島・青苗地区などの津波と火災による被災も衝撃的であったが、これも昨年一一月にはじめて訪問することができた。それは、越森幸夫町長が復興の主力事業として高く評価する水産庁の「漁業集落環境整備事業」(総事業費は二六億円)による復興の成果を確認するためであった。

この事業の骨子は、一九七七年に後輩の幡谷純一君と二人で全国のモデル漁村をまわりながらまとめたものであるが、当時は大蔵省の締め付けも厳しく、これほどの質量の事業に成長出来るとは考えていなかった。しかし、現場を歩くとこの事業を中心として様々な事業が、住民の意見を反映しながら柔軟に組み合わされていた(これには全国からの義捐金が、大きく貢献していることは言うまでもない)。そして、住民の九五パーセントが島での暮らしを復興するという道を選択して立ち上がった漁村共同体の姿に、三〇年に及ぶ漁村計画研究の意義とともに更なる防災計画研究の必要性を痛感させられた。

そのひとつが、昭和七年の三陸津波とその復興いらい提起されてきた津波・高潮防災のための「高所移転問題」などである。高所移転できない(しにくい)地区では、その前面に六〜一二メートルに及ぶ防潮堤が築かれるのだが、通常のアクセスの問題や景観、通風のほかに災害時に流入した海水の排水問題など多くの課題が残されている。私自身、「漁村集落計画」（『新建築学大系』第一八巻）において、こうした問題を指摘したのだが、それ以後具体的に展開させていないことを深く反省させられた。

それにしても、奥尻を訪れて改めて日本の災害復旧・復興事業の枠組について考えさせられた。その中でも最も大きな問題のひとつが、災害復興については〈（被害の）実績水準でしか復旧できない〉、〈被害を受けなかった隣の集落では、防災事業ができない〉という現行制度である。これは、一種の規制であり今後大幅に見直されるべきであろう。こうした通常の生活環境整備と防災・災害復興を分離する考え方が、これまでにもそして今後も劇甚災害被災のモザイク化とその被災水準を相対的にも押し上げることになると思われるからである。

伊豆大島・「焼け跡」からの出発

思えば、長年の私たちの農山漁村計画をめぐる歩みは、こうした〈共同体との出会いと新たな展開〉を求める旅でもあった。そのスタートが、一九六五年から六六年にかけて故・吉阪隆正教授のもとで、大火に見舞われた伊豆大島・元町の復興計画に戸沼教授をはじめ多くの仲間たちと携わったことであった。

そして、今和次郎先生の「焼け跡考現学」などを参考にしながら、焼け跡ばかりか島中を歩きまわり元町の復興計画を〈探り出す〉という作業が、当時の「発見的方法」や「原寸都市計画」、「元町ボン・ネルフ」などを生み出し、さらにその後の「潜在的資源論」や「逆格差論」、「山原型土地利用（計画論）」などへと発展する契機となり、今日の私たちグループの一人一人の仕事のみならず生活をも強く規定してきた。

しかもその内容が、単なる大火の復興計画にとどまらず「元町環境計画」として提起されたことは、今日の地域環境計画論の嚆矢でもあった。さらに、その復興が東京都の区画整理事業と吉阪研の諸提案が同時並行的に進められていたことも、今日的にみても画期的なことであったと思う。それにしても当時の吉阪教授が元町大火の夜に復興スケッチを描き、翌日それを学生に託して伊豆大島の役場に届けた、という迅速な行動には改めて感心させられる。農村計画委員会でも、こうした迅速な災害対応のための小委員会を設立すべく準備を進めているところである。

免災型分散避難から国土の分散型居住へ

さて、奥尻を訪れ町の発行した災害関係のパンフレットを見てショックを受けた。そのパンフには〈天災は覚えていてもやってくる〉と記されていたからである。たしかに〈天災は忘れた頃にやってくる〉という名言を、これまで日本人は、寺田寅彦の思いとは裏腹に防災計画の確立をサボる免罪符としていたと思われるフシがある。そして、私たち研究者は昇格のためのペーパー量産に追われ、政治家は政争に追われ、官僚はルーチンワークに追われ、コンサルタントは締切りに追われ、国民は生活に追われてその日暮らしに終始し、防災は二の次三の次に

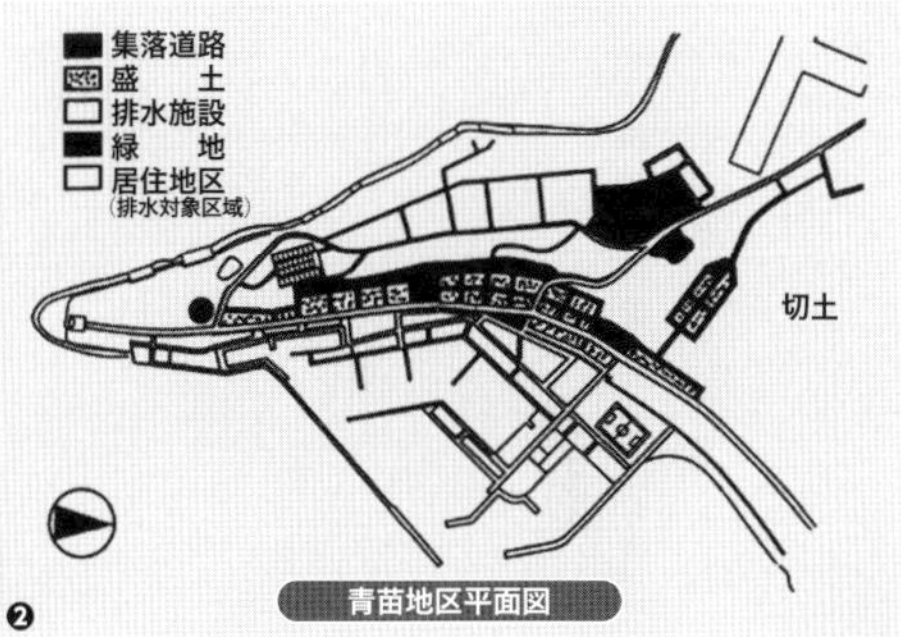

❶北淡町室津浦の全半壊家屋（黒の部分）
❷奥尻島青苗地区復興計画図

なっていたといっても過言ではない。

昨年日本で講演したドイツのワイツゼッカー元大統領は〈我々は、過去（の戦争の歴史）から学べるという教訓を手にしていない〉と語ったのを聞いて衝撃を受けた。もちろん彼は、〈それよりも（戦争をなくすために）未来に対して大胆であれ〉と言っているのだが、日本の防災や災害復興計画に関するかぎり、ワイツゼッカーの指摘は正しいと思われる。

最後に農村計画の分野から、ひとつの問題提起をして稿を閉じることにしたい。それは都市と農山漁村の連携による広域的な防災・避難システムの構築である。例えば、今日まで都市住民がその食料品や飲料水、電力のすべてと労働力やリゾートやツーリズムのかなりの部分を農山漁村地域に依存しながら、なぜ防災とくにその二次的な避難空間や緊急食料、飲料水やボランティアなどを周辺の農山漁村に依存しようとしないのであろうか？

今後こうした「広域的な免災型分散避難」のシステムや「都市の農村化」を確立しないかぎり、都市内部だけで救助や一次・二次避難、仮設住居生活などを充足することは困難と思われる。例えば、ドイツの都市に展開する広大なクラインガルテン（市民農園）や市民の田園地域へのグリーン・ツーリズムの隆盛は、第一、二次世界大戦の被災から多くのことを学んだ結果の「都市の農村化」なのである。このクラインガルテンが、第二次大戦時の延焼防止帯や避難空間、ジャガイモ生産地として多大な貢献をしたことは良く知られている。したがってドイツの都市防災や復興計画は、明らかに〈過去から学んでいる〉と思われる。

私たちの国は、いま二一世紀を目前にして、防災と計画が同義語になるような理念と手法を、そして都市コミュニティと農村共同体の共存・連帯と国土の分散居住を大胆に、早急に確立すべき瀬戸際に立たされている。これは、日本を〈人間の国〉とするために小手先の首都移転よりはるかに重要な課題なのである。●――『早稲田建築』1996

5-3 島と本土の防災地政学——淡路島・伊豆大島・奥尻島から

はじめに

この度私は、三五年ぶりに伊豆大島を再訪することとなった。それは、伊豆大島・元町の昭和四十年の大火の復興計画に、当時大学院生として研究室の仲間たちと参画して以来であったからである。この間昭和六一年には、三原山の噴火による全員の島外避難などの劇的な出来事があったが、金沢に赴任していた私は、固唾をのんで事態の推移を見守るのみであった。しかし、その時に整然と全員の島外避難を果たした島の人々の〈凄さ〉に感動させられた。

さらに平成七年には阪神・淡路大震災によって、淡路島も大きな被害を受けた。日本建築学会の一員として、震災一ヶ月後に淡路島の被災調査に出かけた私は、北淡町の漁村・室津で、「ここは住家の全半壊が半分近くもありましたが、死者も火災もゼロでした」という島人の説明に絶句した。ここでも島の人々の結束力が発揮されたのである。

さらに平成五年には、北海道南西沖地震と津波による奥尻島の衝撃的な被災があった。しかし、ここでも甚大な被害にもかかわらず、見事に復興に向けて立ち上がった。そして、その復興事業は、私もその成立に尽力した水産庁の「漁業集落環境整備事業」によったことを後で知ったのだが、いつかは、これらの島々を訪れて、大規模災害とコミュニティの関係や大災害時における島と本土の関係を地政学的に明らかにしたいと念願してきた。

本連載〔「新たな〈島山の国・日本〉の創出と島社会」全五回『しま』1998-2000〕によってその思いが実現することとなったが、さらにこの度の伊豆大島再訪は、ある「宝物」を探す旅でもあった。それは、神奈川県真鶴町の人々の間で語りつがれている「関東大震災の時には、鉄道も道路も寸断され、対岸の伊豆大島から物資が輸送された」という「史実」[★01]を確認することであった。

結果的には、伊豆大島の再訪によっても、この事実を確認することはできなかったが、今後の「島と本土の防災上の関係」を考えるうえで、最大のヒントを与えてくれるものであろうと考えている。

そこで本論では、この三つの島々の被災・避難・救援・復興などにおける島と本土の関係と課題を顧みることによって島山の国・日本の新しい防災地政学の仮説を提起してみたい。

淡路島の被災・救援と本土との関係

この度の阪神・淡路大震災の震源となった断層の上にありながら淡路島の被災水準は、人口密度の低さもあり、私たちの予想をはるかに下回るものであった。そして淡路島全体が消防団活動などの盛んな地域としてもよく知られており、いまさらながら日頃のコミュニティ活動の大切さを学ぶこととなった。

こうした地域活動の大切さは、神戸市の事例でも明らかである。神戸市長田区の厳しい被災光景はテレビでも多く取り上げられたが、同じ長田区の真野地区はコミュニティ活動の盛んな地区として知られていたが、今次大震災においても町民全員出動による〈古式豊かな〉バケツ・リレーによって、迫り来る猛火から自らの町を守ったのである。

しかし、淡路島の被害調査を続けるうちに更に私が注目したのは、河川や海からの救援活動であった。言うまでもなく神戸市は大きな川を持たないために、河川水を利用した消火や河川からの救助や消防艇による消火活動は不可能だったからである（しかし、神戸市の港湾における船舶火災用の消防艇は岸壁から海水を送り、長田区の消火に当たったが、残る一隻はドックで修理中であった。ちなみにこの消防艇の能力は消防車二〇台に相当するといわれている）。

そして震災後数ヶ月たった頃に、水産庁漁港部で興味ある地図が作製された。それが図❶であるが、震災後一ヶ月間に周辺の漁港から出動した漁船とその救援活動の内容をまとめたものである。これを見ると、近隣府県の漁港からは、実に多様な救援活動が行なわれたことが理解される。実態は、これをはるかに超えるものと思われる。こうした経験から私は、デルタの街・広島における船舶による救援・消火活動などを提案したものがあるので、参考までに再録しておきたい。

この小型船舶による救援活動の内容も実に多様性に富んでいる。はじめは食料・水、ボランティアの運送などが多いが、次第にマグロの切身・ハマチの味噌汁・カキ汁などと変化している。こうした小型船舶による救援活動は、おそらく親戚縁者を救援するものから、組織的なつき合いによる救援まで、幅広い動機によっているものと思われる。しかし、ここで私が注目したいのは、その迅

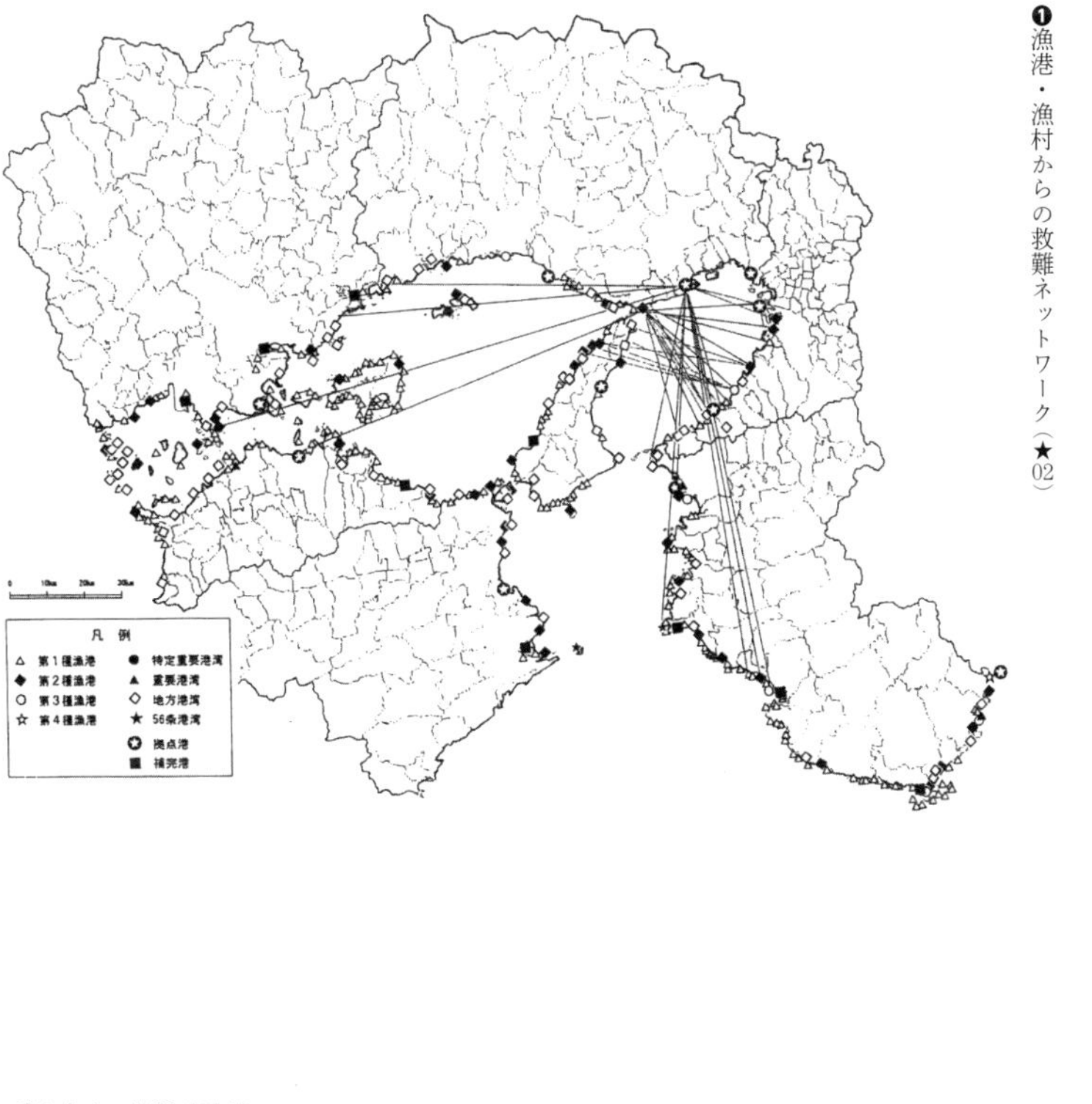

❶漁港・漁村からの救難ネットワーク（★02）

速かつ変幻自在ともいうべき救援ルートの形成である。こうした自在な救援ルートが、全国スケールで形成されれば、大都市といえども必ずしも万全の体制を整えなくとも、相互救援システムが可能となるからである。とくに瀬戸内海のような多島海域では、相対的に人口密度が低く地価も安い島の環境を活用して、救援物資の保管や漁船やプレジャーボートなどの小型救難船の動員のみならず災害弱者の一時的な避難空間を整備することによって、都市部の大災害時における二次的被災の軽減や防災関係投資の相対的な節約が計られるからである。つまり、陸路が寸断される大都市の震災などにおいては、沿岸部の都市は一時的に「島の状態」に置かれるのであり、その時に船舶による救援は絶大な効能を発揮することになるからである。

さらに私たちの仲間の調査によれば、今次大震災後に神戸市などから北海道から沖縄県まで含めて疎開した学童は、震災直後には幼稚園児から高校生、障害児学校生まで、およそ二万六〇〇〇人を超えていた。これは明らかに、住民自身による避難システムが全国ネットで形成され、同時にこうした児童・生徒の救援にかかる社会的コストを低減させているのである。[★03]

【再録】――デルタの街・広島の防災計画　河川や海の活用確立を[★04]

阪神・淡路大震災から三回目の冬を迎えたが、先ごろ広島市では大規模災害時の被害想定調査が発表され、新しい防災計画が練られつつあると聞く。

そこで私は、あの大震災から学べる多くの教訓の中から、デルタの街・広島市における六本の河川を活用した救難・避難・防災に関する提案をしたい。

さて、被災一ヶ月後に淡路島を訪れた私は、住家の全半壊が二四七棟の北淡路町の漁村、室津で「ここは、死者ゼロでした」という説明に絶句した。

これは、消防団が日ごろからプロパンガスに対する防災訓練をしていたことと、がれきに埋まった住民の救助が消防団や地元住民によって、迅速に行なわれたからである。つまり、「あの家のおばあさんは、いつもどこで寝ているか」まで近所の住民によって認識されている共同社会のたまものであった。

漁船で被災地支援

さらに、あの災害時に目立たなかったが、海からの救援・支援で貴重な貢献をしたケースを紹介したい。それは、近隣府県の漁港・漁村からの漁船による支援・救難である。

水産庁の調査によれば、震災一ヶ月間に近隣府県の漁港から水・食料・日用品などの救援物資や報道関係者やボランティアなどを乗せて被災地へ支援に向かった漁船と人数は、一〇〇隻・七〇〇人を超えるものであった（実態は、もっと多いと思われる）。

こうした救援活動が可能となった背景には、以下のようなものが考えられる。

①――陸域の道路の寸断に対して、海域の航路は確保されていること
②――小型漁船は、瀬渡し船にみられるように、どんな所にも接岸できること
③――小さな漁港には、人々が張り付くように居住しており、迅速な出動が可能であること
④――小さい共同体である漁村や漁協は、救難・支援についても早い意思決定ができること

などである。

弱者の救難に威力

こうした点からすれば、沿岸部のデルタに立地する広島市においても今後周辺の漁港・漁村からの河川や海を活用した救援システムを確立することによって、とくに初期救援・避難・二次的防災の水準を大幅に

向上させることが期待される。

そして、この救援システムには、漁港・港湾のみならずマリーナや河川にも置かれている小型プレジャーボートなどもその範疇に入ることは言うまでもない。

デルタの街・広島市において阪神・淡路級の大規模災害を想定するならば、建築物の倒壊のみならず残念ながら多くの橋の崩落や、地盤の液状化が起こる可能性が大きい。その時、六本の河川と沿岸は、喫水の浅い小型船による救援・避難誘導と消防艇による消火空間として大きな可能性を持つと考える。

こうした多くの河川を利用した救難・避難は、とくに災害弱者(乳幼児、高齢者、病人、障害者など)の直後の初期救難にその威力を発揮するものと思われる。私も参加している日本建築学会中国支部でも、最近この河川・海からの救難システムの研究に着手し、今月二五日に広島市中区の中電ホールで市民との対話集会を予定している。

協議会の設置期待

滋賀県の防災・救難計画では、こうした観点から琵琶湖を活用した漁船とプレジャーボート、客船などによる漁港・マリーナ・港湾をネットワークした救援システムが想定されている。また静岡県においても耐震岸壁を持つ防災拠点港湾・漁港が指定され、大災害時の海からの役割が期待されている。

広島市においても今後、防災計画部局が中心となって河川・海岸管理者(建設省、運輸省、広島県)や漁業協同組合、マリーナ、港湾関係者による連絡協議会などを設置して、大災害時における救援、とくに直後の初期救援や避難・消火に関する協定締結や護岸空間の防災対応設計が進められることを期待したい。要するに、大都市の激甚災害時においては、都市の陸域内部だけで、とくにその直後の初期救難や二次防災、十分な避難生活を果たすことはほとんど不可能である、というのが、この度の大災害から学べる貴重な教訓のひとつなのである。

伊豆大島の災害概史と本土との関係

さて多島海域としての瀬戸内海における防災地政論の一端を披瀝したが、この度の大震災に関する様々な情報によって、私は、さらに新しい仮説を持つに至った。それは作家であり大学教授でもある種村季弘氏が新聞へ寄稿した一文である。神奈川県の真鶴町に在住している氏は、そこで「関東大震災時には、対岸の伊豆大島から物資が運ばれたということをかつて聞いたことがある」と述べておられる。★01

さらに氏は、「大災害時には、忘れられた道や海や川が意外な働きをするのだ」と主張されているのだが、「伊豆大島からの救援」が史実とすれば、島と本土の防災に一八〇度の視点の転機を迫るものだからである。

ここで明治以来の伊豆大島における各種災害のうち、人と家畜や家財などの被害のあった状況を概観すると、以下のようである。

▼明治二二年……岡田地区で大火。残ったのは一戸のみ。
▼大正十二年……関東大震災。伊豆大島で死者三人。
▼昭和二六年……野増地区で大火。一一六戸失う。
▼昭和三三年……三原山噴火。死者一名、負傷五三人。
▼昭和三三年……狩野川台風で元町全壊流出二九世帯。死者行方不明二名、負傷一一名。
▼昭和四〇年……元町大火。全焼四一八戸。
▼昭和六一年……三原山噴火。全員島外避難。

これ以外にも三原山の小噴火などをあげれば数え切れないが、大火、震災、噴火とつづく中で、死者がきわめて少ないのが特徴的である。とくに昭和六一年の大噴火時には、八〇〇〇人を超える島民あげての整然たる避難の様子は、テレビをとおして全国民に感動を与えたことは記憶に新しい。

また、私たちが元町大火の復興計画に参画していた時に多くの見聞をしたが、その中でも「三原山の時には、一升壜を抱えて外輪山に登り御神火を眺めながら無事を祈ったものです」という言葉に感心させられた。これは、一種の「災害文化」とも言うべきものであり、長い歴史をとおして各種の災害と対峙してきた島人の心意気を示すものに他ならない。

さて三五年ぶりの大島再訪の翌日に、私はさっそく「関東大震災時に大島から本土へ救援物資を送ったのか?」という「宝探し」に取り掛かった。そして公園や墓地の清掃にはげむ老人クラブの人々と出会い、このことを尋ねたが、誰の記憶にもなかった。しかし、その時に当時役場の復興相談室に勤務していて、私たちが大変お世話になったNさんと感動的な再会を果したのだが、そのNさんは「たしかに当時、木炭とか甘藷とかクサヤ(魚の干物)などを運んだかも知れないね」という感想が返ってきた。

そして驚いたことに島の東側の泉津地区では、「東京都福祉局御用達―災害救助用木炭製造所」という看板を見付けた。これが、関東大震災時に本土へ救援物資を送った経験と関係があるのではないか、と私は問い掛けたが、残念ながら確証は得られなかった。

しかし、老人クラブの方の「東海汽船の事務所に行けば『八〇年史』があるかも知れない」という勧めで、事務所を訪ね『八〇年史』をコピーさせていただいたが、その中の関東大震災に関する記述を紹介したい。

「……陸路交通途絶のため、当社各船舶は、被災地に急行その救援作業に尽力した。東海道線不通のため、橘丸、桜丸は、東京~沼津~清水間の臨時運航に当たった。又、北海丸、清澄丸は房州被難者の救援に当たり、木更津~館山、勝浦~館山間のピストン輸送を行なって、救援物資を運び多大の貢献をし……」

さらに私は、先の「宝探し」に関連して神奈川県の真鶴町役場にも協力を仰いだ。そして早速町役場から、町史の関連資料が送られてきたのだが、その中の次のような記述に注目したのである。「……食料が本格的に運び込まれるようになったのは、石材商土屋家所有の運搬船である観音丸が海路、沼津から食料を運んでくるようになってからだった」。

それにしても沼津〜真鶴間の航路とは、いかに当時の陸路の寸断が激しいものであったかを語って余りあるが、地図で見れば明らかなのだが、沼津〜真鶴間の航路とすれば、その途中で伊豆大島に寄ることは、いとも簡単なことであったと考えられる。そして、大島で木炭や甘藷が積まれたであろうことも十分に推測できるのである。おそらく送り手としての伊豆大島では、役場などが主体となったであろうが、それらの救援物資を直接口にして空腹を満たしたのは真鶴町の住民である。伊豆大島の人々が忘れて、真鶴町の人々に長い間語り継がれてきたと

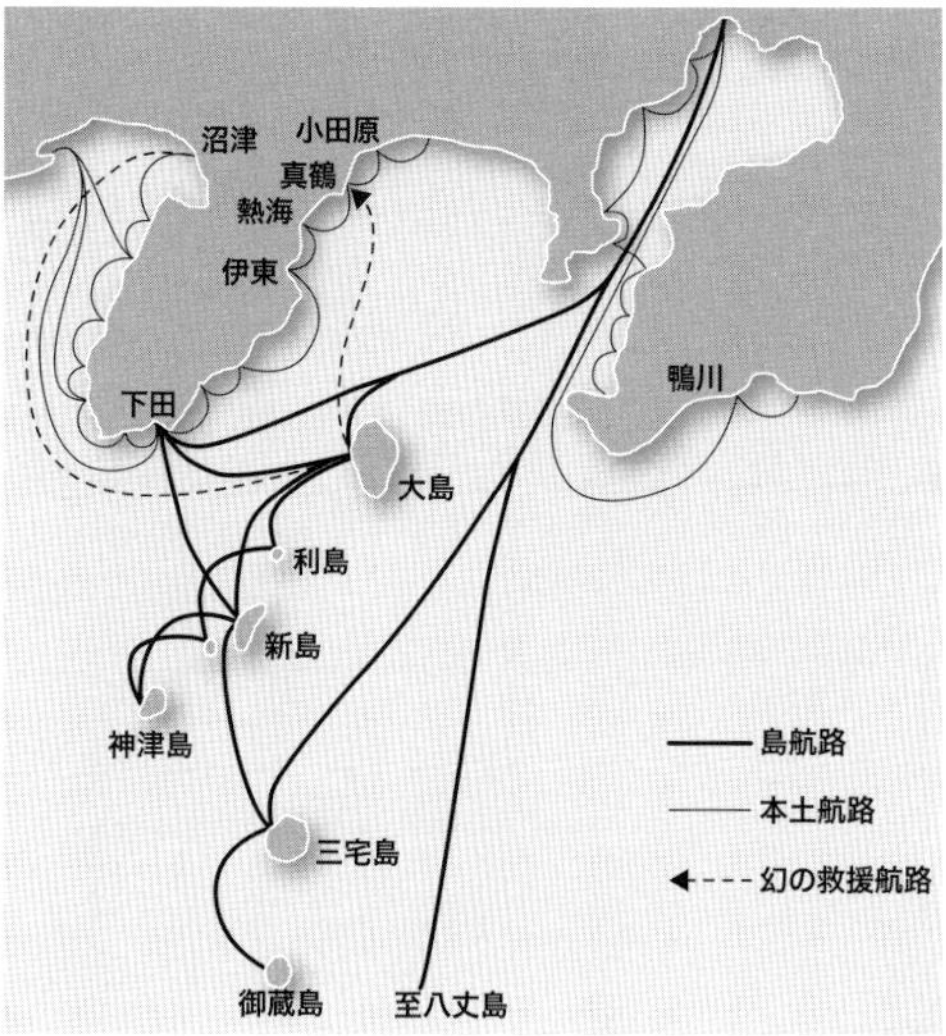

❷関東大震災当時の伊豆大島の周辺航路（★05）

しても不思議ではない。

さらに『八〇年史』から、私が、関東大震災直前の伊豆大島の周辺航路の概要を地図に落としてみたものが図❷である。当時「自由航路」の他に「命令航路」や「郵便物運送命令航路」というものがあったことを初めて知ったのであるが、これを見ると当時の船舶航路が、陸路や鉄路が未発達であったとはいえ、いかに自在に配置されていたかが窺われる。

この中でいくつかの航路を、以下に紹介しよう。

▼東京〜小湊線　寄港地（鴨川、天津）

これは東京港から房総半島を迂回して天津小湊町までの航路である。

▼清水〜下田〜土肥線　寄港地（手石、妻良、子浦、松崎、仁科、田子、安良里、宇久須、八木沢）

これは静岡県清水市から伊豆の下田に直行して、その後西伊豆を北上して清水港へ戻る航路である。

▼東京〜三宅島線　寄港地（下田、大島、利島、式根島、神津島）

ここに示したのは、ごく一部の航路でしかも東海汽船の航路のみである。こうした航路が関東大震災時の陸路が寸断された中で、大きな力を発揮したであろうことは言うまでもない。

こうした自在さは、先の図❶の瀬戸内海における救援ルートの自在さと同じ構造を持っている。とすれば、大都市の大災害時の島と本土の防災システムには、内海も外海も基本的には変わらない構造を持つことを示していると思われる。まさに図❷は、伊豆大島周辺地域で大震災が起き陸路が寸断された時に、船舶による救援ルートの配置はいかにあるべきか、に関する歴史的な知恵が暗示されていると思われる。

そして伊豆大島における「宝探し」は、今後の課題であるとともに、島と本土の防災地政学論の焦点ともなり得るものであり、他の島々の事例も含めて関係情報が集積されることを願って止まない。

奥尻島における復興の手法と今後の課題

さて奥尻島には、津波被害二年後の平成七年夏にはじめて訪れたが、町をあげて復興の真っ只中であった。しかし、そうした復興の途上にありながらも奥尻町役場は、阪神・淡路大震災直後に淡路島北淡町に医師、看護婦、保健婦をバス一台とともに派遣して、一ヶ月ちかく被災者の救援に当たったのである（こうして被災を契機として両町は、その後姉妹町協定を締結した）。

ここでは奥尻島とくに青苗地区における復興手法と淡路島北淡町とくに富島地区における復興手法の比較をとおして、今後の島における被災と復興計画の課題を考えることにしたい。もっともこの二つの地区は、「津波と火災による被災」と「地震による被災」という異なる災害を受けたことや地域の歴史や都市計画区域指定の有無の差もあり、単純には比較できないが、似た条件下にある多くの島々の今後の参考としていただければ幸いである。

奥尻島青苗地区では岬部分は二度の津波で家屋がすべて流され、漁港背後の集落は火災によって全焼し、住家の全半壊は三二四戸、六五パーセントに及んだ。こうした中で奥尻町では、いわゆるクリアランス型の全面改造が推進しやすい情況にあったにもかかわらず、かなり早い時期（平成六年二月）に土地区画整理事業を行なわないことを決定した。そして漁港と背後集落については「漁業集落環境整備事業」によって、岬地区は「防災集団移転促進事業」によって復興させた。

一方北淡町富島地区では、平成七年四月一日をもって都市計画区域の施行を予定していたが、被災によってそれを早め被災の翌月には都市計画区域となり、町は「富島震災復興土地区画整理事業」を決定した。富島地区における建物の倒壊率は約七〇パーセントであり、青苗地区と同じようにクリアランス型の整備が可能と思われたが、しかし、いまだに事業の進捗情況は思わしくない。

その問題点は、以下のように指摘できると思われる。

▼土地区画整理事業では、いわゆる「減歩」があり、一般に狭小な土地にある沿岸の集落では、減歩した後ではさらに狭隘な宅地になってしまうことが多い。富島地区では平均三〇坪といわれる中で、当初は三〇パーセントの平均減歩率が示された。これには中心を走る県道の拡幅による部分が大きく影響していたと思われる。

▼これに対して青苗地区では、集落の再編に当たっては、「町が地権者から土地を一括買収し、埋め立てと高台移転による宅地造成後に、道路・緑地などの公共施設を整備した上で、宅地の再配分を行なう」というものであった。ここでは同一減歩率ではなく、つまり元の宅地所有規模とは関係なく、住民との話し合いも含めて統一的な宅地規模が決定されたのである。

▼とくに大災害後の住民の不安は大きく、また早急な復興計画が期待される大災害時では、一律減歩という手法には無理があると思われる。もし実施するとすれば、私の造語であるが「選択減歩」などの思い切った施策の転換が必要と考えられる。

▼また幅員の大きい幹線道路や公園などについても、土地区画整理事業の中からではなく、他の事業との共管事業とすることによって、減歩率が上がるのを防止する手法も検討されるべきであろう。もし漁港地区であれば、漁港整備事業と共管事業として「臨港道路整備」によって幹線道路機能を確保するなどが考えられる。

▼以上を要すれば、都市計画事業であれ他の事業であれ、一般事業を以て災害復興事業とする場合には、時には大胆な規制緩和や共管事業、特認事業の導入など柔軟な対応が求められているということである。

島と本土の防災ラティス・ネットワークの創出を

これまで三つの島々の被災・救援・復興をめぐる状況と課題を探ってきたが、ここで島と本土の防災地政学の締め括りとして「島と本土のラティス型ネットワーク」を提起することにしたい。

ラティス型というのは、日本語で表現すれば「斜め編目型」とでもいうべきものである。これまでの淡路島と伊豆大島の考察からも、陸路が寸断される沿岸都市部における大災害時には、大小の船舶による救助や救援が有効であることが立証されつつある。先の〈再録〉にもあるように、琵琶湖を抱える滋賀県が策定した各種の船舶を動員するという防災・救援計画は、このことの有力な証左でもあろう。

その時、船舶や人的パワーの提供地域としての島々、また長中短期の災害弱者の避難・保護地域としての島々、また膨大な経費や土地を必要とする救援物資の貯蔵空間としての島々、さらには広大な移動空間や無尽蔵の消火用水池としての海面など、常にハンディキャップのみと考えられてきた島々とその多様な資源の持つ防災上の可能性は、限りなく大きく、日本の沿岸地域防災の最前線に位置すると言っても過言ではない。

そして〈海を共有する〉自治体が連合して「災害時相互支援協定」を締結し、広域的・ラティス型の「国土防災体勢」を整えるべきであろう。昭和六一年の三原山噴火時の避難第一陣は、静岡県に避難したが、〈相互支援協定のお陰で、避難はスムーズに進んだ〉と記されている。★06 そしていま水産庁や運輸省による耐震岸壁などを有する防災拠点漁港や防災拠点港湾の整備も進められているが、こうした沿岸防災拠点の適切な配置とネットワーキングに

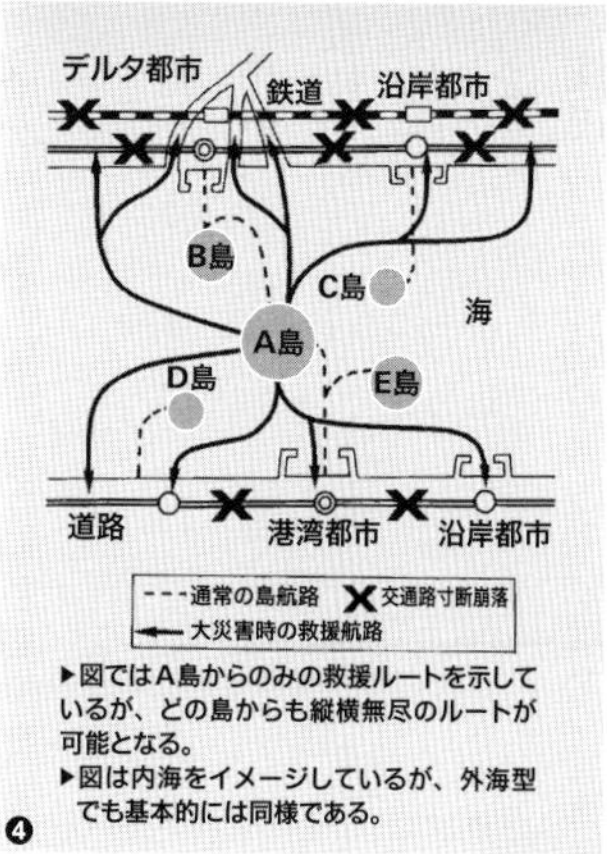

❸復興なった奥尻町青苗地区
❹島と本土のラティス・ネットワーク

よって、島山の国・日本の船舶を利用した防災・救援能力は飛躍的に向上するであろう。

●――『しま』1999.8

★01――種村季弘「古道の使い方―災害で発揮した意外な力」『中国新聞』1995.6.5
★02――水産庁漁港部「兵庫県南部地震発生後の救援活動等による漁港等の役割実態に関する調査」1995.2
★03――山崎寿一「被災疎開からみた地域関係と農村の役割」日本建築学会・兵庫県南部地震特別研究委員会、第四回連続シンポジュウム『災害時の都市と農村の連携』1997.10
★04――地井「デルタの街・広島の防災計画―河川や海の活用確立を」『中国新聞』1997.1.6
★05――東海汽船『八〇年史』より作成
★06――東京都『昭和六一年三原山噴火避難記録』

5-4 しまなみ海道と瀬戸内海のポスト架橋の地政学

はじめに

いま広島県や愛媛県では、この五月の「しまなみ海道」開通を目前に実にさまざまな動きが見られる。なかでも「しまなみ海道」に繋がる島々や本土側の持つ資源をいかに売出し、人々を引き付けて地域の活性化を計るのか、に最大の関心が集まっており、そのために実に多様なイベント計画が目白押しである。さらに、もうひとつのセールスポイント、全線を自転車ばかりではなく歩いて渡ることができる、という点も大きな注目を集めつつある。そこで本稿では、私が二〇年以上前から関わってきた生口（いくち）島なかでも瀬戸田町の歴史と現況を手がかりとして、島社会（シマ）に対する大型架橋の持つ意味とポスト架橋の瀬戸内海の島々と沿岸地域の地域戦略を探ることにしたい。

島山としての生口島の近史とポスト架橋問題

瀬戸田町を訪れる時は、いつも対岸の三原港から高速艇で行くことが多いのだが、生口島や高根島へ近づくにつれて、ミカン畑に囲まれた文字どおりの「島山」を眺めるのが楽しみであった。さらに昨年［1998］には、四国の友人たちと今治市から大三島へ渡り、そこから久しぶりに眺めた生口島の南斜面の幻想的な美しさに改めて感動させられた。

すでに良く知られているように、瀬戸田町は早くから架橋を睨んで多くの手を打ってきた。ここで、その近年の主な動きを概観してみよう。

▼『瀬戸田町振興の方向に関する調査・計画報告書』㈱アトリエ74建築都市計画研究所、昭和五二年(*)
▼ベル・カントホール(クラシック音楽のホール)のオープン、昭和六一年(*)
▼サンセット・ビーチ(人工海浜)のオープン、昭和六三年
▼島ごと美術館――せとだビエンナーレのスタート、平成元年
▼『瀬戸田町長期総合計画――せとうち・せとだ21プラン』瀬戸田町、平成二年(*)
▼『瀬戸田町景観育成基本計画等策定業務報告書』㈱漁村計画研究所、平成四年(*)
▼手づくり郷土賞受賞、建設省、平成四年
▼岩切章太郎賞(観光地づくり)受賞、平成六年
▼平山郁夫美術館オープン、平成九年
▼シトラス・パーク(世界の柑橘園)の開園、平成十年
▼優秀観光地づくり賞金賞(運輸大臣賞)受賞、日本観光協会、平成十年
▼しまなみ海道全通、平成十一年

(*は、程度の差はあれ筆者が関わったもの)

こうした近年の歴史をみても、瀬戸田町の準備周到さが理解される。我田引水のようで気が引けるが、架橋対策(のみではないが)をこれだけ早くから、とくに生活文化型の社会資本整備を行なってきたのは、おそらく全国の島々の中でも瀬戸田町がトップであろうと思われる。とくに「景観育成計画」は、今後の瀬戸田町のあり方に静かに、

	全体	以前からずっと好ましいと思っている	この頃好ましいと思うようになった	この頃好ましいと思わなくなった	以前からずっと好ましいとは思っていない	無回答
①ベルカントホールでの公演に町外から人が集まること	379 100.0%	215 56.7%	47 12.4%	15 4.0%	9 2.4%	93 24.5%
②サンセットビーチに町外から海水浴客が来ること	379 100.0%	160 42.2%	37 9.8%	50 13.2%	16 4.2%	116 30.6%
③広島県油木町との姉妹縁組みにより油木町民が瀬戸田町を訪れること	379 100.0%	176 46.4%	49 12.9%	17 4.5%	10 2.6%	127 33.5%
④国際交流事業により瀬戸田町を訪れること	379 100.0%	186 49.1%	45 11.9%	16 4.2%	11 2.9%	121 31.9%
⑤神社仏閣参拝、ハイキング等に町外から観光客が訪れること	379 100.0%	216 57.0%	18 4.7%	16 4.2%	7 1.8%	122 32.2%
⑥瀬戸田町に視察団体が訪れること	379 100.0%	188 49.6%	37 9.8%	18 4.7%	9 2.4%	127 33.5%
⑦町外から瀬戸田町に通勤通学者・買物客が訪れること	379 100.0%	180 47.5%	34 9.0%	15 4.0%	19 5.0%	131 34.6%
⑧広島県油木町との姉妹縁組みにより瀬戸田町から油木町へ出かけること	379 100.0%	176 46.4%	88 23.2%	20 5.3%	14 3.7%	81 21.4%
⑨瀬戸田町の小学校6年生児童をタイ王国へ派遣すること	379 100.0%	157 41.4%	33 8.7%	25 6.6%	38 10.0%	126 33.2%
⑩ふるさとオーナー制度やふるさと宅配便の固定客として瀬戸田町との関係をもつこと	379 100.0%	198 52.2%	35 9.2%	7 1.8%	11 2.9%	128 33.8%

しかし大きな影響を与えるものと期待している。

それでは、これでシマの対策は完了するのか、ということが今もっとも問われている問題であろう。たしかに橋の建設そのものに伴う対策は、その維持・管理を別にすれば終了した。しかし、架橋によって、より困難な課題が浮上しつつあるのではないかと思われる。このことを瀬戸田町で検証してみたい。

さて、瀬戸田町の架橋を睨んだ対策について概観したが、ここで住民たちが、こうした町の施策をどのように評価しているのかをみてみよう。平成六年に国土庁によって行なわれた「交流」に関する住民アンケート調査[★01]では、「町の交流対策」について、「以前から好ましいと思っている」と「この頃好ましいと思うようになった」を合わせると五〇〜六〇パーセントに達しており、ベル・カントホールでは実に七〇パーセントに近い。しかし、一方では「しまなみ海道」の全通を目前にして、「架橋後の交通事故や騒音、ゴミ問題などはどうなるのだろうか」、「全通によって若い人々が本土側に吸引されてしまうのではないだろうか。そして、高齢化がさらに進むのではないだろうか」などという不安が、島人たちの心を覆っているではないか、と考えている。

そうした意味では、例えばフランスのリゾート地のように、自家用車や観光バスの駐車料金に「滞在税」(タクス・デュ・セジュール)か「環境税」を付加して、島の環境保全や静かな生活環境の実現に努めることも検討されるべきではないかと思われる。

しかし、ここではっきりしていることは、ポスト架橋のシマ社会では、橋と海の活用によって種々の課題を住民と行政が連携して克服する以外に途はない、ということである。この克服戦略については後述したい。

架橋で変わるものと変わらないもの、そして大型架橋と小型架橋

さて、瀬戸田町における架橋対策とポスト架橋の問題については概観したが、さらにこれを瀬戸内全体の問題と

して考えてみたい。いまマスコミでは連日「しまなみ」が取り上げられているが、私が今一番残念に思っていることは、「環境によって、島人の生活がどのように変化するのか?・」という問い掛けが、ほとんど見られないことである。少し大げさに言えば、「外から人を呼び寄せること」にしか関心が無い。しかし、交流に失敗してもマスコミは、シマの未来に責任は取ってくれない。

古くは天草五橋から最近の瀬戸大橋を見ても、住民生活の変貌と課題はかなり明らかにできるはずである。しかし、マスコミは、シマの生活論をよそに中国・四国全域を巻き込んでの「もてなしの心を」キャンペーンなどを張っているが、そもそも「もてなし」などは、架橋などと関係なく昔からサービス業の基本中の基本だったはずである。

私は、昨年今治市で開催されたあるシンポジュウムで、「架橋によって島の生活は変わるのか」という司会者の問いかけに、次のように答えた。「ほとんど変わらないと思う。シマの暮らしを変えるのは、むしろ高齢化とか情報化の力の方が大きいと思われるし、むしろ小型架橋の方が住民生活に与える影響が大きい」。その意味で、私は「費用対効果比」という点からは、「日本の大型架橋の時代は終わった」と考えている。通行料金の高さが、これに拍車をかけている。それよりも急速に進展する情報化やデジタル革命とも言うべき見えない恐るべき力が、これからの島社会を大きく変えると思われる。事実、瀬戸内の小さな島々でもCATVなどによる双方向メディアが利用されつつある。たしかに今の段階では、それほどの変化を見せていないが、例えば、あと二〇年後の超・情報化、成熟化社会を考えれば、ほとんど予測不可能な水準で島人の暮らしに変化が生じていると思われる。

それでは小型架橋の方はどうであろうか。おそらく、これは費用対効果比ではなく、地域福祉もしくはデカップリングの論理から今後も推進されて行くと思われる。デカップリング(切り離し)とは、「市場や経済の論理」と「社会や福祉の論理」を切り離しつつ双方の共生を計ろうとする、修正資本主義的な論理である。

こうした問題については、過去にほとんど考究されていない。例えば、離島研究の先駆者の一人である河地貫一氏は、島の歴史を「島嶼時代→離島時代→架橋時代」と見事に規定したが、それ以後の「ポスト架橋時代」については誰も触れていない。

戦後私たちは、常に〈変わること〉を強いられてきたが、ポスト架橋といっても〈変わってはいけないもの〉もあるはずである。例えば、私はかつて学生とともに「生口島八八ヵ所」を調査[★02]して、その素晴らしい文化遺産に感動した。これこそが住民の手作りによる社会資本のモデルなのであり、住民の「交流と元気の素」のひとつでもあったからでもある。しかし、架橋による大量の観光自家用車の流入によって、島の一周道路沿いにもある八八ヵ所の札所で、これまでのように地元の人々の静かな「おこもり」や楽しい会合やなごやかな島の遍路が保証されるのだろうか、と本気で心配している。こうした多くの伝統文化を守ることによって、島人の不安を解きつつ経済の活性化を計り、いわば「瀬戸内型あるいは瀬戸田型のライフスタイルの再生」を計ることが、ポスト架橋における島社会の行政と住民に共通の基本戦略となるはずである。

ポスト架橋と瀬戸内海地域の地政学的な展望

さて、いよいよ結論へ進まなければならないが、その前に最近の「世界的な事件」に触れてみたい。それは、EUにおける統一通貨ユーロのスタートである。この統一通貨に関するドイツのコール元首相の「ユーロの狙いは戦争の放棄である」という趣旨の発言を聞いて、私は衝撃を受けた。独自通貨と戦争の放棄とは、国家主権のうちの二つをも手放すものであり、とすれば国家には何が残るのか、文化と教育と環境のみということであろうか。もしかしたら私は、これは〈国家がなくなる歴史の始まり〉かと考えている。

島社会に関して言えば、シマ（島社会）は地理的に島であることによって〈絶対的に守られた空間〉から、架橋によって地理的に島から脱出するのだが、シマの未来はもはや国家の庇護を受けることなく〈経験したことのない守られない空間〉へと、大きく変容せざるを得ない。とすれば、国家論はさておき、ポスト架橋のシマ社会は国家の規制と庇護が弱まる中で、〈激しい地域間競争に投げ出される他はない〉のである。

言うまでもなく国家の規制なき地域間競争とは、国家間のような戦争ではなく、人的・文化的資源や環境・情報資源も含めた各種の「資源配分」を巡る戦いとなるはずである。そして瀬戸内海のような相対的に狭い多島内海地域では、その戦いの形態は多様なものとなるはずである。

それではここで、その多様な戦いの地政論を素描してみたい。すでに述べたように〈国家中枢の一極支配はない〉という水準で指向される選択可能なシマの地域戦略は、「多極共生型」「広域連合型」「ネットワーク型」という三つになるのではないかと思われる。

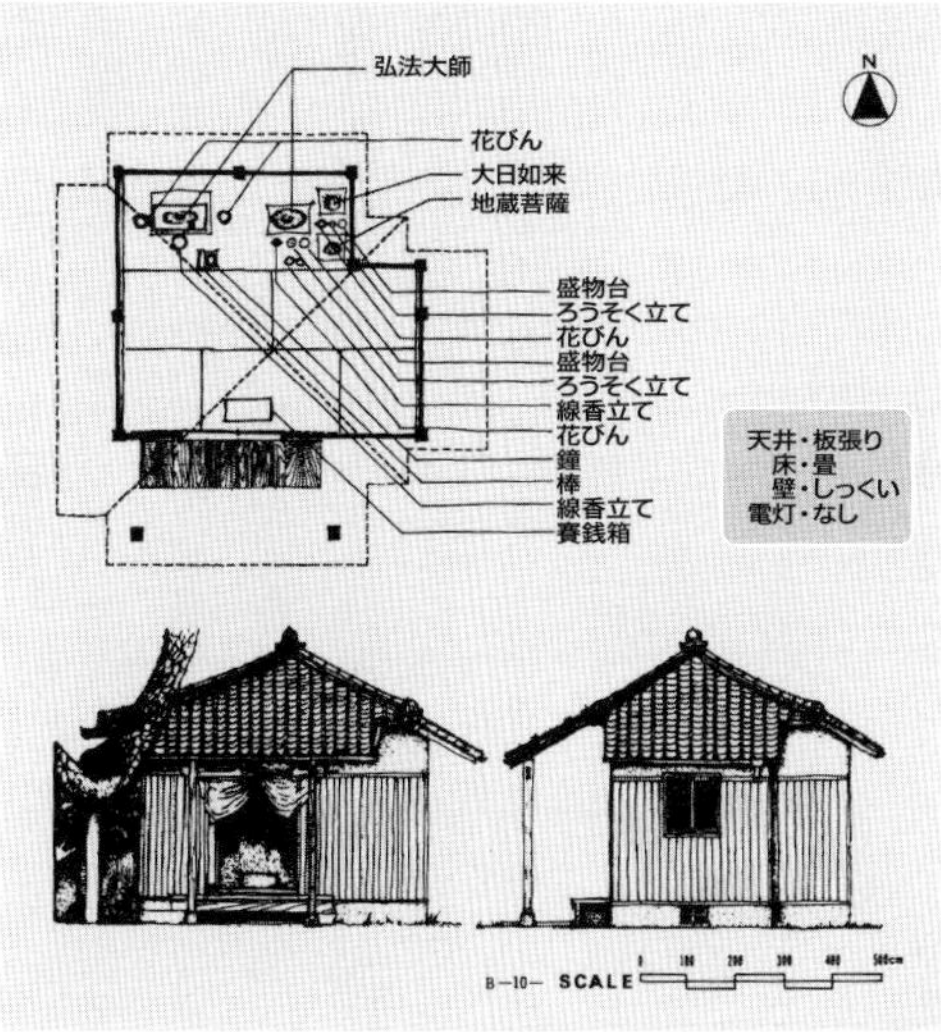

❷生口四国霊場第七番　十楽寺（蓮花院）

①——多極共生型の地域戦略

多極分散型というコンセプトはすでに示されているが、多極共生(相互依存)型というのは、私の造語である。これはとくに瀬戸内海のような多島海域において現実的な概念であると思われる。つまり、ポスト架橋の瀬戸内海地域においては、シマの交通形態は船舶に加えて自動車が加わり飛躍的に拡大する。その時にシマの経済・生活・教育・福祉などのあらゆる面において、地域間の競争であれ依存であれ共生であれ、その選択肢は結局のところ住民の〈自由選択〉に委ねられることになる。

瀬戸田町に関して言えば、三原市、尾道市、今治市、因島市などや隣の島々との間にどのような関係であれ、その選択の自由度は高い。というよりも、このことがそもそも架橋の目的であったはずなのである。つまり自由度の高さは、競争リスクの高さや自己責任をも同時に示すものなのである。

②——広域連合型の地域戦略

先の地方自治法の改正によって、自治体間の連合に一定の行政的な権限が付与されることになった。いまのところ大分県などで積極的な取り組みが見られる程度であるが二一世紀を展望すれば、新しい波となることが予想される。かつての「通婚圏」などは、家族や地域の連帯を保証する文字どおりの〈広域連合資産〉であった。また、少し難儀するが日常的に徒歩や自転車や小型船舶で往来できる近隣地域社会の存在は、無視できない。例えば、瀬戸内の島々では今でも農船と呼ばれる船で近隣の島におけるミカン通作をする農家が多いが、これも立派な〈広域連合型の土地利用〉である。

また私は、八年前[1991]にフランスの人口二〇〇〇人程度の過疎・高齢化した自治体三つで構成される大西洋のベリール島を訪ねた時、それらの自治体間の連携事業が三〇近くもあることに驚かされたことがある。これだけの事業が連携できれば、合併の必要はないからである。

しかも大切なことは、民主主義の成熟した国家というよりも地域の住民自治にとって、この三〇〇〇人という数は三万人よりは適切なことは言うまでもない。もはや国家の庇護が望めない（その代り規制もない）時代にあっては、この地続きの「広域連合」は、改めて大きな可能性を持つと思われる。

③――ネットワーク型の地域戦略

これは新種の地域戦略であり、コンピューター・ネットワークに代表されるような〈距離性〉を全く問題としない交通形態である。その意味でこの戦略は、地球上の全ての地域に等しく付与されるものである。これによって世界の関係は国家権力の後退とともにインター・ナショナル（国際関係）からインター・リージョナル（地際関係）と変容するはずである。すでに全国各地の自治体において、国家を経由しない国際関係の構築や海外企業の誘致が実現していることは、この証左であろう。

しかし、上の二つの地域戦略については、かなりの確信をもって述べたつもりであるが、この新しい交通形態が二〇年後にどのようになるのかについては、私は自信を持って語れない。しかし、このネットワークが、今でもすでに単に通信のみならず企業活動そのものから金融・投資、医療・福祉、生活・文化、教育・芸術、仮想現実（バーチャル・リアリティ）までのあらゆる分野において稼働していることは改めるまでもない。

❶――多極共生型

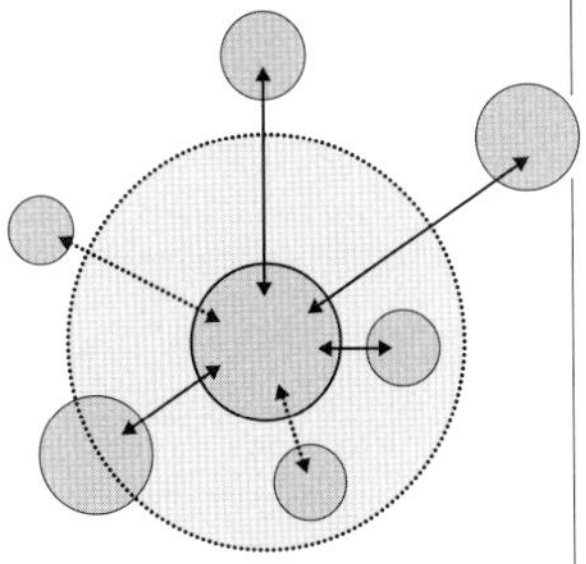

❷――広域連合型

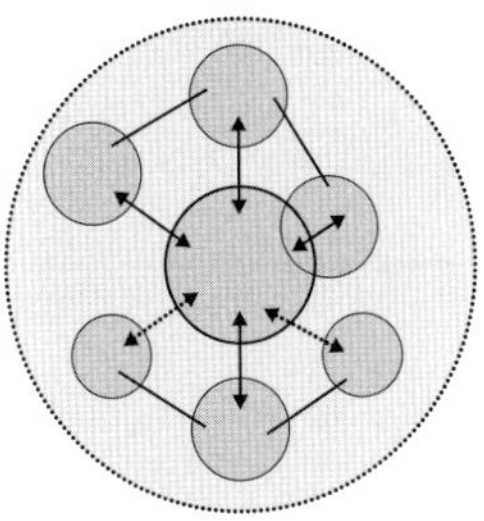

❸――ネットワーク型

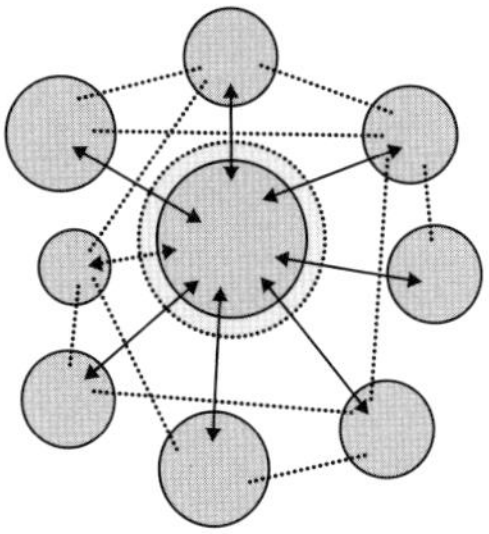

地理的なハンディキャップを持つといわれる島世界において、この空間距離を無化する情報革命の力は、かつて文字・言語文化に革命を起こした印刷機や産業革命をもたらした蒸気機関の発明を上回る衝撃を与えるはずである。そして通婚圏も通商圏も、一気に世界大となる。例えば、昨年オープンした「シトラス・パーク」は、別名「シトラス・ネットワーク」とも呼べるものであろう。

さらに、このネットワーク型は新種のヒューマン・ネットワークをもたらすことになる。それは先に述べたように、「しまなみ海道」を自転車や徒歩で渡ることができるという点である。それによって、それまでの自家用車・バス通過型の観光とは異なる〈新しい出会いと対話〉が生まれる可能性が高いからである。例えば、瀬戸田町に限らないが全国もしくは海外からのサイクリストなどによる自転車や徒歩による〈島遍路〉などと住民による接待と対話が生まれる可能性が高い。

また瀬戸田町では広域的な役割分担の視点から、これまで宿泊施設の整備を行なってこなかった。これはひとつの見識であるが、このヒューマン・ネットワーク型の対話という観点から、今後小規模な住民主導型の宿泊施設があっても良いのではないかと思われる。

以上、かなり粗雑に未来の瀬戸内地域の地域戦略を探ってきたが、要するにポスト架橋の瀬戸内のシマと沿岸地域は、多様な選択肢の中から主体的に行政と住民の共同責任において未来を創造する道に突入したという他はない。これは、外海の孤立的な島世界などでは望み得ない多島内海としての瀬戸内地域の特権でもありリスクでもあろう。

そうした意味で瀬戸内地域は、お上から〈地方分権〉を与えられるのではなく、多様な選択肢の中から、豊かな伝統と文化を死守しつつ民主主義の発展や情報革命の中で避けることのできない「社会進化」を、つまり瀬戸田型ライフ・スタイルや瀬戸内型ライフ・スタイルを率先して確立すべき宿題が与えられた地域にほかならないのである。文明史的に言えば、これこそが架橋の最大の狙い、つまり「シマの社会進化」なのである。

★01――国土庁計画・調整局編、「交流人口」1995
★02――広島工業大学地井研究室「霊場と村―生口島における八八ヵ所の存在形態」1977

●――『しま』1999.3

5-5 中山間地・水源地域と都市の共生——中国山地の流域と瀬戸内海を舞台として

はじめに

ここでは広島県を中心とする中山間地や瀬戸内の漁村を太田川で結びながら、二一世紀における中山間地と都市の共生を水問題を中心に考察することとしたい。しかも水の需給関係や水源基金などの問題に止まらず、その根拠となるべき「中山間地への所得補償」の日本的な姿を探るとともに、中山間地から都市や瀬戸内の島々における水系空間のあり方にも触れながら進めたい。

また都市と農山漁村の共生について筆者は、「災害前後の都市と農山漁村の連携を[★01]」というテーマで論じたものがあるので、参考にしていただければ幸いである。

デルタと山の街・広島の美しさ

さてどこの町や村でも、そこを訪れるのに最もふさわしいルートがある。広島空港がまだ市内にあった頃、筆者は着陸前の飛行機から広島の街を眺めるのがとても楽しみであった。六本の川の上に浮かぶデルタの街・広島の姿（大地景）はとても美しく、おそらく世界有数の端正な美しさを持ったウォーターフロント都市ではないかと思われる。

そして世界遺産となった厳島神社もまた、世界に誇るべきウォーターフロント建築であることを考えると、広島は、まさに川と海に育てられた世界に誇るべき水辺都市といえるであろう。さらに付け加えるならば、川や海だけではなく、その広大な空間を渡る〈川風と海風〉によっても支えられた街なのである。だから私は、厳島神社を開いた平清盛や広島を開いた毛利輝元は、天才的な都市計画家であったか、もしくは優秀な風水師を抱えていたのではないかと考えている。ちなみに市域面積に占める現在の水空間面積比でみると、広島市は全国一であるという。★03

それはまた、北から南に流れるピュシス（自然としての太田川）の流れに沿って、その河口部に素直に形成されたノモス（人為としての街）の美しさでもある。だからいまでも広島を訪れるベスト・アクセスは、コミューターで広島西空

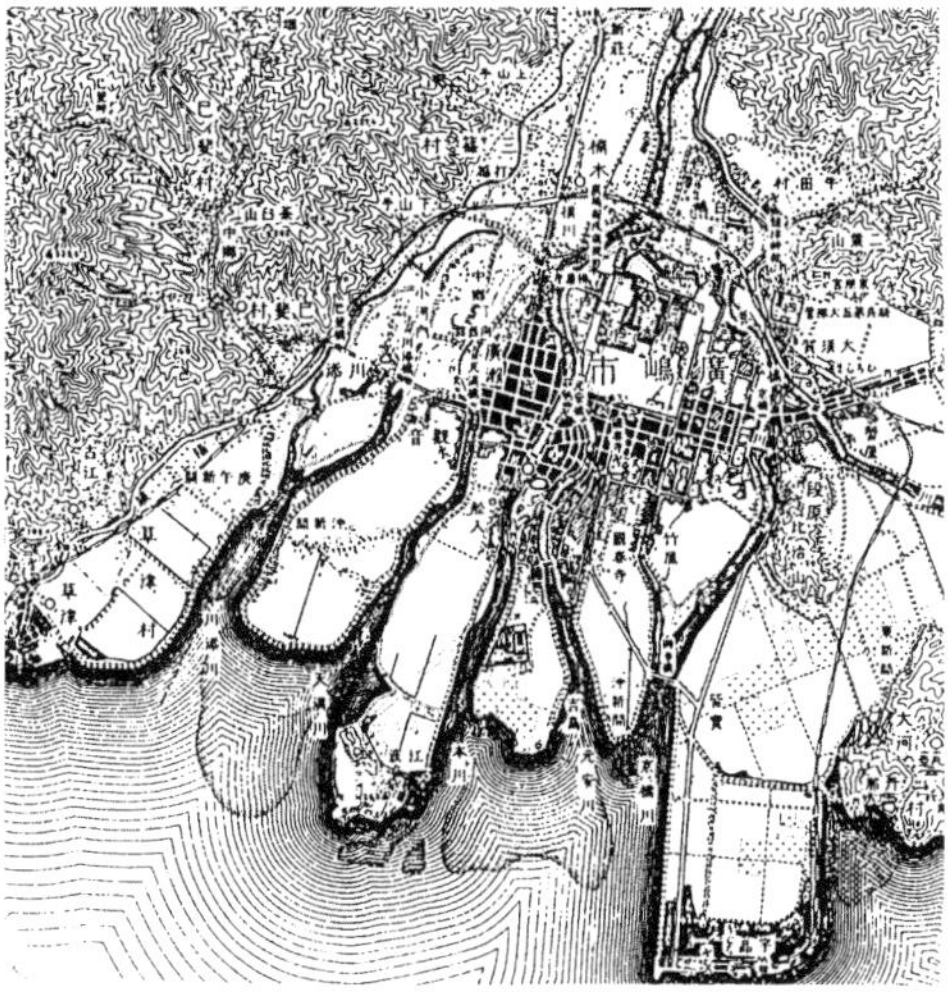

❶美しいデルタ都市・広島（明治期★02）

港へ降りるか、船で宇品港へ上陸して電車で平和大通りあたりへ到達する方法であろう。しかし、今日では残念ながら〈水の流れを分断する〉ように走る新幹線から、つまり〈横口から〉、そして新空港からリムジン・バスで、まるで勝手口から入るようなアクセスが主流となってしまった。

こうした味気ない効率主義の街にしてしまった責任は行政だけではなく市民にもあると思う。市民の多くは水や風は無限でタダだと考えており、水辺空間への関心も少ないからである。また行政も水は制御可能なものと考え、これまでは、その管理や防災しか念頭になかったからである。

そして、列島を縦断する新幹線はともかく、新広島空港の位置決定とアクセス戦略は、広島へのビジネス客のみならず経済なかでも観光産業にとって一大失策であったと言わざるを得ない。その意味では、数年前に宇品にオープンしたホテルは厳島神社への航路も開設されており、ウォーターフロント都市としての広島の市民に新しい空間体験を提供することに成功したと言えよう。

ここで、ウォーターフロント都市・広島へのいくつかの提案をしてみたいと思う。

▼新広島空港からの観光用アクセスとして、筆者は、近い将来全通するであろう安芸灘架橋を経由して、呉あたりから船で宇品港へ上陸するという〈正統派〉ルートを提案したい。そうすれば、瀬戸内の島々とそのノード（結節点）としての広島市を十分に堪能してもらえるのではないかと思われるからである。

▼また市内の六本の河川には多くのプレジャーボートが係留されており、その防災面への悪影響もありマリーナなどへの移動が推進されつつある。しかし、筆者は、防災対策を施した小型の河川マリーナにあるていどのボートが係留されることは、水辺空間の景観として容認されるのではないかと考えている。

▼そして河川に係留されるボートには、以下のような社会奉仕が義務づけられても良いのではないかと思う。それは、大震災などの災害時にはボートのオーナーに救援ボランティアを義務づけるか、もしくは第三者によるボー

トの救援使用を認めるというものである。
▼また先の神戸市の被災は、市内に救助船や消防艇の使える河川がなかったことによっても加速された。その点広島の河川は有力な救援・消火空間・延焼防止空間となり得るものである。
そのためにはできるだけ〈カミソリ護岸〉などを伝統的なガンギ型やスロープ型、多段型に変更して防災能力の高い河川空間とすべきであろう。私は、すでにこうした河川利用によるデルタ都市広島の救難・防災対策を提案し、★05市民参加集会も開催した★06が、いまだ関係方面からの反応はない。

広島から太田川を辿る——山里の暮らしと水の源流

しかし、ここで広島都市論にのみとどまるわけには行かない。ここから太田川を辿り、水の源流地域を訪ねることにしたい。ここでは私事で恐縮だが、筆者の山里における米づくりの体験から水問題を考えることをお許しいただきたい。もう五年前[1994]になるが、広島市の最北端の棚田で学生とともにはじめての米づくりに挑戦した

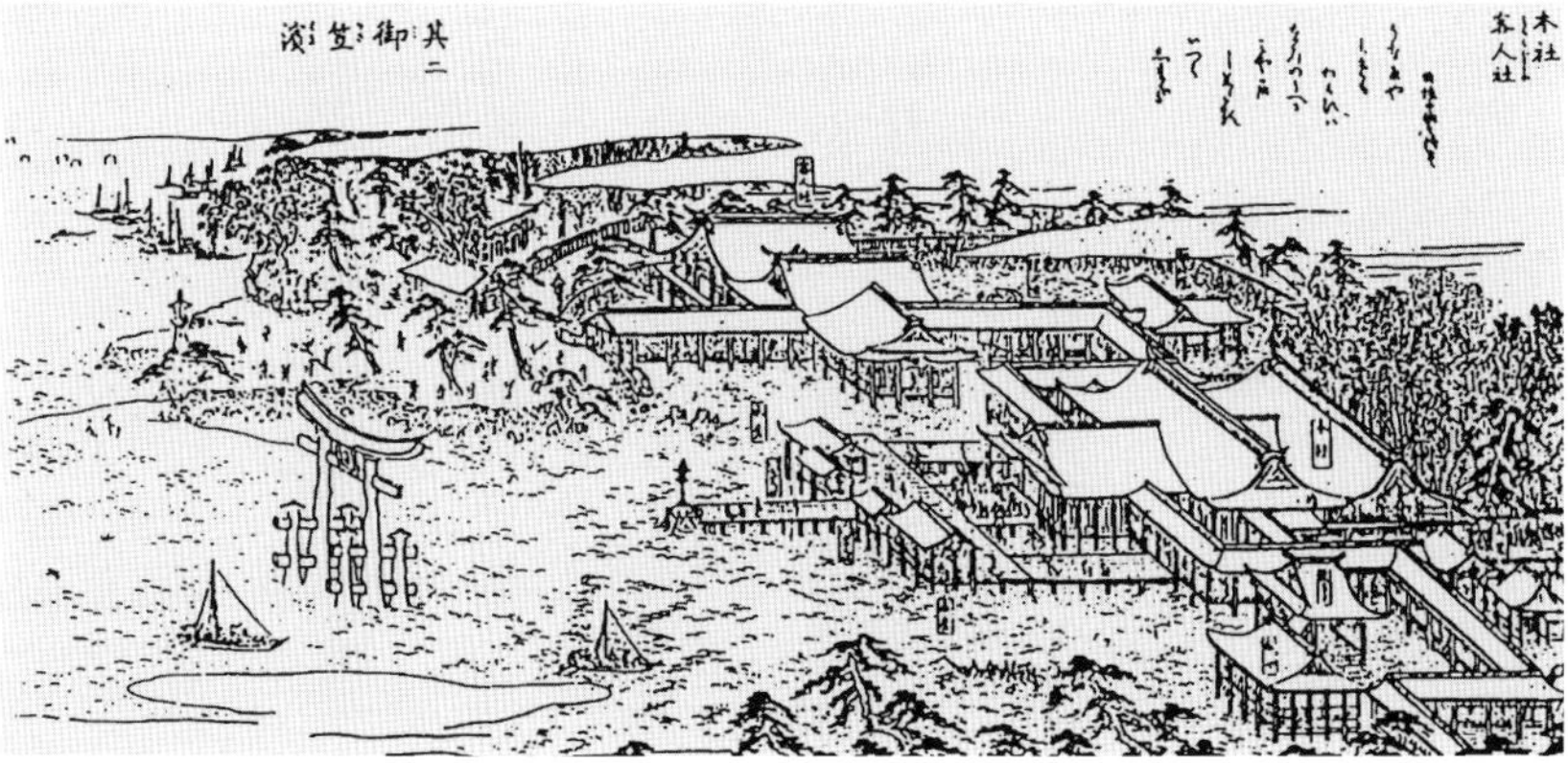

❷世界遺産・厳島神社(★04)

のだが、さっそく異常渇水に見舞われた。その年は沢水も少なく雨も降らず、田植えを終えた田にはみるみる亀裂が走った。米づくり一年生の筆者は、軽トラックに載せたプラスチックのバケツの水を田に撒いたのだが、世話になっている農家の奥さんに「そんなことしても無駄。なるようにしかならないから」と諭される始末であった。しかし、筆者は納得できなかった。

なぜなら、最も川上の水田は渇水で苦しんでいるのに、川下の広島市民には自家用車の洗車用（!）の水道水も確保されていたからである。そればかりではない。筆者は、その後付近の農家に横井戸と呼ばれる水源がたくさんあることに驚ろかされた。それは人間一人がようやく入れる大きさで、水平に掘られた井戸兼冷蔵庫なのだが、そこからチョロチョロと水が流れ出し、沢水などと合流して太田川に注いでいるのである。

この井戸を掘る最中に落盤で死亡した人もいたのだが、まさにこうした山里の先人たちの辛苦の結晶として、そして〈沢や溝さらい〉などのメインテナンスによって下流域の水と都市の飲料水も保証されてきたのである。しかし、川上の水田は渇水で苗が枯死寸前にもかかわらず、貴重な水は、いとも簡単に下流へ「収奪」されて行く。

こうした事態は、著しい社会的不公平と言わざるを得ない。それればかりか、もし山里に人々が住まなくなったとしたら、下流部の河川防災と都市の飲料水や工業用水の確保に毎年膨大な財政支出が必要であることは、改めるまでもない。しかし、水の生産地である山里の小河川や沢水や横井戸などの水を一時貯える溜め池や水路の整備にはほとんど税金は投入されてこなかった。これらの水源地域とその〈命がけ〉の集水装置は、いわば「水の社会資本素」とでも言うべき重要な役割を担ってきたのにもかかわらず……。

そして、この論文の執筆中に広島市などでは、梅雨の集中豪雨による土石流によって三〇人近くが死亡するという数十年ぶりの大災害を招いた。この背景はそう単純ではないが、背後の背戸山などへの人的な介入の低下が原因とする見方もある。

そこで、こうした地域については、以下のような整備方策が喫緊の課題であろうと思われる。

▼中山間地の水系を中心とする小型の社会資本整備を促進し、在村農林家が〈ゆったり〉とした水の流れの中で、水の恩恵を十分に享受できる仕組みとしっかりとした防災対策を講ずる。場合によっては危険地区の森林や家屋を買収して、公的な管理による国土保安林化を進める必要があろう。

▼そして、農業と林業の垣根を取り払い、グリーン・ツーリズムを含め、さらには内水面漁業や建設・除雪も含めた小型複合産業の仕組みを作ること。そしてヨーロッパのように「環境保全のための民宿経営」という観点から、民宿への規制を撤廃する必要があろう。

▼これが困難な地域では私有林野の公有林化をすすめ、クライン・バルト（市民学習林）化すること。そして在村農林家を私有林も含めたバルト・フォスター（森の番人）と位置づけて、その国土環境や水資源保全、市民学習への貢献に対する所得補償を行なうこと。

▼さらにこれは、森林経営に大きな革新をも求めるものである。つまり、これまでの〈伐る林業〉から〈伐らない林業〉への一八〇度の転換が必要だからである。

いま山里では、水利用の恩恵から引き離されているばかりではなく、イノシシやクマによる被害に加えて〈植林

❸明治時代に作られた山里の横井戸
最近のトンネル工事のためか水が枯れたという
❹いまは主はいないが水を生み続けている井戸

した立木が盗伐されている〉という悲鳴も聞かれる。水を巡っても、まさに「国栄えて、山河滅ぶ」という事態にあるのが、日本の国土の実態なのである。

水源地域への日本型所得補償を探る

こうした水生産地としての中山間地域についてさらに突っ込んだ検討をしてみよう。筆者は、米づくりをしている同じ地域で、かつて「所得補償」の試算をしたことがある。それは、森林や棚田や河川などの治水・給水効果を試算したものであるが、それを整理したものが表❺である。

これによると、この旧村の一三〇〇戸の農家は、自らの受益分を除いて、一戸当たり平均で約一九〇万円の貢献をしていることが判明した。しかし、地域外への治水・給水効果はすべて農林家によるものではなく、河川改修や上水道施設整備なども貢献していることは言うまでもない。そこでこの貢献のうち約三分の一が在村農林家による貢献と仮定すると、約六〇万円強となる。ドイツにおける所得補償が、最高額で約二〇〇万円であることからしても、この試算による平均額は妥当なものと思われる。

もっともここで、ヨーロッパと日本の所得補償の根拠の相違について考えておく必要があると思われる。ＥＵによる所得補償の論拠は、よく知られているように「国土環境の保全」である。そして畑作や牧草地を中心としてできるだけ粗放に営農することにより、国土の全域を管理するとともに「防衛」することに対する補償である。

▼しかし、日本の場合には、筆者は「水資源の保全・管理」に対する補償ということの方が現実的であると考えている。それはヨーロッパにおける水資源にかかる社会資本整備と日本のそれは、異なるからである。

▼ローマ時代の水道橋や各地の運河、地下水道に代表されるように、多くの場合水資源は人工的な構築物によっ

て配布されるヨーロッパと異なり、日本の場合には、水生産地の森林と山里からダイレクトに都市部へ河川をとおして配布されるからである。それだけに、森林や山里における直接的な水資源管理の重要性が高い（群馬県の黒姫山に住むC・W・ニコル氏は〈蛇口をひねると「山」が出る〉と喝破したが、至言である）。

▼そして中山間地の棚田についても、一部は市民のための棚田公園として保全し、レンゲの咲く田として、また市民田や学校田として、さらにはケナフなどの新しい植物資源農地として活用することが考えられよう。ここでも〈営農しない農業〉という新しい思想が求められている。政府・自民党は昨年、二〇〇〇年から中山間地の農家に対する所得補償を決定したが、その論拠は、水源地域の人々の辛苦に十分報いるものでなければならないであろう。今広島県でも各地で市民参加による森林ボランティアが盛んであるが、それだけでは日本の二五万平方キロといわれる森林の保全と育成は不可能であると思われる。

		森林	農地	太田川	合計	備考
広域治水効果		9.6	2.0	25.7	37.3(A)	町域が生み出す治水効果
地元効果	治水利用	氾濫があった時の想定被害額			2.1(B)	安佐町民がうける治水利益
	生産利益	2.2（林業）	6.3（農業）	2.0（漁業）	10.5(C)	
町外への治水効果		広域治水効果から地元効果を引く			24.7＊	A−(B+C)
市民一人当たりの効果		広島都市圏人口（安佐町人口を除く）			2500円	
1農家当たり寄与		安佐町1農家当たり町外効果への寄与			190万円	

❺ある旧村地域における公益的機能の試算（★07）（＊単位：億円／年）

さてここで、もう一度海に戻ることにしたい。海は水利用の終着点であるとともに新たな出発点でもあるからである。すでに良く知られているが、いま全国各地で〈森は、海の恋人〉というスローガンのもとに、漁師たちによる山への植林が盛んになりつつある。ここ広島湾でも広島湾のカキ養殖業者によって、中国山地の水源地への植林が行なわれている。まさにデルタ都市ならではの光景である。

瀬戸内海においても急峻な中国山地からの豊かな植物性プランクトンを含む水が、カキ養殖のみならず豊かな水産資源や広島の街や厳島神社を育んできた。しかし、その瀬戸内海もいま危機的な状況にある。それは、陸側からの止むことのない大量の排水や神戸市の新空港計画にみられるような瀬戸内の埋立規制の形骸化のみならず、産業廃棄物の不法投棄や採石から近年の異常なまでの海砂の不法採取まで含めて、海の回復力と基礎生産力を奪うノモスが後を断たないからである。

それればかりではなく、かつてはローカルな地域単位で完結していた物質収支のリサイクル・システムは開放型に変わり、海は栄養塩類の集積場として、すべての矛盾のはけ口となってしまった。そして沿岸漁業の衰退や水産物の輸入は、さらにこうした事態を悪化させるのである。

しかし、例えば汽水湖である青森県「むつ小川原湖」における漁業の果たす物質収支に関する試算がある。

「……小川原湖への栄養塩類の年間負荷量に対して、魚貝草類を陸上に回収する漁業活動により陸上に回収される割合は、窒素で二・三～九・七パーセント、リンで一一～三七パーセントになる。仮に漁業が行なわれない場合には、この窒素とリンを浚渫で回収する費用は、年間四千万円と見込まれている。漁業活動があるために、これらの費用が節約されるばかりではなく、年間五〇億円の漁業経済が成立している。……日本全体では沿岸漁業活動により、栄養塩類の二割を回収している。漁業の振興によってこの回収率が高まるばかりか、他の方法による水質浄化費用が節約される」★08。

つまり世界一の大量の水産物の輸入は、外国の栄養塩類を日本の国土に持ち込むことであり、外国の海の浄化には貢献するが、日本の海の水質浄化を低下させることにつながっているのである。これは日本の穀物の大量輸入が、外国の地力の収奪に「貢献」しているのと同じ構造の表裏の関係を持つものである。

いま全国の漁村では〈獲らない、育てる漁業〉（資源管理型漁業）の論理が浸透しつつある。こうした動きをさらに加速し、海を再び私たちの暮らしに戻すためにも、もう一度沿岸の住民が瀬戸内のピュシスと歴史に謙虚に耳を傾けるべきだと思っている。

ここで瀬戸内漁村の原風景ともいうべき光景を紹介したい。図❻は、山口県のある島の漁村と波止（舟溜）の風景である。三〇年前にここをはじめて訪れて私は、強い衝撃を受けたことを覚えている。これらの波止は、島の漁師たちが江戸末期から明治にかけて近隣の組ごとに自ら石を積み上げて築いたものであるが、固有名詞を持つ大小十数個の波止が並ぶ光景は、箱庭のような美しさにあふれていた。

この波止で漁師とその家族たちは、漁船の係船、修理（干潮を利用して）、荷揚げ、漁具の繕い、網干し、魚洗い・乾燥から談笑や酒盛りの場、主婦や子供たちの遊び場・海水浴場、物干し場、波止端会議の場ともなって、およそ寝ること以外のあらゆる生活行為が見られた。

それぞれの波止が、文字どおりコミュニティのための自前の社会資本として最も重要な役割を果たしてきたのである。これは、「現代のユートピア」としか言いようのない空間なのである。こうしたウォーターフロントに生きてきたからこそ、海や資源が守られてきたのである。

私たちは、再び水辺や海辺の暮らしを獲得しなければならない。そして水や海の持つ魔力の助けを借りて、私たちの暮らしを再建しなければならないと思う。

▼そのためには、すでにEUにおいて四半世紀も前から着手されているように、環境や水資源の保全や教育・福

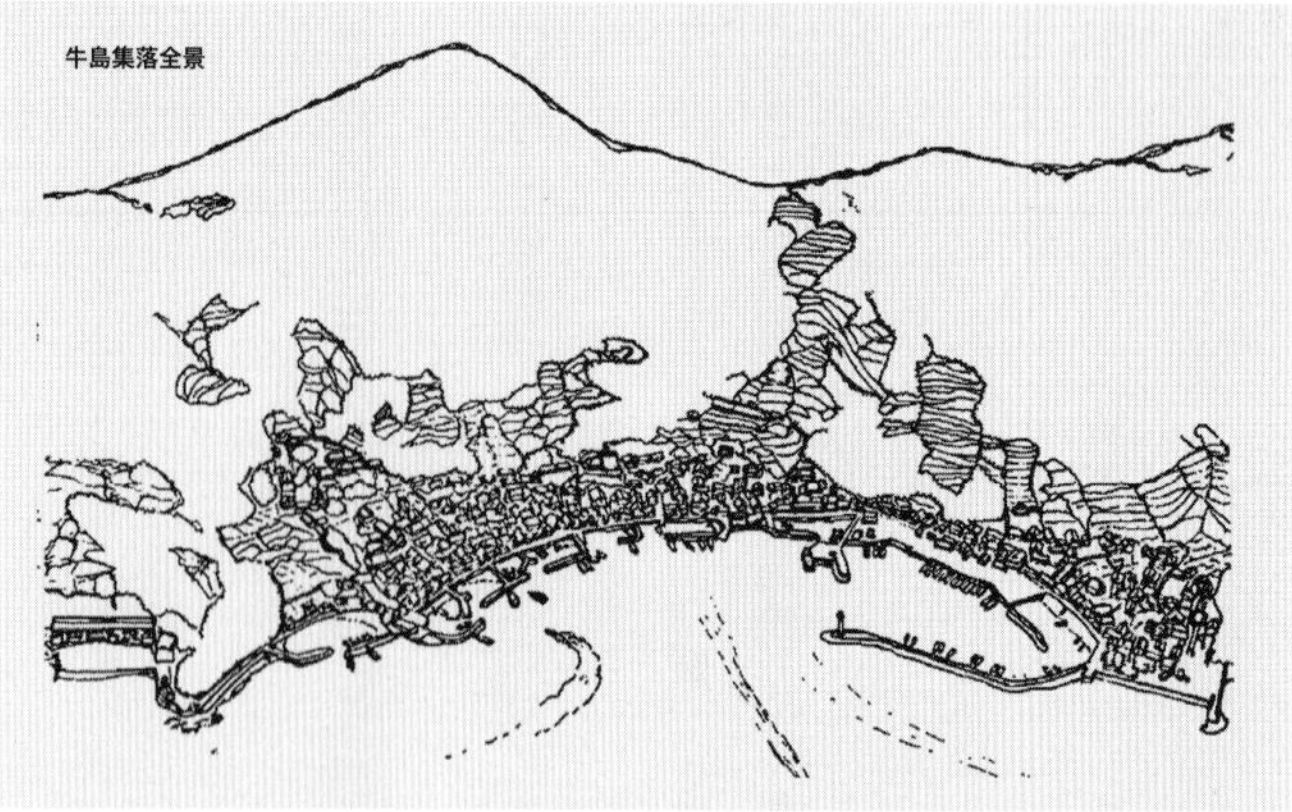
牛島集落全景

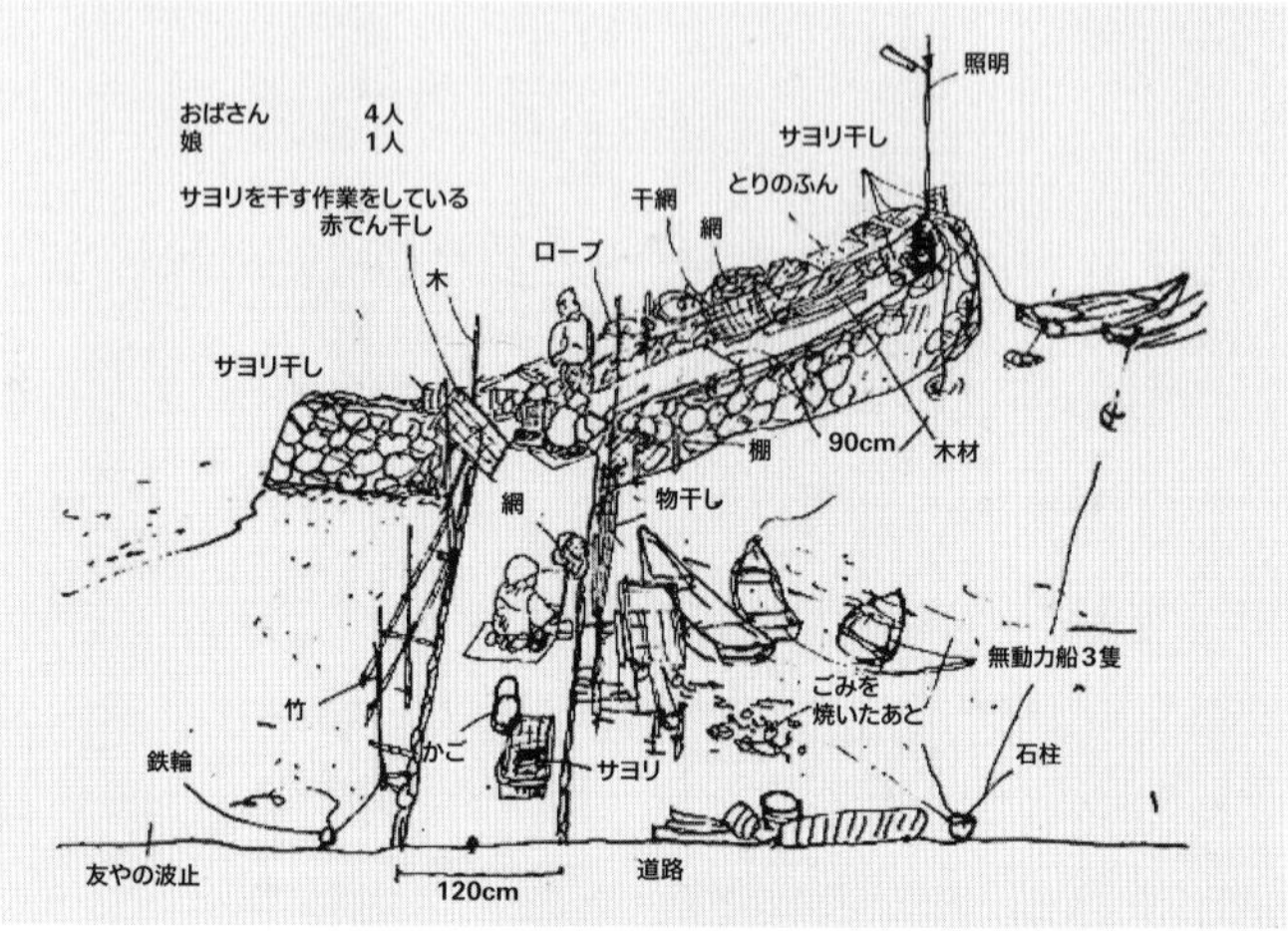
照明
おばさん 4人
娘 1人
サヨリ干し
とりのふん
サヨリを干す作業をしている
赤でん干し
干網
網
ロープ
木
サヨリ干し
棚
90cm
木材
網
物干し
無動力船3隻
ごみを
焼いたあと
竹
かご
サヨリ
鉄輪
石柱
友やの波止
120cm
道路

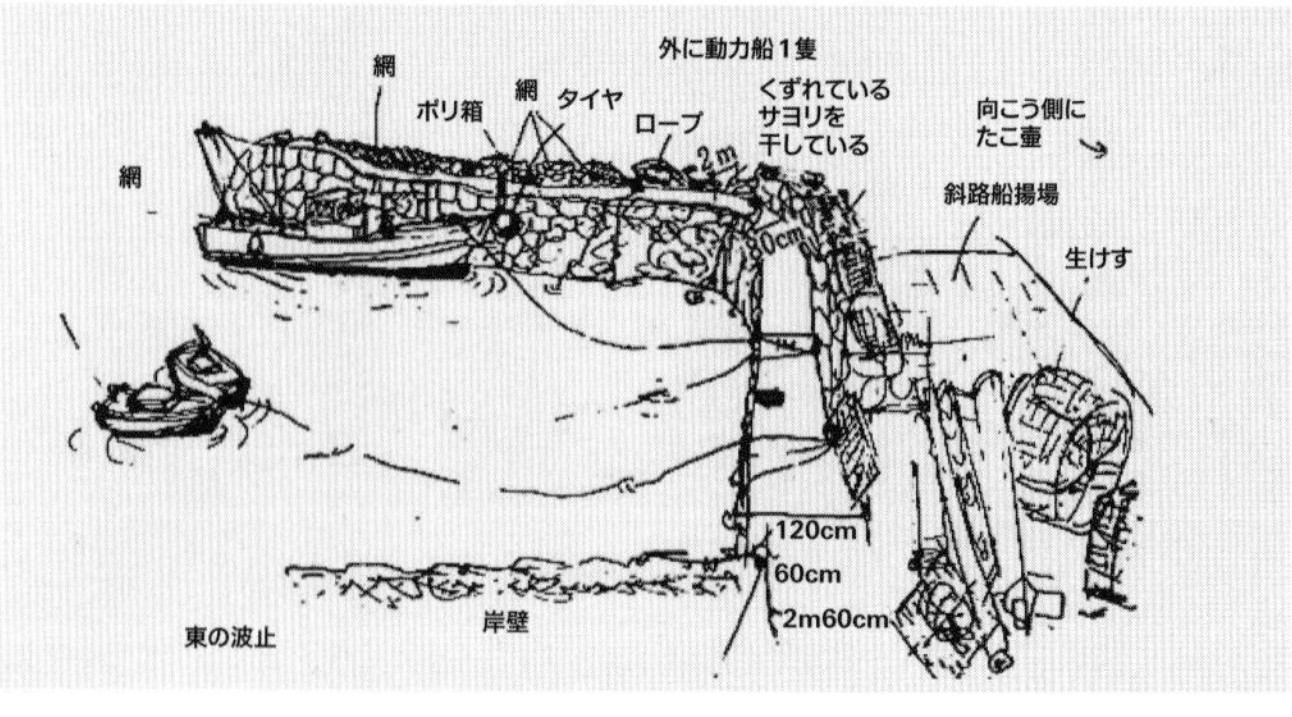
外に動力船1隻
網
網
ポリ箱
網
タイヤ
ロープ
くずれている
サヨリを
干している
向こう側に
たこ壷
2m
80cm
斜路船揚場
生けす
120cm
60cm
2m60cm
東の波止
岸壁

祉の論理を「市場原理」や「所得分配」、「所得移転」などの経済の論理から切り離（デカップリング）し、とくに水系や教育・福祉をめぐる社会資本整備を、〈経済の奴隷〉から早急に解放しなければならない。

▼なぜなら、新たな「全国開発計画」では、各所で個人や団体の自己責任が強調されているが、山里や海辺に生きる人々とそのコミュニティは、〈自己責任で広大な森林や海洋を取得したのでない〉からである。しかし、自己責任で森林や海を放棄することもできないので、いま必死になって〈自己責任の果たせる範囲で、広大な森林や海を守っている〉のである。そして多くの日本人は、ヨーロッパの美しい町村の風景に感動して帰るが、例えばイタリアではすでに一八九二（慶応元）年に、文化財保全のための「土地収容法」が制定され、ムッソリーニの時代ですら、営々と文化財や町並みの保全が進められてきたのである。

二一世紀の日本が〈国栄えて、山河海滅ぶ〉ことにならないために、水辺と海辺に生きる人々を救うことができなければ、日本は間違いなく、水をめぐる社会資本整備においても〈二〇世紀残留先進国〉となるであろうことは疑う余地がない。

★01——地井「災害は覚えていてもやってくる——災害前後の都市と農山村の連携を」『日本建築学会・兵庫県南部地震特別研究委員会・特定研究5・第4回連続シンポジュウム資料』1997.10

★02——広島市『広島被爆40年史・都市の復興』1985.8

★03——松浦茂樹・島谷幸宏『水辺空間の魅力と創造』鹿島出版会 1987.12

★04——日本随筆大成刊行会『芸州厳島図絵・上巻』1929

★05——地井「デルタの街・広島の防災計画——河川や海の活用確立を」『中国新聞』中国論壇 1997.1.6

★06——日本建築学会中国支部、被爆50周年記念シンポジュウム「人と街と住まい——広島、神戸……これから」1995.7.15

★07——地井作成、広島県安佐町農協『アサ・ノイベルク・シュタット21——新しい山と川の町・安佐町』1991.5

★08——乾政秀「漁業と環境——漁業の環境保全機能とこれからの課題」『水産振興』第369号、東京水産振興会

★09——広島工業大学地井研究室卒業論文（1971年度）

●——『都市と農村の共生をめざして』1999.9

5-6 島—国土の〈入れ子〉構造と島嶼地政学の課題

「国生み」は、「島生み」であるということ

島と本土の関係は、入れ子型であり、ラティス型・双方向型である。これは、次のような「島の語源」にも現れている。

〈嶋山という語があるように、川がめぐり流れていて、嶋のように孤立した形となっているところをいう。また周囲がすべて水にかこまれている地をいう。「しむ」「すぶ」「済む」などと関係のある語で、もと特定の一区画を意味する語であった。柳田國男説では本来邑落を意味した語とし、折口信夫説ではもと宮廷王領の地を意味したという。西郷信綱説は沖縄の例をあげて「占む」説を採り、（神話などにみられる）「大八嶋國」とは、「しま」が「くに」の構成単位（入れ子、双方向）をなすものを意味するという。……「しまつもの」とは海産の物をいう〉。[★01] ［（ ）は筆者による］

さらに近年の神話の持つ空間的秩序に関する研究は、新たな島と本土の関係と日本の原初的な空間認識の構造を明らかにしつつある。図❶と表❷は、その貴重な労作[★02]からの引用であるが、結論から言えば、次のようにその概要が説明されている。

〈……この理解に基づき古事記の（大八嶋國の）〈島生み〉の空間形式を（図❶と表❷）のように解釈することができる。これを日本列島の空間配置の中におくと、次のことが理解できる。

①——原初の島として淡路島・隠岐島・壱岐島が位置づけられる。

②―母体回帰の島として九州と本州が位置づけられる。

③―本州―淡路島―四国は、母体島―原初島―兄弟島になるが、これは九州―壱岐島―対馬と同じ構造となっている。……〉

ここでは紙幅の関係から、この労作について詳しく触れることはできないが、しかし、明らかなことは、

①―国生みの原初は、「島生み」であること―島は本土への前進点であり、門であること。

②―島と〈本土〉が、交互にそして「ラティス型」に、そして〈兄弟島〉、〈大島小島〉、〈母体島〉などのように〈入れ子〉として生まれていること。

③―原初の島は、ついには母体島（九州、本州）に回帰すること―例えば沖縄においてもハナリ（島）―オヤシマ（親島）、ウチナ（沖縄）―ウフヤマト（親日本）という関係が見られること。などであろう。そして世界の国土創世神話の中でも、日本の神話が「国生み」として描かれているところに大きな特徴があるという。

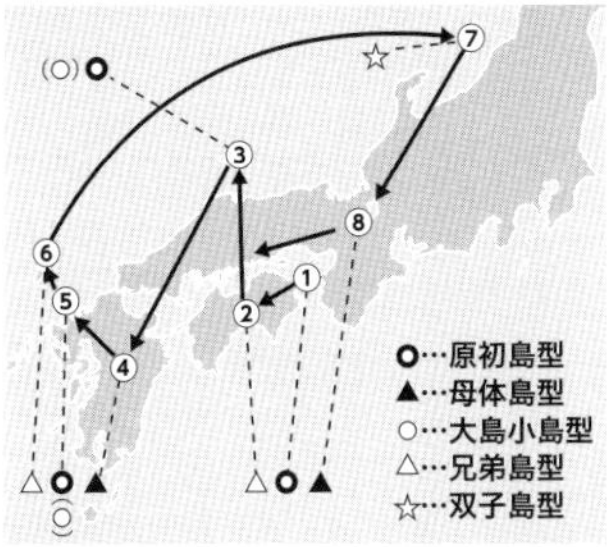

❶

〈島生み〉の順序		一軸的空間軸の性質	
		傾向	構造
0	水蛭子	発生	海の原空間
1	淡道之穂之狭別島（淡路島）	発生	原初の島
2	伊豫之二名島（四国）	成長	兄弟島
3	隠伎之三子島（隠岐）	発生（衰退）	原初の島（大島小島）
4	筑紫島（九州）	回帰（成長）	母体島（兄弟島）
5	壱伎島（壱岐島）	発生（衰退）	原初の島（大島小島）
6	津島（対馬）	成長	兄弟島
7	佐度島（佐渡島）	同等	双子島
8	大倭豊秋津島（本州）	回帰	母体島

❷

❶大八嶋の島生みの空間論
❷島生みの空間軸の構成

「島守り」は「国守り」であるということ

以上、国の成立の基礎は「島の成立」にあることを見たが、ここではさらに、「離島振興」つまり「島守り」について考えることにしたい。これまでの論旨からしても、ここで「島守り」は「国守り」の基礎である、という〈入れ子〉的な逆説が成立することになろう。再び触れるが第二回〔割愛〕でも述べたように、太平洋戦争末期において、日本は慶良間列島→沖縄本島という〈小さい入れ子〉を失うことによって、沖縄→本土という〈大きい入れ子〉をいとも簡単に失うことになったのである。

確かにいまは戦時ではない。しかし、地政学的に言えば、情報社会においてはなおさら世界は常に経済的にも政治的にも「戦時」なのである。こうした観点に立つ時、第一回〔割愛〕でも触れたように「日米安保条約」の存在は、島の振興にとって計り知れなく重い。なぜなら国防を他国に依存することによって、国土のフロンティア〈前進基地〉としての「島守り」や「海守り」は、国民の視野からほぼ排除されてしまうからである。

こうした状況を今すぐに変えることは困難であるとしても、この現実を踏まえつつ、地政学的な「島守り」の展望と課題があるはずである。それらは端的に言えば、次の三つに集約できるであろう。

①——国土のフロンティアつまり「国海の守り」という観点から、EUにおけるデカップリング政策による所得補償のように、島社会への直接支払いか構造的基金を投入すること。

②——島の地政学的な役割から、島の位置・環境を最大限に活かすための「ナショナル・スケール」の社会資本整備」を集中的に行なうこと。

③——近代化に伴う「離島化」の中で疲弊した島社会のために、とくに「社会のミチゲーション型」の社会資本や生産資本整備のルールを確立すること。

島社会への「構造基金」制度の展望

日本においても中山間地などの「条件不利地域」については、すでに平成十二年度からの農家や法人などに対する直接支払いが決定しているが、その中に日本の国土海の保持に「島社会」の果たす役割から、島を加えることに特段の問題はないと思われる。ただし、中山間地における農家などへの直接支払いとは異なり、島においては農業・農家へという極限された部門へではなく、つまり個別住民への直接支払いというよりは、「島社会全体への支払い」とすべきであろう。

そこで、この島社会への直接支払いの基準や規模をどうするのか、という問題が残るが、これについてはEUにおける「農業の条件不利地域政策」のいわば上位政策ともいうべき地域の格差是正を目標とした地域振興策としての「構造基金政策」が参考になると考えられるので、以下に引用[★03]したい。その概要は、以下のようなものである。

①――後進地域（第一地域）――開発から取り残された、一人当たりGDPがEUの七五パーセント以下の地域であり、EUの人口の二〇パーセント以上がこの地域に居住している。この地域では、運輸・通信、エネルギー・水供給、研究開発、小規模事業の育成などが中心となる。

②――産業衰退地域（第二地域）――石炭や鉄鉱などの伝統産業が衰退している、就業率および産業活動比率がEUの平均より低い地域であり、全体で五〇〇〇万人がいる。この地域では新規事業による就業の場確保、環境保全、研究開発、産学共同体制の確立などが中心となる。

③――村落地域（第五b地域）――高地や島のような人口の少ない村落部で、経済開発活動を必要とする地域であり、現在の農業者でみるとEUの七パーセントを占めるにすぎない。この地域では小規模事業や観光、交通手段の改善、基本的サービスの提供などが課題となる。

④――長期的に失業対策が必要な地域（第三地域）――特定の人口を対象としない。
⑤――若年層の就業の促進（第四地域）――特定の人口を対象としない。
⑥――農場の近代化促進（第五ａ地域）――特定の人口を対象としない。

これを見ると、日本の島々の場合にはこのいずれのタイプにも該当すると思われる。つまりこの構造基金による地域分類は、地理的、社会的、産業的な視点を総合した、まさに「構造的な分類」となっている。そして、こうした地域指定による島社会への「構造基金」の使途は、運輸・流通・情報システムの整備にその軸足を置くべきであろうと考えられる。

ここでEUにおける所得補償について、地政学的な考察を加えることは無駄ではないと思われる。日本ではよく〈直接支払いは、日本の歴史や風土になじまない〉という主張があるが、しかし、これはEU大陸の地政を見ない主張であると思われる。なぜなら、EUの農家への所得補償は、国土や環境の保全に対する支払いという意味が強調されているが、その真意は陸続きの欧州における〈国土・国境線の防衛〉にあると、私は見ているからである。比すれば、日本における国土の防衛は、すなわち「国海の防衛」なのである。

島嶼部へのナショナル・プロジェクト導入の展望

ここで最大の課題となるのが、本土の大災害時の「本土救難拠点」の整備であろうと思われる。すでに見たように島と本土のラティス型の地政学的な関係は、とくに本土の大災害時には縦横無尽の航路の存在が大きな役割を果たすことができる。

そうした役割を、災害発生時から時系列的に整理したものが表❸である。

言うまでもなくこうした救難拠点の内容は、島の持つ地政学的な位置、つまり島の距離とアクセス手段、島の地形・地理、島の社会・産業など多様な視点から計画されるべきであろうと考えられる。いずれにしてもヒューマン・パワーや食料・水、船舶の供給基地としての島々、初期・中長期の災害弱者の救難・保護地域としての島々、膨大な経費や土地を必要とする救難物資の貯蔵空間としての島々など、その国土・国民防災に果たす役割は計り知れないものがあろう。すでに運輸省や水産庁によっても「防災拠点港湾」や「防災拠点漁港」の整備も着手されている。そして島の公共施設も活用しながら、数十人から数千人規模の救難空間を整備し、海を共有する沿岸自治体が「災害時相互支援協定」を締結し、広域的・ラティス型の「国土防災ネットワーク」を整えることによって、日本の沿岸都市の防災力は飛躍的に向上するであろう。また、表❹は、こうした考え方をいわゆる「島の六つのタイプ」ごとに、島内の災害時の関係も含めて、災害後の危機管理について仮設的に整理したものである。

しかも、この拠点は無災害時には学童・学生たちの「長期滞在型の総合的な学習の拠点」として、また高齢者な

災害前危機管理	災害後危機管理	
公共的施設の整備 公園キャンプ場整備 ホームヘルパー・ボランティアの育成 防災拠点港湾・漁港の整備 救難協定締結	ダイレクト（1日対応）	緊急食料・水、ボランティア派遣
	アージェント（1週間対応）	災害弱者の避難・受入、学童疎開の支援
	エマージェント（1ヶ月対応）	ストレス・ケア
	リカバリー（6ヶ月対応）	故郷復帰、復興支援
	ソーシャル・ミチゲーション（6ヶ月以降）	復興支援
		避難・復帰記録

❸

		内海本土近接	外海本土近接	群島主島	群島属島	孤立大型	孤立小型
本土大災害	ダイレクト	◉	◉	○	○	○	○
	アージェント	◉	◉	◉	○	◉	○
	エマージェント	◉	◉	◉	○	◉	○
	リカバリー	◉	◉	◉	○	◉	○
	S. ミチゲーション	◉	◉	○	○	○	○
島嶼災害	本土からの支援	◉	◉	◉	◉	◉	◉
	本土への避難	◉	◉	○	○	○	○
	相互救援	○	○	◉	◉	○	○
	自己防災力向上	○	○	○	○	◉	◉

❹ ＊◉印は島嶼が担うべき重要な役割と、島内災害時の本土との重要な関係を例示したもの

❸災害時の島からの救援活動（★04）
❹本土大災害時の島の役割と島内災害時の本土との関係

どの「長期滞在型の福祉・介護・健康の拠点」として大きな役割をも果たし得るであろう。

島社会のミチゲーションとしての社会資本整備の展望

ミチゲーションとは、近年海岸工学などの分野で盛んに用いられる概念であるが、「沿岸の生態系の恢復」とでも言うべきものである。そしていま、アメリカなどでは、一〇メートルの自然海岸の人工的改変を行なう場合には、他の地域への一〇倍の自然型海岸線の創出が義務づけられているという。

しかし、ここで論じるのは生態系ではなく、「社会系のミチゲーション――疲弊した地域社会の恢復[★05]」なのであるが、紙幅の関係もあり、ここではその象徴としての「島における自然エネルギーの産出と買取制」についてのみ取り上げることにしたい。

現在超党派による自然エネルギーの電力会社による買取制などの整備を目指す「自然エネルギー促進法」の議員立法が準備されていると聞くが、島ごとの特性に応じて、木質・畜産廃棄物バイオマスによる熱供給と発電や地熱発電(火山島の八丈島ではすでに稼働している)・風力・ソーラー・小水力・潮力発電の他に海水淡水化や深層水利用などであるが、島嶼部にはこうした多様な自然エネルギー源が潜在している。デンマークでは、風力発電が盛んであり風力発電機が最大の輸出産業に成長し、発電機製造・建設・コンサルティング、発電事業などですでに三万人の関連雇用を生み出しているという。

この自然エネルギーをことさら島嶼で強調するのは、エネルギー源の多様な潜在もさることながら、その小さい社会のためでもある。島の小さな社会では、エネルギーの島外からの〈輸入〉が不経済であるばかりか、石油・火力による大規模発電や大ダム式発電などは、その経済効果とともに雇用効果や所得の地域内循環効果が薄いからである。

島社会に限らないが、高度経済成長やバブル期をとおして、小さな地域社会は疲弊・崩壊の速度を早めてきた。こうした疲弊した島の小さな地域社会を恢復するための、ひとつだが有力な手法として、あらゆる産業と暮らしのベースとなるエネルギーを自らの地域で、地域住民自らの手で創出することによって、島社会の家族と共同体は、ゆっくりではあるが確実にミチゲート（恢復）され、美しい景観とサステーナブルな社会が再生するものと思われる。

ここでようやく「島嶼地政学」の入り口に辿り着いたという観があるが、取り敢えず稿を閉じ、大方のご批判を受けて改めて想を練ることとしたい。

★01——白川静『字訓・普及版』平凡社 1995.2

★02——宇杉和夫「日本神話の〈島生み〉の生成における空間認識と空間軸——日本の空間認識と景観構成に関する基礎的研究　Ⅲ」、『日本建築学会論文報告集』第四四四号 1993.2

★03——（株）農村環境整備センター『イタリア農山村（中山間）地域振興対策調査報告書』1999.12

★04——拙稿「国土のグランドデザインと震災の教訓」『阪神・淡路大震災調査報告一〇巻—都市計画／農漁村計画』日本建築学会 2000.1

★05——拙稿「漁村の美しさ——〈ゆるく結び合う社会〉の風景とその未来」『漁港』三六巻四号日本漁港協会 1994

●——［『しま』2000.2］

6
人類の海への三度目の旅

6-1 拝啓　大前研一様　「二一世紀の日本の海を拓くために」

三十年前にも同じような主張が

私は、時折大前氏の歯切れのいい平成維新論に触れるのを楽しみにしてるが、最近の〈スポーツ漁民論〉や〈おかしな漁港論〉には賛成しかねる。そればかりかこれらの主張は、大前氏の維新論の品位を自ら落しめるものではないかと思われる。そこで三十年間漁村や漁港の研究をしてきた立場から、そして国民全体で日本の海の未来を考えるために、私見を披露してみたいと思う。

振り返ってみるとこのような論調は、昭和三十年代後半からの高度経済成長期にもたくさん見られた。かつては「国民の所得向上のための工業用地の埋立てにとって、沿岸漁業や漁業権は邪魔だ」というような論調であったが、今では「国民のリゾートのためのヨット、ボートにとって、沿岸漁業や漁業権は邪魔だ」というように変化したようであるが、隔世の感とともに〈またもや〉という気がする。

ここでは、ヨットなどの先進国と言われているアメリカにおいて漁業と海洋レクリエーションの関係が、いかに深刻な問題を抱えているかについても触れたいが、紙幅の都合上、漁業、漁村、漁港の基本的な役割、意味についてのみ取り上げたいと思う。細かいデータ論争は、そうした共通認識の上で論議されなければ意味がないからである。

様々な生活スタイルがあるのが現代社会

早速、一読して大前氏の〈スポーツ漁民〉という定義は、なかなか面白い定義だと思った。なぜならスポーツ（のようなこと）をしながら生活の糧を得ることができれば、なかなか良い生活スタイルであり、否定される必要はないと思われるからである。しかし、名称はともかくそれに対する大前氏の規定には賛成しかねる。

その第一は「漁獲高が三二〇万円に満たない」ということである。この基準は、サラリーマンの課税所得の限度額ということであるが、生活環境や生活構造のみならず、そもそも歴史と生産構造が大きく異なるサラリーマンと漁業者を、直接的に比較するというのは拙速のそしりを免れないと思う。

第二に、確かに沿岸漁業の担い手は、小規模な上に残念ながら大変高齢化している。手元の資料から推測すれば、おそらく五十歳代後半であり、サラリーマンのそれよりも十歳以上も高いと思われる。しかし、これだけ小規模で高い平均年齢にもかかわらず、大量の水産物輸入に直面しつつ、国民に新鮮で安全な魚貝藻類の大半を供給しているというのは、誇って良いことだと思う。

第三に、所得や税金については、当然のことだが国民のあらゆる階層、企業、団体について公平に議論されるべきであるということである。沿岸漁業者や都市近郊農家だけを標的にするのでは、それこそ大前氏の維新論の公平さが疑われる。あるいは大前氏は、サラリーマンと農漁業者を対立させようと深慮しているのかと、私は疑っている。

第四に、様々な生活スタイルがあることこそが現代社会の特徴なのであって、サラリーマンだけが現代社会の生活者ではないということである。例えばサミットに参加している先進国のいずれにも、大勢の沿岸漁民が活躍しているし、これからも独自の生活スタイルで生きていくと思われる。

沿岸漁業者の生活スタイル

私はここで、日本の沿岸漁業者たちの生活スタイルとその役割を問題にしたいと思う。どこの国でもそうだが沿岸漁業者は、効率的な経済生活を送るためにそこで生きているわけではない。そうではなくて、多くは自らの生まれた場所で自らの人生を全うするために、そこで生きていると思う。つまり人間には、住む場所を選べる（選ぶ）人々と選べない（選ばない）人々がいる。最近の雲仙・普賢岳や北海道・奥尻島の人々の苦闘は、このことを雄弁に語っている。

そこで就業の場を確保しながら（大前氏の言うように）優秀な子供を育てて都会へ送り、新鮮な魚貝藻類を提供しつつ自らの定住の場を守り、海や資源を守りつづけてきた。

次に「所得の低い兼業漁業者から漁業権を剥奪せよ」という恐ろしい主張であるが、ここにも大きな現実誤認がある。なぜなら現在専業として活躍している漁業者の多くが、兼業漁家から生まれてきたからである。さらにこうした兼業層から、沖合で働く優秀な漁業労働力が生み出されてきたことも常識である。そればかりか多くの専業漁家の漁繁期には、周辺の兼業漁家や農家の人々、さらにはサラリーマンの奥さんなどのパートによって、辛くもその経営が成立している。そして専業漁業者の多くが、高齢化して再び兼業漁業へ戻るという事実はより重要であり、サラリーマンにはあまり見られない特有の生活スタイルでもある。

こうした漁業者や高齢者たちに、「漁業は効率が悪いから工場で働きなさい」とか「家でじっとしているか、老人ホームに入りなさい」と強制するとすれば、それこそ生活者主権を犯すことになる。しかし、今もこれからも日本には、漁村や農村の高齢者を自宅や施設でお世話をする財力はない。

知られざる漁港整備の効果

ここでは、私の専門分野でもある〈生活基盤としての漁港〉の役割について考えてみる。例えば日本では八十歳を過ぎても、一本釣りなどで月に一〇万円を稼ぐという漁師は少なくない。老齢福祉年金などに頼らなくても良いのである。ですからこれは、超高齢化社会を迎えつつある日本にとって、伝統的かつ未来的なモデルとも言うべき生活スタイルである。このような人々にとっても、小舟の出入りが楽な近代的な漁港は必需品である。

かつて漁港がない時代にはこうした高齢者たちは、砂浜などへ船の上げ下ろしが困難なために出漁を断念していた。私が漁村や漁港の研究を始めて間もない頃、近代的な漁港整備は高齢の漁業者にとって妨げとなるのでは、と考えていた。しかし、現場へ行って見ると、〈漁港整備＝高齢者の出漁準備の場の整備〉という図式が見事に成立していた。まさに現場は、すぐれた教師だ。

さらに、意外な効果もある。ある小さな漁村を調査した時に、以下のような社会福祉的な効果が披露された。それは、「漁港整備で用地が造成されたお陰で、役場の成人病検診車がここまで来るようになった。その結果受診率が上がって、重症の人が二人も発見された」というものであった。小さな漁村で二人もの重症の人が発見された有形・無形の効果の大きさは、言うまでもない。

また漁港整備で用地ができると、それまでキャッチ・ボールの練習場すらなかった漁村の子供たちは、大喜びである。こうした生活基盤的効果と生産効果を、より一体的、総合的に推進すべきだという観点から、昭和五三年から漁港整備の中に用地や下水道整備を含めた「漁業集落環境整備事業」が取り入れられ、多くの漁村の人々に受け入れられている。

こうした漁港の生活効果は、経済効果や国土・環境保全効果とともに正しく評価されなければならない。つまり漁港は社会資本なのである。ですから工業資本のような投資効果論では、その全容をとうてい把握できない。しかし、このことは都会にも見られる。例えば一軒の家内工業者の暮らしを維持するために、道路、鉄道、電力、ガス、上下水、公園、医療・福祉、教育などについて、どれほど巨額な社会資本が投下されているかを考えれば明らかである。

知られざる漁村集落の役割

さらに「こうした漁港が三〇〇〇近くもある」という現実の持つ効果について触れてみたい。その直接的効果は、例えば全国どこでも新鮮な魚が食べられる、という世界に類例のない恩恵を私たちが受けている、ということなのであるが、さらに知られざる効果も大きいものがある。

例えば、瀬戸内海の話だが、昭和五一年に山口県の情島という小さな漁村の近くでフェリーの転覆事故が起きた。しかし、その時島の漁業者たちが近くで操業していたので、あっという間にフェリー客の全員を救助した。この島には、次のようなエピソードもある。それは戦前のことだが、同じようにフェリーの転覆事故があった。その時は漁業者たちが全員遠くに出漁していたので、島の女性たちはとても悔しい思いをしながら海を見ているだけだったというものである。

また昭和四九年の瀬戸内海における石油の大量流出事故の時には、オイル・フェンスもオイル吸着板も効果がなく、結局責任企業の社員と漁業者が、なんと「ひしゃく」で長い時間をかけて全部回収したという事実も、多くの漁村が分布しているからこそ可能だったのである。

また多くの漁村では、ずっと昔から夏の海水浴シーズンの前に住民総出で「浜そうじ」に励んできた。そしてこうした美しい浜が、多くの子供たちをいかに喜ばせているかは、多言を要さない。こうした事例は、全国で枚挙に暇がない。

こうした効果は、それこそ日本の海岸線の一〇キロメートルに一カ所といわれるように、多くの漁村や漁港が形成されてきたからこそである。こうした人命救助や災害復旧、環境保全を公務員がしようとすれば、例えば海上保安庁の職員数を、現在の一〇〇倍にもしなければならないであろう。

海利用の「とも詮議」から「みな詮議」へ

そろそろ結論を急がなければならない。〈釈迦に説法〉をお許しいただきたいが、要するにサラリーマンの世界ばかりではなく、漁業や農業のような非効率的な産業に生きる人々をも暖かく包み込む生活者主権の国家が求められていると思う。農漁業者とサラリーマンが対立しても、維新の展望は開かれないと思う。それどころか日本では欧米と異なりサラリーマンと農漁業者は、ほとんど親子、兄弟姉妹関係ですから、新しい関係を築くことは可能だと思う。

たしかに、そのために漁業者がこれから取り組むべき課題は多いと思われる。その第一は、漁業や漁村の持つ社会的、文化的、環境的な役割を自覚し、それを守りながら多くの国民に知ってもらうことである。つまり漁業者自らが、漁業を経済的な観点からばかり見ない、ということだと思う。経済的な観点だけでは、いずれは「もっと効率の良い産業に変わるべきだ」という主張に負けてしまう。

次に、来るべき二一世紀の沿岸漁業や漁村社会はいかにあるべきかについて、幅広い論議をしなければならないと思う。そのためには、もっと漁業や漁村の実態を広報して、その未来を漁村の人々だけではなく、国民各層の論議の中から探り出すということだ。その意味で大前氏の問題提起は重要なものだったが、あまりにも短兵急なために、関係者との間にコミュニケーションが成立していないようである。おそらく大前氏は、とても忙しい毎日を過ごしているために、こうした漁業の現場を学ぶ機会がないのだと思われる。

しかし、例えば最近の漁港整備の中に、レジャーボートを対象とした「フィッシャリーナ」整備や都会の人々との交流をめざした事業が、新たに取り上げられるようになったのも、来るべき時代の中で何が必要かを、漁業者たちが考えはじめた証拠だと思われる。そしてこうした試みが成功する所も増えてきた。

これまで日本の漁村では、漁場利用について漁業者同士の「とも詮議」によって問題解決を計ってきたが、これからはそれだけでは困難になりつつあると思われる。そのためには、海利用の先達としての経験と知恵を生かしながら、国民各層を含めた「みな詮議」の時代に至ったと思う。

いま海を求めているのは、ダイビングに魅せられた若者やヨット、ボートを愛する人々ばかりではない。都会で偏差値に追われる子供たちや勤続疲労のサラリーマン、孤独を生きるお年寄りたちも海を求めている。この人々も単に魚の消費者であるばかりではなく、海や山の持つ素晴らしい力によっても癒されるべき人々ではないだろうか。数千年の歴史を生きてきた漁業者とその家族は、こうした人々を海の世界へ導く最も優れた先生だと思われる。だから私たちは、漁業者を中心として海利用の「みな詮議」によって、日本の海の新しい出会いを創造しなければならないと思う。

●——『漁協』1993.9

6-2 人類の海への三度目の旅——二一世紀の海辺に新しいルーカス（広場）を——海帰人類学の試み

はじめに——国際海洋年にあたって

奇妙なテーマの本論が、本誌〔『水産振興』〕にふさわしいものであるか自信はありません。当初は、ここで日本の海辺や漁村・漁港・漁業の役割や未来像を考えてみたいと思っていましたが、想を煉るうちに、今年〔1998〕は「国際海洋年」でもありますので、漁村や漁業を支えている海に関する「そもそも論」を展開したいと考えるようになりました。

それは、私が漁村・漁港や漁村文化の研究を始めてすでに三四年が過ぎましたが、依然として海辺環境の荒廃や乱開発が止む気配をみせていませんし、漁村・漁港・漁業などに関する国民的な理解のレベルも高くないからです。例えば、高度経済成長期には「工業用地の埋め立てのために、漁業権を放棄せよ」という声があり、バブル期には「海洋リゾート振興のために、漁業権を剥奪せよ」という声もありました。

私は、このような声の背景には「日本は、海に囲まれた山だらけの島国である」という事実、別な表現をすれば、「常に海と山から栄養補給を受けないと生きて行けない」という現実を忘れた国民の意識があるような気がしてなりません。そして日本の多くの人々は、アジアの隣国はもとよりアメリカの基地の重圧に苦しむ「海を隔てた」沖縄のことや山地で頑張っている人々も忘れがちです。

工業や海洋リゾートの必要性は言うまでもありませんが、海の本質と共生できない行為は、漁業であっても存立できません。こうした観点からすると、戦後の日本は、経済成長のために「母なる海を殺す仕業」を続けてきたというべきですが、一方では「父なる山」も大きく病み、「国栄えて山河海亡ぶ」という状況にあるのが、今の日本の姿ではないでしょうか。

こうした現実に対して、ここで、「そもそも海に支えられてきた人類の歴史や暮らし」を、できるだけ簡潔に大胆に訴えてみたい。そこから狩猟・採集文化の伝統を孤高のうちに守り続ける、国民の「社会的な共通資本」としての漁村や漁港、沿岸漁業や海辺環境の重要性を訴えてみたい、と思います。

このような大問題を扱うのですから、本論は学術的論文としてではなく、筆者の研究生活の知見と他の優れた研究者の成果を総動員した「強引で仮説的な未来へのメッセージ」としてご笑覧いただくとともに、ご叱正をいただければ望外の喜びです。

最後に、本論のタイトルは、畏敬する英国の自然科学者であるL・ワトソン氏の論文[★01]から借用したものであり、ここに記して深甚の謝意を表したいと思います。

巨大な「海廊」の発見

●海から生まれた住まいとの出会い

昭和六〇年の夏は、住宅研究者としての私にとって忘れられない夏となりました。それは、能登半島輪島市の沖に浮かぶ七ツ島の動植物調査に向かう石川県のチャーター船に同乗させてもらい、島に残っているというかつての海女の住まいの跡を訪ね、そこで重要な発見をすることになったからです。

そこには、私淑する民俗学の故・宮本常一先生の遺言とも言うべき「舟住まいの陸上がり」仮説を実証するに足る海女家族の住まいの痕跡が残されていました。その概要は図❶に示されていますが、地元でコテント舟と呼ばれた小舟の間取りに良く似た「直列三室型」と呼ぶべき住居跡が多く発見されたのです。この間取り自体は、そう重要には見えないかもしれませんが、図❷をみていただければ、その意味を理解していただけるのではないかと思います。かつて晩年の宮本先生は、「……全国的に見られる通り土間型の漁家住宅の間取りの形成は、歴史的な舟住まいの間取りの〈陸上がり〉によるものではないか……」★02、という奇想天外とも思える仮説を残されましたが、有力な物証の見つからないままに他界されました。

それ以来、私は、この仮説を実証し得る住居や住居跡を探していましたが、金沢大学に赴任したお陰でしょうか、学生たちと石川県輪島市・舳倉(へくら)島の海女の住まいや家族の研究を続けるうちに、「途中の七ツ島には、かつての海女の住まいがある」という情報を手に入れることができました。そして、現場で実物を調査するうちに、その間取りは、まさに「コテント舟が陸に上がった住まい」なのだという確信を持つに至りました。

輪島の海女と舟住まいの陸上(おかあ)がり

これについては、一部を日本建築学会や北京の国際シンポジュウムなどで、すでに発表★03していますが、その概要を述べることにします（ちなみに、これらの論文発表は、いまのところ国の内外を問わずほとんど無視されています）。

朝市で知られる輪島市の海士(あま)町や舳倉島の古い漁家住宅は、図❸（現形）にあるように、海岸に対して直行する「通り土間」を持ち、そこに二～三室が付く妻入り型の間取りであり、輪島市の他の地域の民家とも大きく異なる独自のものです。

そして、この「直列三室型」の間取りは、コテント舟の間取りや寸法に酷似していました。つまりコテント舟は、大きくサンノ間、胴の間、コマ（小間）に区分されますが、「直列三室型」の間取りと機能的にもほぼ同じ構成となっています。唯一の違いは出入口ですが、これは一般的に舟は、舳先(へさき)を接岸させるためです。そしてその後、経済力の向上や定住志向の高まりとともに「直列三室＋通り土間型」という現形へと発展してきたものと考えられます。また現場のヒヤリングでも、「若くて経済的に余裕のない時代には、七ツ島の海岸に舟を引き上げて、それにトマ（屋根）をかけて寝ました」という興味ある話を聞くことができました。いまの私には、この宮本仮説を全面的に実証する力はありませんが、確実な「物証」のひとつが見つかったと考えています。

こうした推測が奇想天外なものではないという証拠に、戦前の中国の写真をお目にかけたいと思います。図❹を見ますと、「川に浮かぶ家船→陸に上がって屋根を変えた家船→同じ屋根を持つ陸の家」という見事な陸上がりのプロセスを見ることができます。また、図❺を見ていただきたいのですが、この円形の間取りを持つ家は、もう「舟住まいの陸上がり」以外の何物でもありません（あるいは、もっとすごい宇宙から来たUFOなのかもしれません）。また図❻の、あるコーヒー・メーカーのトレードマークにも登場するインドネシア・トラジャの見事な舟型の屋根を持つ家も、同様な歴史を持つものと思われます。

また、勇敢な海洋民族として知られるミクロネシア人の習俗を見ることにします。例えばクック諸島に住む彼らは、居住地の小高い丘に石造のマラエ（神殿）を作りますが、これは彼ら固有の舟の形をしたもので、自分たちの故郷ハワイキ（黄泉の国）へ捧げる祭壇（故郷へ行く舟）だということです。ですからその祭壇には、高い石柱（マスト）と低い石柱（オール）が建てられるということです。[★05]

海女のライフ・スタイルと巨大「海廊」

ここでは、輪島の海女家族の驚くべきライフ・スタイルとその来歴について概観したいと思います。彼らが、前田藩の許しを得て輪島に定住したのは江戸中期であると言われていますが、それまでは毎年九州筑前の鐘ヶ崎と能登半島を、家族ぐるみで小舟で往復しながら海女漁に従事していました。それにしても、直線にして七〇〇キロメートルもあるこの間の海を、春に鐘ヶ崎を立ち秋には戻るという彼らのケタ外れのライフ・スタイルには、現代人の想像を絶するエネルギーが感じられます。

輪島への定住後は、夏になると舳倉島や七ツ島の漁場に家族ぐるみで、そして学校の先生も郵便局員も卵を生んでくれるニワトリも一緒に通う慣習がつづいたのです。そして海女漁の終わる秋から春にかけて、「灘回り」と称して能登の内浦などを舟住まいをしながら、海産物を米や他の農産物と交換して回っていました。こうした伝統も、戦後は衛生上の問題もあり停止しましたが、こうしたダイナミックでスケールの大きな、そして近現代社会が失って久しいライフ・スタイルがどうして形成されたのか、ということです。

ここで再び宮本仮説を引用しますが、氏は次のようにも述べています。「……漁民（南方系渡来人）文化には、男女共

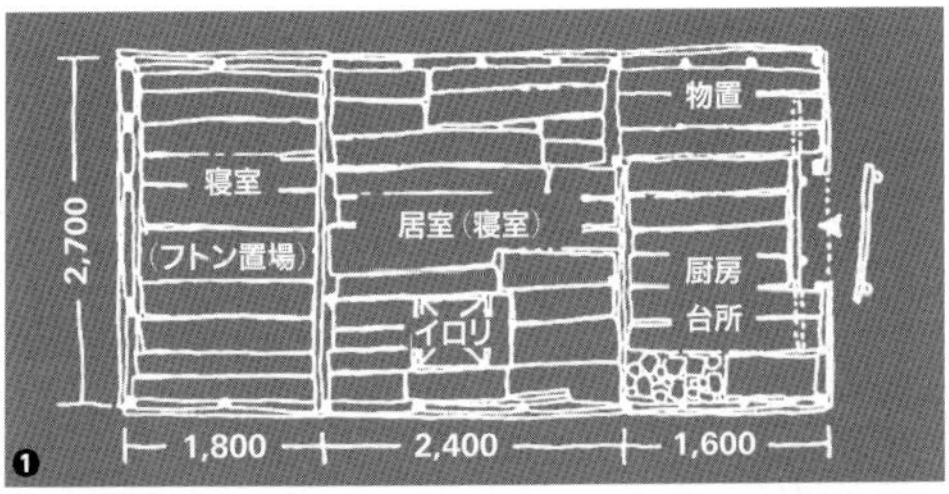

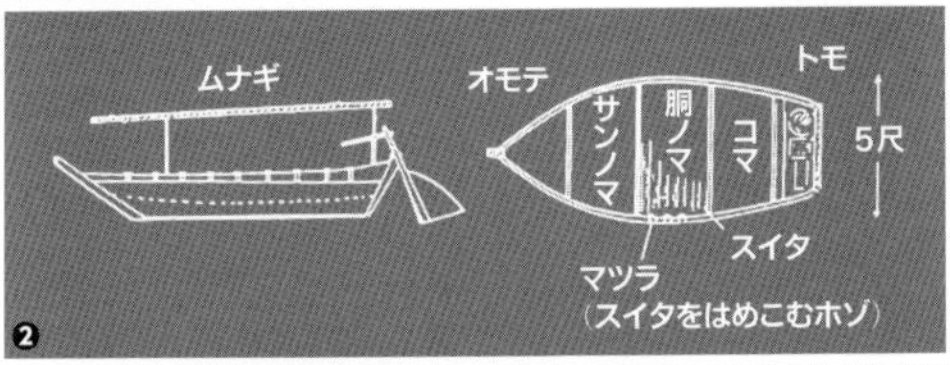

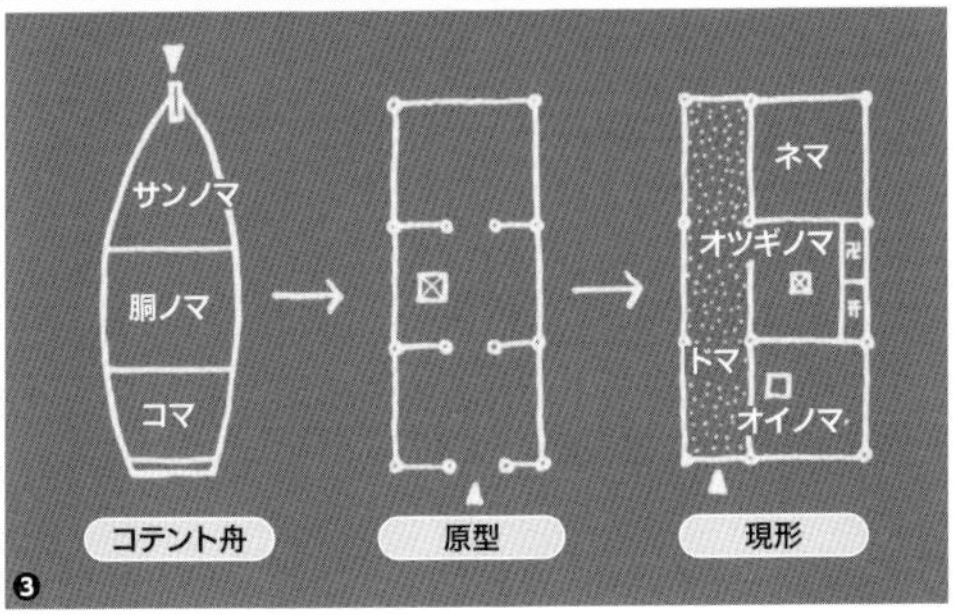

❶海女住居跡
❷コテント舟
❸輪島の海女住居の展開仮説

漁と男漁女耕があるが、このうち男女共漁の文化は江南→朝鮮→北九州というインドシナ系のもの、男漁女耕の文化はフィリピン→琉球→九州というインドネシア系のものであろう。そしてインドシナ系は、筏舟と高床系住居の伝統を持ち、インドネシア系は、丸木舟や縫舟と別棟系の住居の伝統を持つ。前者の文化は、高床式や並列型住居（筆者は直列型としている）と蔀戸などを持つ漁家住宅を発展させるとともに、河川などを介して、蔀戸を持つ商家（の間取り）にも影響を与えたかもしれない……」[★08]。

また舟住まいと言えば、瀬戸内海の中でも尾道市吉和などの家舟も有名であり、今でも見られますが、残念ながら先へ進まなければなりません。

宮本氏は、米の渡来ルートにも触れているのですが、要するに輪島の海女たちも、韓国の済州島の海女などとともにこのインドシナ系のルーツを持つものであることに、ほぼ間違いないと思われますが、こうした文化を運んだのが、日本列島を取り囲む多くの「海廊」なのです。そして例えば北九州からは能登を経て東北まで続くサブ海廊が、それこそ縄文の時代からごく最近まで重要な役割を果たしていました。日本はこうした多くの海廊からの「栄養補給」によって、辛くも独自の文化を育んできたのだというのは、言いすぎでしょうか。そして、その海廊を自由に往来して栄養を運んだのは、海人族や漁師たちだったのです。そして、何度も言いますが、いま本土の多くの人々は、朝鮮半島ばかりではなく本土と沖縄の間の海廊をも忘れようとしています。

そうした意味では、私は、江戸三〇〇年の鎖国は日本人の歴史に重大な禍根を残したと考えています。江戸時代には評価されるべき点も多いと思いますが、江戸時代の文化的な収支計算をしたら、「完全な赤字」だと思います。そして続く明治体制も富国強兵の中で侵略の道を突き進み、ついに日本を世界の孤児ならぬ孤国としてしまいました。つまり日本の近世と近代と現代は、陸封ならぬ「海封された国家」としての歴史だったと思います。

ですから私は、国際化時代の日本の開放とは、「五五年体制の克服」などというレベルなどではなく、「江戸・明治体制の超克」でなければならないと考えています。例えば、民俗学の泰斗柳田國男は、七〇年前の名著『都市と

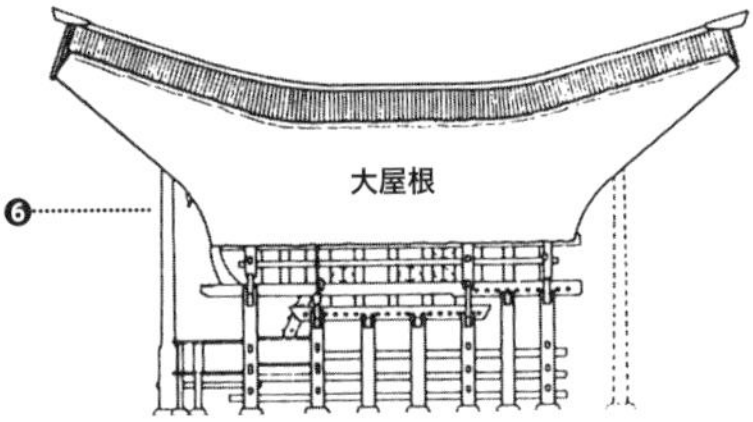

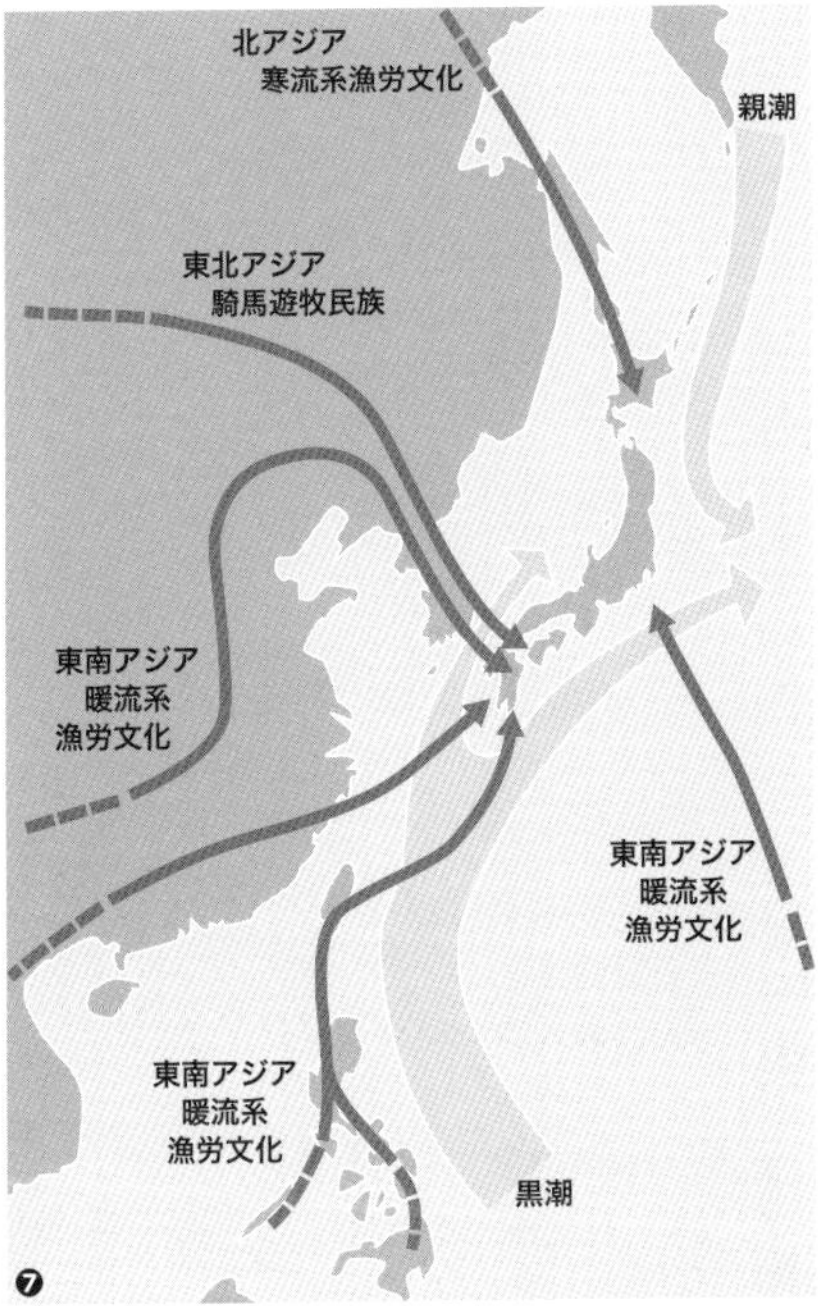

❹中国・華南の船住居（★04）
❺インドネシア・ニアス島の家（★06）
❻インドネシア・トラジャの家（★07）
❼日本列島と巨大海廊

農村』の中でも、この明治体制の克服と「海に親しむ心が大切である」と、強く訴えています。

人類のふるさと＝海の果たした役割

●二本足歩行と家族・住居の誕生

ここでは、ヒトは、いつ、どのようにして二本足歩行を覚えたのか、という難問から入ることにします。これを説明しようとするC・ダーウィンをはじめ多くの学説の中で、これまで私が最も納得したのが、一〇年ほど前に接した「海中歩行による学習説[★09]」でした。

それは要するに、ヒトの祖先は、かつてアフリカの森林からサバンナ（草原）へ直接出たのではなく、その前に「何らかの理由によって」アフリカの海岸もしくは島に長い間止まった、というものです。そして海辺で魚や海藻を採りながら、長い時間をかけて波に漂いつつ二本足歩行を習得したということです。

確かに、この説によれば、「なぜ人間の手（とくに親指と人差指の間）には、水掻があるのか？」、「なぜ人間には、皮下脂肪があるのか？」、「なぜ人間の鼻は、水の入りにくい形をしているのか？」、「なぜ人間は、長い間潜水できるのか？」など、チンパンジーやゴリラなどには見られない多くの人間のみの特質が容易に説明されます。こうした私たちの祖先は、研究者の間では「熱帯のペンギン」とか「ビーチ・ウォーカー」などと呼ばれています[★10]。

ここで本論のタイトルについて、ご理解いただけたと思います。私達人類の大先輩は、約四億年前に海から陸に上がり、そして三〇〇〇～五〇〇〇万年前に再び海に向かい、いまは再々度、新たな局面で海に向かいつつあるからです。しかし、ここでは、この二本足歩行の習得から、私たちの祖先が何を獲得したのかということが重要なのです。

それには、道具の発明や火の獲得、言語の発明と共同の狩りの創出、動物性蛋白質の摂取による心身資質の向上など数多くのものが挙げられます。そして、このような諸能力を獲得した後に、再び食料の豊かな森林へ戻ったらしいのです。さらにこの時期に、つまり共同の狩りが成立した時に、食料確保のための「男女分業」が生まれ、そして男女ともに、その身体にも大きな変化が生まれました。

それは、例えば不規則な獲物を待つために、長いあいだ性的な成熟を保つ必要が生じたということです。それは、性的魅力をいつも表現できること、長い生殖可能期間、短い出産間隔、いつでも性的欲求があること、などです。つまりそれらは、離れている夫婦の関係を安定させるために必要だったのです。

さらにここで強調したいのは、家族と住居の誕生です。すでに述べたように狩りの発明は、栄養豊かな蛋白質をもたらすとともに難問も持ち込みました。それは狩りに出た夫(父)の不規則な帰りを確実に待つことができる「住居」が必要になったことと、子育てを確実なものにするための「核家族」が成立したらしいのです。そしてめでたいことに、ここではじめて、ファミロイド(群れ)からファミリー(家族)へ進化するとともに、「父親の役割」が確立しました。

ここで少し前に戻ります。ヒトの祖先は何らかの理由によって海岸もしくは島に止まったと書きましたが、人類の歴史は分からないことだらけです。この理由を説明しようとする説には、①好奇心の強いグループ説、②弱い「いじめられグループ」説などがありますが、良く分かっていません。

そこで、ここで読者の皆さんにクイズを出すことをお許し下さい。それは①渡り鳥のグループと②海中を泳ぐ魚群の中で、先頭に立つ鳥(魚)はどのような鳥(魚)か、というものです。選択肢は、㋐若い鳥(魚)、㋑ベテランの鳥(魚)、㋒利口な鳥(魚)、㋓熟年の鳥(魚)、㋔せっかちな鳥(魚)、㋕腹が減った鳥(魚)の六つです。正解は、最後の注記にありますので、後ほどご覧いただきたいと思います。

さて、人類のリーダーというのはどのような資質の人なのでしょうか。この解答は、まだ出ていないようですが、もしかしたら祖先と同じように「弱い人」か「好奇心の強い人」なのかも知れません。

●森の中のルーカス（広場）の誕生とその記憶

さて、海辺の暮らしによって著しく成長した私たちの先輩たちは、再び訓練された集団として森林へ戻る能力を獲得し、更に重要な発明をすることになりました。それは、森林での生活を安全で清潔で安心できるものとするために、森の中に「ルーカス」（広場）を発明したことだと思われます。

つまり、森の中で衛生的な暮らしをするには日光が必須であり、危険な外敵から身を守り、そして調理のために火が使え、そして皆が集える広場が必要だったからです。ですからラテン語のルーカス（Lucus・広場）は、英語のLux（光・照度）や独語のRaum（場所）の語源となりました。そしてこの段階ではじめて、今日の私たちの家族や住居、村や町の空間的な祖型とでも言うべき姿が完成することになったのです。

図❽は、ヨーロッパによくある城塞都市ですが、この中心の広場は、文字どおりルーカスであり、私たちの遺伝子に組み込まれた「広場の記憶素子」によるものではないかと思われます。こうした広場については、よく「コミュニティの人々の集いの場」と説明されますが、私の見るところでは、もっと根源的な必要性としての「太陽の光を浴び、火を使う場であり、敵からもっとも安全な場」という説明の方が納得できるように思われます。読者の皆さんも経験があると思いますが、ヨーロッパの街中のアパートなどはとても日当りが良くないのです。それだけにルーカスは必需品となったと思います。

私は、長い間この森のルーカスをよく表現し得る資料を探していましたが、最近やっとそれを探り当てました。それが図❾の写真です。これぞまさしく森の中のルーカスであり、しかもそのルーカスが、住まいそのものとなっているという、森とルーカスと住まいが一体化した「世界遺産」にも匹敵する見事な歴史の生き証人とも言うべきものです。

ここで思い出すのは、中国の円型土楼という中心部に大きなルーカス（共同空間）を持つ集団住居（図❿）です。これは中国の客家（はっか）と呼ばれる中部中国から福建省などの中国南部に入植した人々が、周辺住人との戦いに備えた防備第

❽イタリアの城塞都市（パルマノバ）
❾ベネズエラの森とルーカスと住まい（★11）
❿中国の円型土楼（★12）

8

9

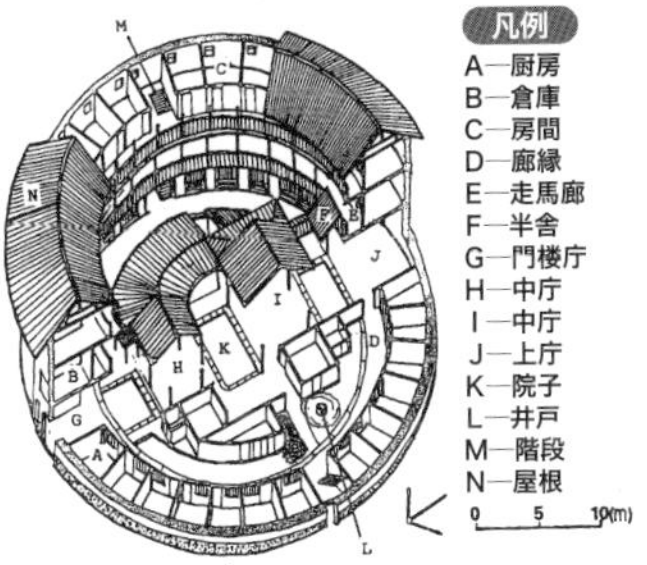

❿

一の円形の集合住宅ですが、ベネズエラ型の住宅が、高密度に高層に発達したものと考えれば、そのユニークな形態も良く理解されると思われます。

ここで突然ですが、生物学者のE・ヘッケルの「生物の個体発生は、系統発生を繰り返す」という有名な反復説を思い出してほしいと思います。私は、人間の体ばかりではなく住まいも、その個体発生は系統発生を潜在的に示していると考えています。このベネズエラの住まいは個体発生したものですが、太古の森の広場の記憶を系統発生的に表現しており、能登の海女たちの現在の住まいも、その出発点となった舟の間取りの記憶を系統発生的に示しているのだと考えています。

そうしたルーカスの根源的な必要性を、古代ギリシアの例から説明してみたいと思います。図⓫は古代後期ギリシアの都市と住居ですが、なぜこのような方格（ほうかく）地割になったのでしょうか。それは、都市計画の理論が発展したからではなく、かなり前の時代から続いてきた地中海周辺の立派なレバノン杉などの乱伐などの森林資源の枯渇とその結果としての「太陽熱の有効利用」のために方格地割だったらしいのです。[★13]

例えば、かの有名な哲学者であるアリストテレスが、以下のように述べているのを知り驚きました。「……都市や住宅は、南面させ太陽光を十分に受けるように、そして北側は寒い北風から守るために窓を設けてはならない」。そして住まいや町の中に、太陽熱の有効利用のためのルーカスを作ることになったのです。ですからいかにも形而上学（けいじじょう）的に案出されたと思われるギリシアの都市国家や住宅の形態も、かなり現実的な必要性から形成されたのです。このようなことは、建築史の教科書には書かれていません。

また私は、ローマにあるアグリッパによって設計された有名な神殿であるパンテオンを見て大きな衝撃を受けました。あの巨大なドームの中心に穿（うが）たれた丸い穴から射し込む天光に輝くパンテオンの内部空間は、まさしくルーカスそのものであったからです。ここでは天空が、穴から建築に侵入し、建築が天空を抱え込むという「天地の入れ子理論」による設計だと思われますし、最新のニュースですが、ファイバースコープによって明日香村で発

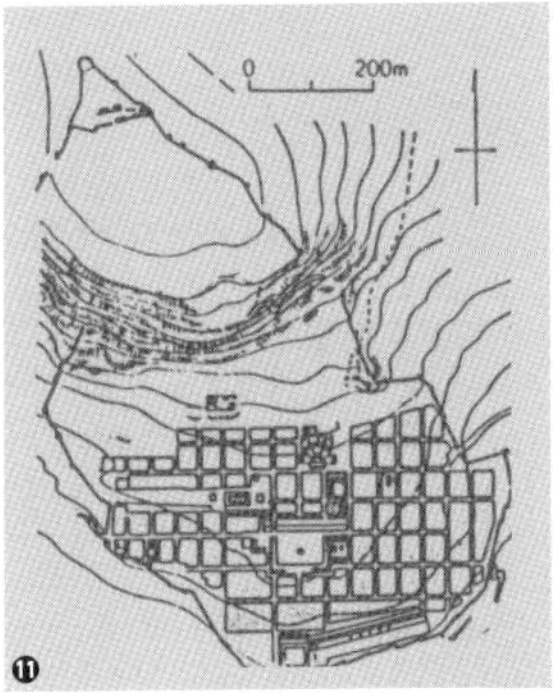

⓫

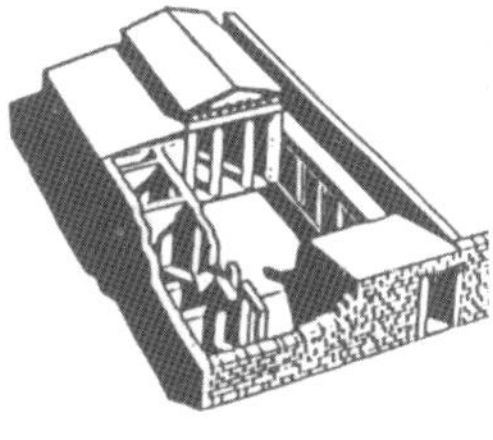

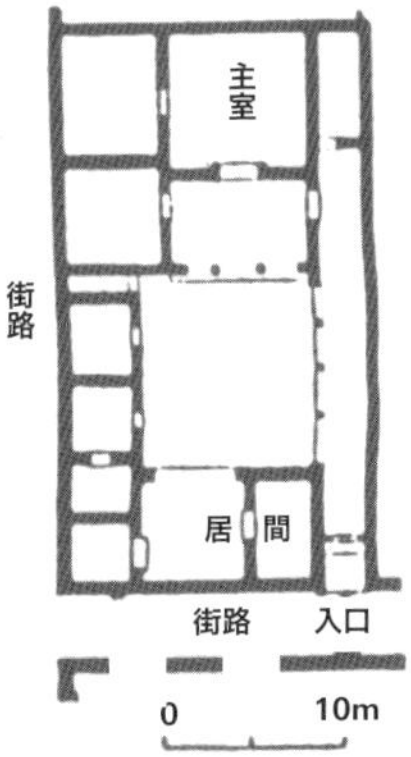

⓬

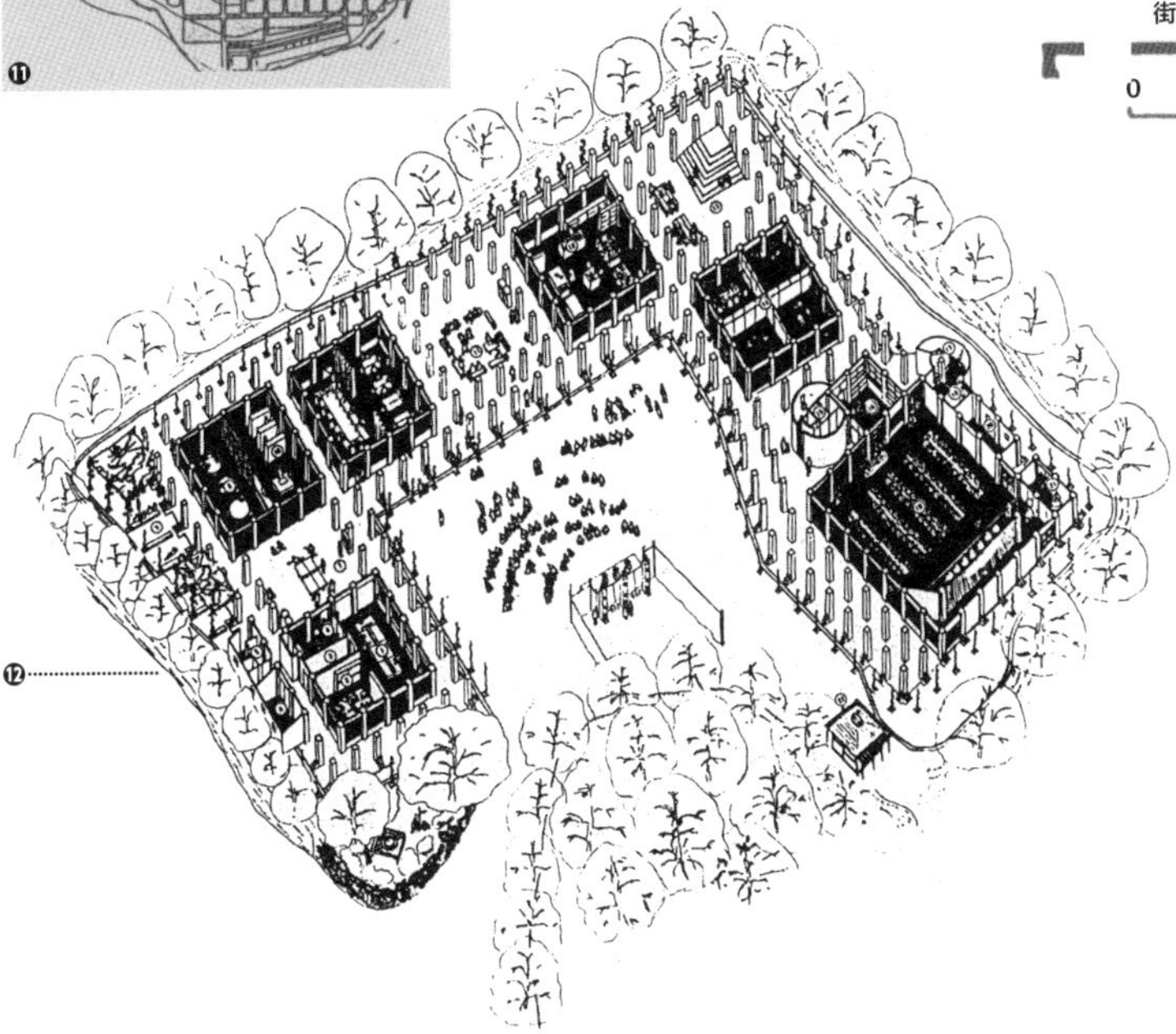

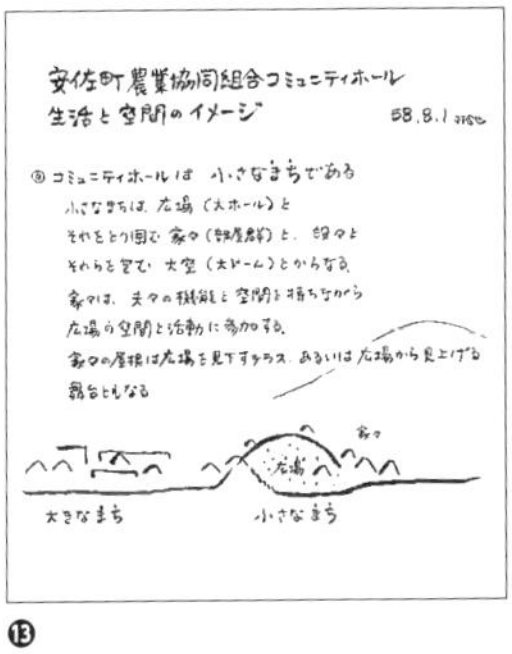

⓭

⓫古代ギリシアの都市と住宅（プリエネ）
⓬今帰仁村中央公民館
⓭安佐町農協町民センターのイメージスケッチとドーム

見されたキトラ古墳（大地）の、見事な星宿図（天空）も、「天地の入れ子理論」によるものと思われます。

さらに、イタリアのミラノ市に一二〇〇年前から総大理石造りで立ち続けるドゥオモの大聖堂やすぐ近くのビットリオ・エマニエル二世・アーケードを見て、またまた独断的な空間解釈をしてみました。それは、聖堂の内外やアーケードとともに、その空間のモチーフは、豊かなサンゴや海藻の生い茂る「海のルーカス」ではないかと言うことです。これは陸のルーカスよりもはるかに古いものです。

また図⓬は、私たち象グループの設計による沖縄県今帰仁（なきじん）村の公民館ですが、この計画においても、その基本的モチーフとなったのは「森」でした。この公民館は、三〇〇本ちかい朱色の柱によって構成されていますが、その設計の主目的は、部屋を配置することではなく、「森林を創り、その中に部屋をしばらく置かしてもらう」ことであったと言えます。ですから、各所にあるミニ・ルーカスの屋根にはガラス・ブロックで星座が穿たれています。つまりこの屋根は、屋根ではなく天空なのです。

また図⓭も同じく象グループによる広島市安佐町農協の町民センターですが、このドームも天空を表しています。館内の天井の各種のライト群の操作によって、天井のドームは、春夏秋冬や二四時間を演出できるのです。

世界の海辺の村と町と「海の記憶」

●イタリアのチンクェ・テーレ＝海帰願望の村

ここでは、日本も含めて世界の海辺の美しい町や村の空間と暮らしを訪ねることにします。はじめにイタリアの海辺の村の衝撃的な姿を紹介したいと思います。

図⓮は、北イタリアのジェノバ市の南にあるチンクェ・テーレ（五つの村）の中の二つの村の風景写真ですが、数年前にフランスの友人とはじめてこの村を訪れた時、私は、絶句しました。標高三〇〇メートルを超すと思われる美しい段々畑と地中海に挟まれた断崖に八〇〇年間屹立し続けるこの村の姿は、「なぜここに、このように住むのか」を機能主義的に説明することを拒んでいると思われたからです。

というよりも私は、「海へ帰りたい」という人間の遺伝子に組み込まれた記憶によらなければ、とうてい説明が付かないのではないかと考え込んでしまいました。まさに森(山)と海が総てなのです。この村が最近「世界遺産」にノミネートされたらしいという情報に接しましたが、むべなるかな、という思いです。

●山口県・島戸浦＝来訪神型の空間

山口県のひびき灘に面する豊北町の島戸浦という漁村集落の空間構造を調査して、その見事なシステムに感心さ

⓮チンクェ・テーレの村
矢印のところに集落がある

せられました［1-3図❶・❹参照］。その背骨ともいうべきところに、馬場と称される大きな道が作られ、そこに肋骨のように集落を一周する蓮楽道（れんがく）という小路がついてきます。そして、この馬場では、祭りの時には流鏑馬（やぶさめ）が行なわれ、また神輿が八幡宮から出発して集落を一巡して、最後にこの馬場から海へ飛び込んだということです。このような漁村の空間には、海からの恵みや神々を受け入れるというか、待ちこがれるというような意味と構造があるように思われます。日本ばかりではなく外国でも、いわゆる「竜宮信仰」がみられますが、こうした漁村の姿は、竜宮への憧れや「来訪神」を迎え入れるような構造を持っていると考えられます。

●サン・ディエゴの海上集落＝マリン・タウン

さてここでは、唐突ですがアメリカ・カリフォルニア州のサン・ディエゴ市の海辺風景を紹介します。私は幸いにも、この湾内をハーバーポリスに案内してもらうことができましたが、沿岸一面に展開されるマリーナやハウスボートの姿に圧倒されました。

この湾内だけで、約三〇〇〇隻のヨット、ボートが収容されていますが、この風景を見ると、海洋レクリエーションなどというレベルを超えた、現代人の中にある「海への執念」とでも言うべきものを感じさせられます。また不法入国のボートや係船料を払わないボートも多く、時々そうした手作りのハウスボートが転覆・沈没するということでしたが、そうした人々を追い出しもせずに、ゆう然と構えているアメリカ市民の様子にも感心しました。

●マレーシアとフロリダの海上集落＝次の豊かさの予兆

ここに二枚の写真があります［図⓯・⓰］。この二枚には、何の脈絡もありませんが、しかし、「海の中に住みたい」という思いは、文明の度合いを超えて共通しているようです。とくにマレーシアの海上集落の姿は、先進国の物質的な豊かさの次に来るであろう「次の豊かさ」の兆しではないかという気がします。その豊かさとは、土地や財産のしがらみから解放され、地縁ならぬ海縁社会として融通無碍（ゆうずうむげ）に生きるコミュニティの姿です。

こうした暮らしを、現代人は、多くの費用をかけて例えば東南アジアのリゾート地などで体験するのです。またフロリダのものは、海底資源の採掘にからむ不法建築だそうで、二一世紀にはいっさいの更新は認められないとのことでしたが、現場を見た私は、未来への実験としては、かなり意味はあるのではないかと思っています。

●スリランカの漁師たち＝平等と競争の社会

私は、これまでいろいろな漁法を見てきましたが、こんな不思議な漁法は見たことがありません［図⑰］。ガイド・ブックをみても、なぜこのような漁法を取るのかの説明はありませんでした。この漁師たちの暮らしぶりは、とても豊かとはいえないようでしたが、この釣りのイワシのような獲物は高価なものらしく、すぐ仲買人らしき人が買い集めていました。私は、この風景を見て、これは貧しい漁師たちが、海の資源を平等に分けるためではないかと想像しました。もっとも平等といっても、釣りの実力だけは平等ではありません。例えば、この小さな魚を網で採ることも可能だと思いますが、そうしないのは、労働機会を均等にしよう、という狩猟・採集文化の特

⑮マレーシアの海上集落
⑯フロリダの海上集落
⑰スリランカのスティルト・フィッシング（杭上釣り）

質ではないかと思われます。

そういえば千葉県の海女漁村を訪ねた時も似たような話を聞きました。ここは花の栽培もあり豊かな漁村ですが、夏の海女漁もアクアラングなどをつければ、短期間に漁獲が終るのですが、「夏の間皆んなで楽しみながら暮らすには、素潜りで少しずつ採るほうがいい」ということでした。

●アムステルダムのハウスボート＝新漂河民(ひょうか)

アムステルダムを訪れた私は、幸いにもタクシーの運転手と仲良くなり、その友人のハウスボートを訪問することができました。中は2LDKていどの広さで約一五〇〇万円ていどだったと思いますが、古い風車の前にあるこのハウスは快適でした。

住人は若い夫婦でしたが、ここが当たるまで随分待ったそうです。ここには公営で電気、ガス、水道などの設備が整っていますが、こうしたハウスボート世帯は、アムステルダムだけで、約二万世帯もあるそうです。こうした政策は、土地条件に恵まれないオランダならではという気もしますが、しかし住人は、むしろ水上生活を積極的に楽しんでいるようです。そして本格的なボート式のハウスは、気が向けば、自分の好きな場所へ移動もできます。

こうした風景はパリのセーヌ川にもありましたが、文明の進化を「海から→陸へ」、「山から→平野へ」と捉えるのが一般的ですが、アメリカの例も含めて「海から→陸へ→再び海へ」、「山から→平野へ→再び山へ」という新しい図式が描かれるように思います。

漁港・漁村の知られざる役割

●ルーカスのモデルとしての漁港空間

①――山口県・牛島（うしま）の波止（はと）＝ミニ・ルーカスの集合体

いまから三〇年前に、瀬戸内海に面した大学に赴任した私にとって、牛島の波止の風景は衝撃的なものでした［5-5図❻］。この波止は、島の漁師たちが江戸時代末期から明治にかけて、近隣の組ごとに自ら石を積み上げて築いたものですが、大小十数個の波止が並ぶ風景は、箱庭のような美しさと躍動感にあふれていました。

この波止で漁師とその家族たちは、漁船の係船、修理（干潟を利用して）、荷揚げ、漁具の繕い、網干し、魚洗い、魚の乾燥から談笑や酒盛りの場、主婦や子供たちの遊び場、海水浴場、物干し場、波止端会議の場ともなって、およそ集落における寝ること以外のすべての行為が見られました。それぞれの波止が、文字どおりコミュニティのためのミニ・ルーカスとなり、それらが集合して大きなルーカスを形成していたと言えるでしょう。しかも自力建設による素朴で逞しいルーカスです。

そしてラジオやテレビが普及するまでは、ここで村の古老から昔話や彦八（ひこはち）話（作り話）を聞いて胸をおどらせたそうです。そして当時でも漁師たちは、女房たちの前で船を繕い、子供たちは母親の前のスベリ（斜路）で海と戯れることができました。これは、もう「現代のユートピア」としか言いようのない空間なのです。さらにこの波止の形状は、沖からの波を止めるのに実に合理的な形であったということでしたが、その後漁船の大型化もあり、残念ながらこの波止は埋め立てられてしまいました。

いま都会では、このようなルーカスを享受することはほとんど不可能です。しかし、ほとんどの漁村には、こうしたルーカスが見られますし、近代化された漁港においても子供たちが元気に遊ぶ姿を見ることができます。

②――京都府・伊根浦＝ルーカスとしての内湾

この漁村は、私が建築デザイナーになることを諦めて、漁村研究を志す機会を与えてくれた伊根という漁村です。この舟小屋群の見事な景観に接して、建築デザイナーという仕事に付く気を喪失してしまったのです。以来何度もここに足を運んでいますが、この景観は「世界遺産」に登録されてもいいのではないかと思われるほど、美しい景観がいまでも保全されています[1-2]。

この湾で行なわれる祭りも見事ですが、かつては、ここで捕鯨も行なわれていたということです。そして沖で鯨を発見すると湾内に追込み、大勢の漁師たちが何隻もの漁船に分乗して鯨を射止めたのです。その時には、村人が総出でカガリ火を焚いて、見守ったということです。世界を見渡しても、これほど見事でドラマティックな「海のルーカス」を知りません。

また私たちの研究によれば、かつてこの村には、陸上の道がなかったと想定されました。とすると往時の村人たちは、小舟で往来していたことになります。こんな奇想天外で美しい海辺の村が日本にあったということを想像するだけでも、楽しい気分になります。

③——北海道・追直漁港＝都市と共生する海のルーカス

ここでは、北海道で建設されている新しいタイプの漁港を見ることにします。これは近年の「つくり育てる漁業」への転換を目指し、また都市型漁港の特性を生かして、市民と共生する漁港・漁村づくりを目標としたものです。沖合には人工島が建設されつつありますが、ここでは静穏海域を利用したホタテ、ウニ、クロソイなどの増養殖支援基地が作られます。さらに陸地部の「ふれあい漁港」では、公園、広場、直販施設、シーフードレストランなどが作られています。

私がここを訪れた時には、オフシーズンでしたが、天然の磯場を残した親水護岸で、なんと市の消防署員の潜水訓練が行なわれていました。夏場は子供たちの元気な歓声の聞かれるところなのですが、多様な機能を持つ漁港が、いろいろな市民に活用される姿を見る思いでした。

おそらく二一世紀に、こうした本格的な共通社会資本としての、また市民を海へ誘う門としての漁港づくりが推進されることによって日本の海辺都市は、経済・効率追求一本槍の無味乾燥な都市空間から、より多様で複合的な暮らしができる空間を獲得して行くことになるものと思われます。

●ルーカスのモデルとしての沖縄集落

沖縄北部の集落は基本的に海辺集落なのですが、そこに展開される暮らしも含めて日本の海辺集落の原型であることが理解されます。まず住宅ですが、屋敷の隅や屋根に守護神としてのシーサー(獅子)が置かれるのです。そして家の神や客人を迎えるヒンプンは、原則的に南に向かって置かれ、奥の仏壇と一直線上に並びます。家の主柱は、この仏壇の右側に置かれ、ここを起点として室内の空間は、西から東へ向かって三番座→二番座→一番座というように聖なる東方(ニライカナイ＝竜宮)に向いて、いわばハレの空間が置かれるのです。

集落の空間も基本的に同じ空間原理によって構成されます[1-4図❸]。まず集落は、祖先神の棲むクサテムイ(腰当森)によって風雨から保護され、生命の水を授けられます。そして集落の隅にもシーサーが置かれます。さらに集落の中心にニライカナイから来訪する祖先神の道といわれる海側の南からクサテムイのある北へ伸びる中道(神の道)とこれに直交するスージと呼ばれる小道群によって、集落空間の骨格が形づくられます。

さらに神の道には、神々が休息する小屋や人々が神に祈る場所が配置され、ここにさらに人々の多目的な広場も作られる場合が多いのです。住まいと村の「入れ子構造」です。沖縄の優れた地理学者である仲松弥秀は、これを「祖先への祭祀形態としての村」★14と呼びましたが、私は、沖縄の集落は「来訪神型の空間」としての基本的で見事なモデルではないかと考えています。

海辺に新しいルーカスを

●情報社会と新・狩猟採集型文化の創造

ここでは、本論の結論を導くための仮説を提起したいと思います。表⓲は、人類の狩猟・採集文化から農業・工業文明を経て高度情報化社会に至るライフ・スタイルを、「資源配分」、「交通形態」、「家族関係」、「空間構成」というカテゴリーによって、実際はこんなに図式的なものではありませんが、仮説的に整理したものです。こうしたフレームからみますと高度情報化社会におけるライフ・スタイルは、驚くほど狩猟・採集社会に似ていることが分かります。いうまでもなく情報社会における価値の算出は、基本的に農業における耕地や工業における工場のような定点性を持たないばかりか、過去の経験や資本の蓄積は、相対的にその役割を低下させます。ここに、女性や若者の価値生産への参入を容易にする情報社会の特質があります。しかも、その価値は「見えにくい」ものです。こうした特質は、狩猟・採集社会の特質と良く似ています。

例えば、大学生が八畳の下宿で中古のパソコンで企業のホームページを作り、父親の倍の所得がある、という例は少なくありません。彼らはこれを、「タタミ・インダストリー」と呼んでいます。詳しく述べる余裕はありませんが、このような情報社会の姿は、家族が土地を私有せず、若者が率先して、家族が総出で役割を果たしつつ、常に移動しつつ「見えにくい獲物」を求めていた狩猟・採集・遊牧社会を彷彿（ほうふつ）とさせるものです。

そして高度情報化社会は、私有財産制を実質的に無化するのではないか、と思われます。つまり農業・工業文明では、食料の備蓄や土地や資本の集積がパワー・ポリティクスの源泉でしたが、情報の蓄積は「情報の陳腐化」を意味し、社会的パワーとはなり得ないからです。その意味で、かつての力を取り戻すべく、英語とドルと情報システムの力によってグローバル・スタンダードを推進するアメリカの戦略は、その評価は別にして、さすがと言うべきです。それに比すれば、日本の世界戦略は、いまだにD・マッカーサーの時代から少し成長してようやく

「高校生」と言うところでしょうか。

さて、かつての狩猟・採集社会において家族は、「生産と消費の単位」でしたが、その後の農業文明で家族は「生産の単位」に、工業文明の中では「消費と偏差値の単位」に矮小化(わいしょう)されてしまいました。ですから私は、高度情報化社会において家族は、再び「情報の生産と消費の単位」として再生する可能性を秘めていると考えています。かつて、M・マクルーハンは、「高度な電子・情報技術は、未来社会を部族的（New Tribe Society）にする」と言いましたが、なるほどと思われます。

ここで、今日の家族問題を少し考えてみたいと思います。いま家族について語る論者の中には、絶望的な論調を展開する人が多いのですが、しかし、先にも触れたように、私の見るところでは、数百万年の歴史を持つ家族は、形は変わりますが、そう簡単に崩壊しないと思います。しかし、いまの状態を放置するわけには行きません。そのためには、家族が生まれた時の状況、つまり生産単位に矮小化された農業時代でもなく、消費単位に矮小化された工業時代でもなく、家族が総員で力を合わせて生きた狩猟・採集型の新しい文化を取り戻すことが求められて

カテゴリー／時代	資源配分（資源、配分、生産）	交通形態（移動、通信、情報）	家族関係（家族、親族、共同体）	空間構成（住居、集落、都市）
狩猟採集社会	invisible 生態的 食料　移動産出	常時移動　言語 徒歩　火力	ゆるく“豊かな”結合 産消単位　老人 経験・知恵＝権威	移動・散在・海山 移動型住居・集落
農業社会	visible　有機的 食料　定点生産	定点発信　文字 馬車　水力	きつく貧しい結合 生産単位　男 食料・武器＝権力	定住・集住・平野 定住型住居・集落
工業社会	visible 無機的 資本　選択立地	原料移動　電波 原動機　電力	きつく豊かな結合 消費単位　核家族 資本・原料＝勢力	移動・集住・埋立 転住型住居・都市
情報社会 New Hunting & Gathering Age	invisible　動態的 生き方　遍在的創出	相互移動　記号 多様化　ソーラー	ゆるく豊かな結合 産消単位　女性子供 付加価値＝権威	適疎・沿海・山野 臨機型住居・都市

⑱文明の段階とライフ・スタイルの変遷

いると思います。なぜなら、すでに触れたように家族とは、「文明の産物」ではなく、「文化の産物」だからです。例えばスペインの優れた哲学者であったJ・オルテガは、狩猟人について次のように語っています。

「狩猟人は、高度に個性的な生活をしている。……は余暇があり、寛大で、親切である。財産や子供を貯めこまない……狩猟人は、油断しない人間であり、彼らの関心は、有用性のある対象にのみ関心のある他の職業人とはちがう。例えば農業人は、穀物の成長とか果実の成熟にのみ関心があり、その他のことには関心を持たない。その結果、農業人は、自然という完成品の外にいる」。

そして近代家族は、男と女というジェンダーによる断絶や大人と子供という世代断絶をもたらしました。さらに近代家族は、子供の保護システムであることをやめ、老人を邪魔者あつかいするようになりました。そして家族は、主として経済や功利的な目的で形成されるようになりました。ですから、所得機会が著しく多様化した今日では、経済目的以外の「人間らしい家族の目的」を持たなければ、家族の崩壊が進むのは避けられません。そこで探し求められるものは、食料ではなくたぶん「新しい食料＝生き方＝自分のライフ・スタイル」ではないかと思われます。そして家族は、その時代の状況に個人と家族を対応させるべく、機に臨んで離合集散する「臨機型家族」になると思われます。

さて、ジェンダーに関連した余談ですが、「シャドーワーク（無償の労働）を強いられる家庭の女性」というジェンダー批判があります。しかし、わたしは、この家庭の女性のシャドーワークより大きなシャドーワークがあると考えています。それは、「家族と共同体のシャドーワーク」です。詳しく触れることはできませんが、例えば阪神淡路大震災では、「家族と共同体の働き」は絶大な力を発揮しましたが、この力は「当たり前」ということで、何ら正しい「報酬」を受けることなく今日に至っています。そして今日でも仮設住宅で孤独死を迎える人が後を絶ちませんが、彼らや彼女たちも「家族の一員」として「共同体の一員」としてあの大震災と戦った勇敢な人々だったのですが、何ら報われることなく死を迎えているのです。

さて、資源配分とは、「個人や集団の目的達成や要求充足の手段としての資源配分や獲得の形式」のことですが、この資源（所得税など）配分の変化は、必然的に社会の規範や常識を変化させ、時には革命的に変化させる、というのは家族社会学の常識です。この社会規範の基本は、「出自（しゅつじ）規則」と「居住規則」ですが、出自規則の変化は親子・親族関係を、父系社会から母系もしくは選択的な社会へと変化させます。これは栄養学的にも証明されています。さらに居住規則の変化は、親子の居住関係を同居から近居などと変化させて、社会の「静かな革命」に至ります。

しかし、この常識を知らない人が、とくに男性や指導者に多いためにいろいろなトラブルが起きるのです。

さらに、資源についても触れる必要があります。ここでいう資源は、古典的には「食料」、「土地」、「貨幣」、「資本」といったものですが、情報社会では「時間」、「空間」、「情報」といったものが大きな意味を持つようになります。そして、この資源性の変化は都市・農村を問わず全国的、国際的な広がりを持ちます。

最後に情報社会における高齢者の権威について触れることにします。すでに明らかなように、情報社会では仕事の場面での出番は、残念ながら少ないのです。しかし、世界戦略などと縁のない地域に固有な暮らしを生きる経験や知恵は、十分にあります。それが老人の権威として復活すべきなのです。そうした老人たちを、孫との交流やボランティアや畑仕事の楽しみから追放して、腰を曲げながらの、つまらぬゲートボールに追いやる日本は、まことに貧困な国だと思います。

●海辺の町・村と来訪神信仰

ここでは、すでに見てきた日本の海辺の町や村の空間と暮らしをモデル化して、農村と比較しつつ、その原理的な仕組みを考えてみたいと思います。

沖縄の北部の集落モデル［1-4図❸］は日本の多くの海辺集落モデルでもあります。また図⓳〜㉑も同じ空間構造であることが分かります。私は、こうした空間の原理を「来訪神型空間」と呼びたいと思います。これに対して農村集落は、「産土神型空間（うぶすながみ）」と呼べると思います。これは、図㉒を参照していただきたいと思いますが、要するに「土を生んでくれた地の神」を中心に構成される空間という意味なのです。ここでも、村の中心に地の神を祭るルーカスがあります。

この点から見れば、古くから天然の入江や津と呼ばれた港は、海からの神々を迎える門＝シンボルであり、その背後の集落も含めて素晴らしい伝統的なウォーターフロントであるということです。ですからウォーターフロントは、欧米の専売ではありません。その世界一のシンボルが、厳島神社なのです。

別な表現をすれば、こうした海辺の空間とは、海の神や宮の加護によって造営され、維持されてきた村や町の神社の総称（海辺のミヤコ＝宮の棲む所）であり、神々と向き合う暮らしの節度と仕組みが存在する空間のことではないかと思います。つまり「ミヤコ」とは、その大小に関係なく、むしろ漁村や農村には、雑多な中心都市と比較しても海辺や野辺の「ミヤコ」としての品格を備えた所が多いと思います。それればかりか、私は、「都」の語源は、こうした海辺や野辺（産土神）や山辺（来迎神）の神々に祝福された集落のことであったろうと想像しています。

例えば、厳島神社は、平安末期に平清盛によって造営されましたが、その後も源氏にも足利氏にも豊臣秀吉によっても庇護されて今日に至っています。私は、この長寿の秘密は、民衆の中に生きる来訪神型信仰とその空間を神社として借用することによって、この空間を造営したからではないかと想像しています。

●海辺に新たなルーカス（広場）を

もう結論に進まなければなりません。いま人類に栄養補給をしてきた世界の海と山は病んでいます。このままでは人類の未来は危ういでしょう。その危機を避けるためには、私たちは、新しい暮らしと産業を構築しなければなりません。そのためには、どうしようもなく堕落した現代都市を再生させるためにも、私たちの遠い祖先が、老若男女を問わず個人の力を出し合い共同して、生き生きとして「見えない獲物」と豊かな暮らしを求めて築いた

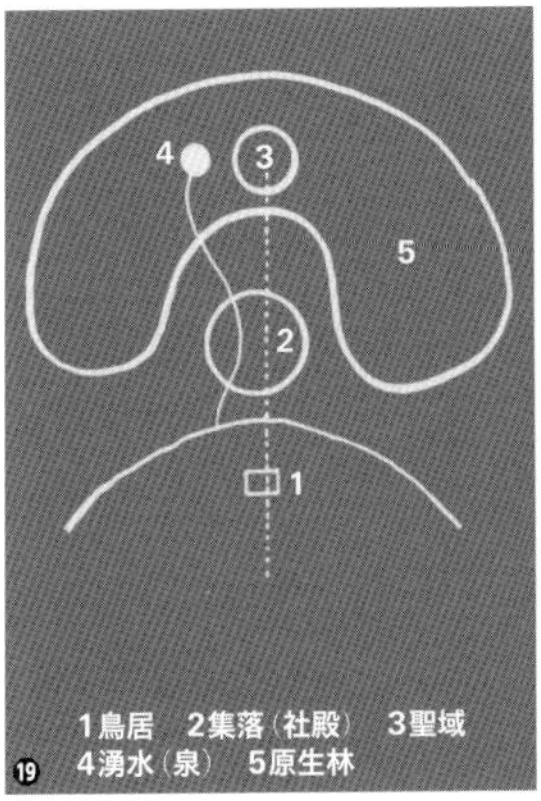

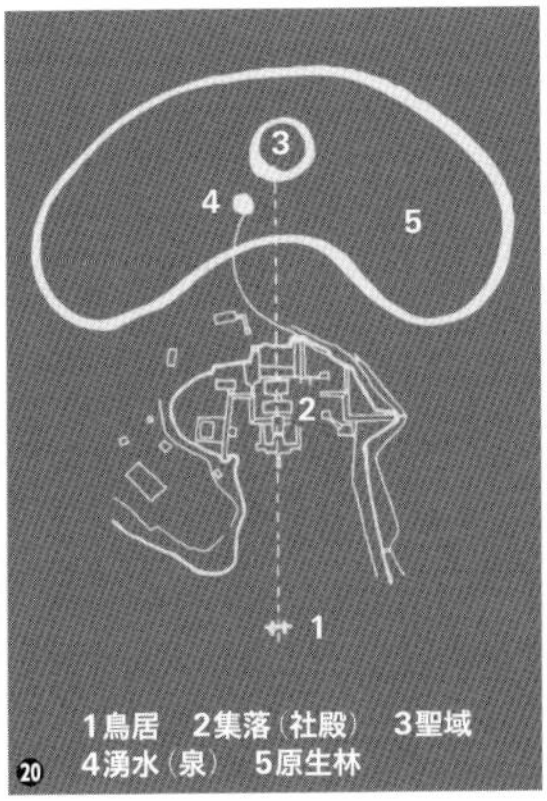

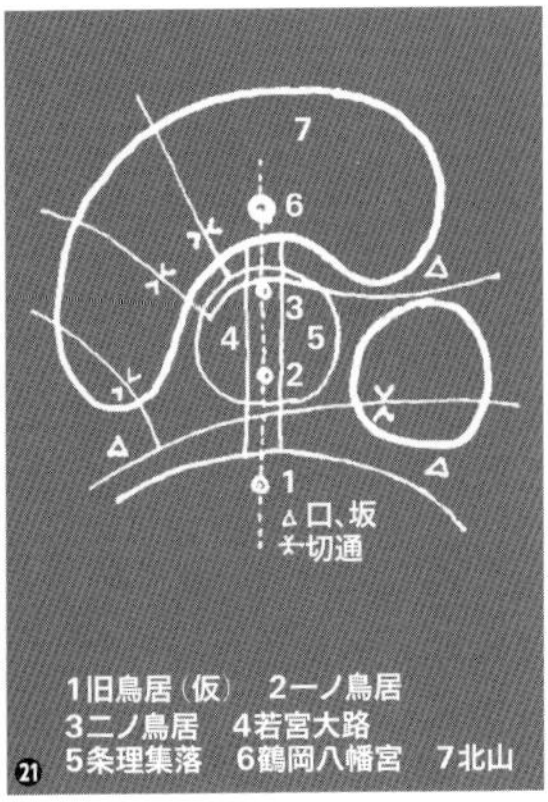

㉒

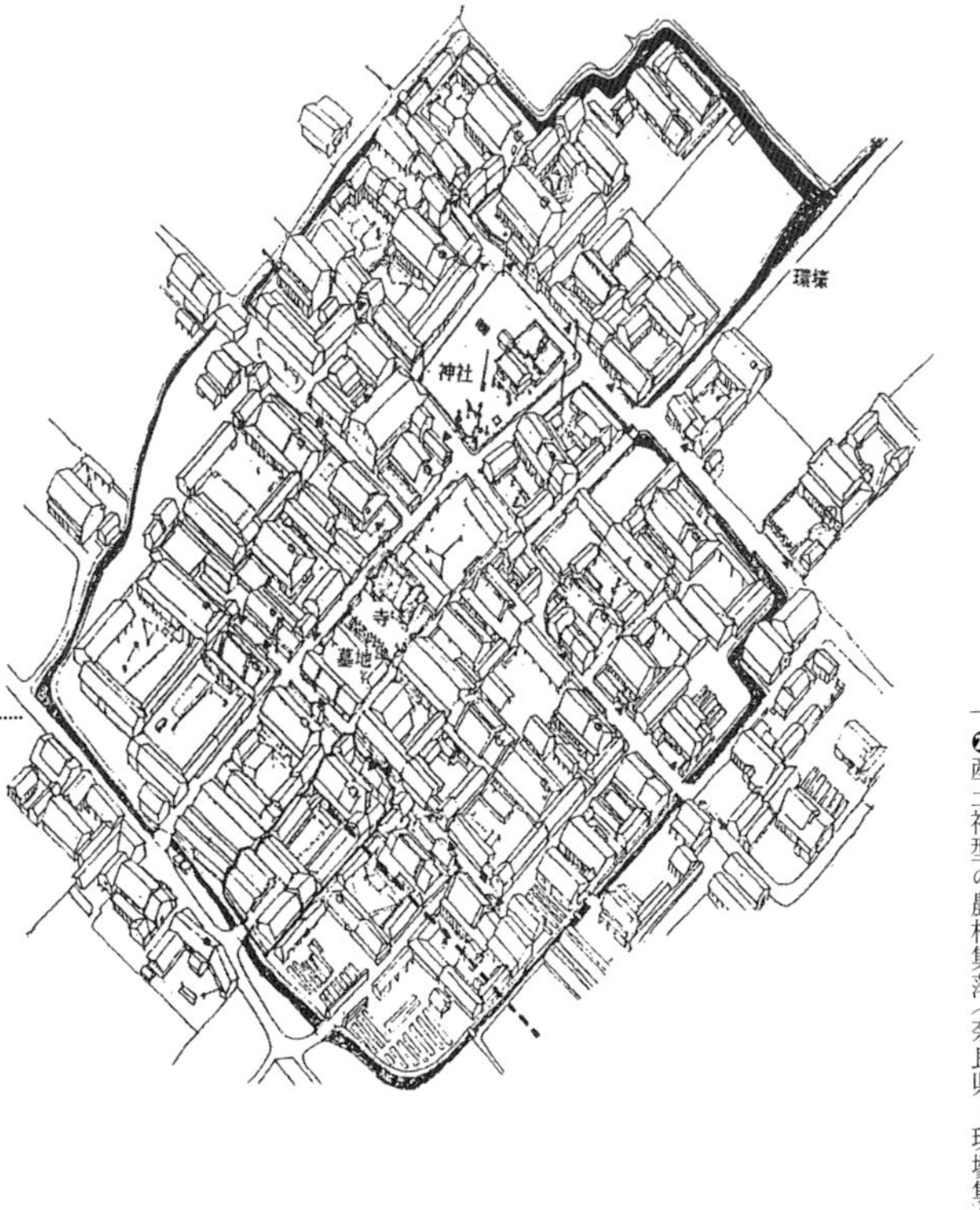

⓳海辺集落の空間モデル
⓴厳島神社の空間モデル
㉑鎌倉市の空間モデル
㉒産土神型の農村集落（奈良県・環壕集落）

かつてのような家族（人間関係）と新しい村や町と広場（空間）を、海辺と山辺に再構築しなければなりません。そのためには農業と工業に関する大胆な改革も必要でしょう。詳しく述べる余裕はありませんが、農業にしても工業にしても、土地や資本の私有による自由競争のみを優先させる思想には、人類の未来はないと思います。ですからその思想を、少なくとも九〇度転換して、土地や資本は私有制であっても、その持続的共同的な利用を優先させる思想と仕組みを作る必要がありますし、その兆しはすでに表れています。

そして動物性蛋白質の供給にしても、人口爆発の中では、長期的には海の蛋白質による以外にないと思われます。そのためには、例えば栄養豊かな大量のハマチ群を、訓練されたイルカによって日本海などに「放牧」し、食料危機にある地域へ誘導するというような対策が有効となると思われます。そういえば、先のサン・ディエゴ市には、アメリカ海軍の機雷発見のための「イルカの訓練基地」がありました！

さらに付言すれば、二一世紀の最大の産業は、たぶん「平和創造産業」となるでしょう。それは、ＰＫＯ（平和維持集団）などという遅れ馳せの活動ではなく、また平和研究というレベルでもなく、ＰＭＯ（Peace Making Organization・平和創造集団）となるはずです。そのために若者と女性、老人の果たす役割は無限です。そして沖縄や広島・長崎は、絶好の拠点になると思います。そして、すべての産業と暮らしを「愛と平和」、「環境と共生」というフィルターをとおし、再編することです。農林漁業も、国内の食料安保と国土・環境保全のみならず、発展途上国などへの支援をとおして立派な平和創造産業になり得るものであることは言うまでもありません。

そのためにも、そうした時代に相応しい環境が必要です。さて、その環境の中核となるのが、海辺と山辺の広場・新しいルーカスです。それはたぶん、そう変わったものではなく、古くて新しい中間的な領域、つまり人間が危険にさらされる大自然でもなく、自分の殻に閉じこもるプライベートな空間でもなく、かつての広場と同じように、つまり私たちが歩いたり、見たり、触れたり、集まったり、語り合ったりできるヒューマンな寸法で作られた海と山の記憶が生きる広場とそれを囲む町や村なのです。

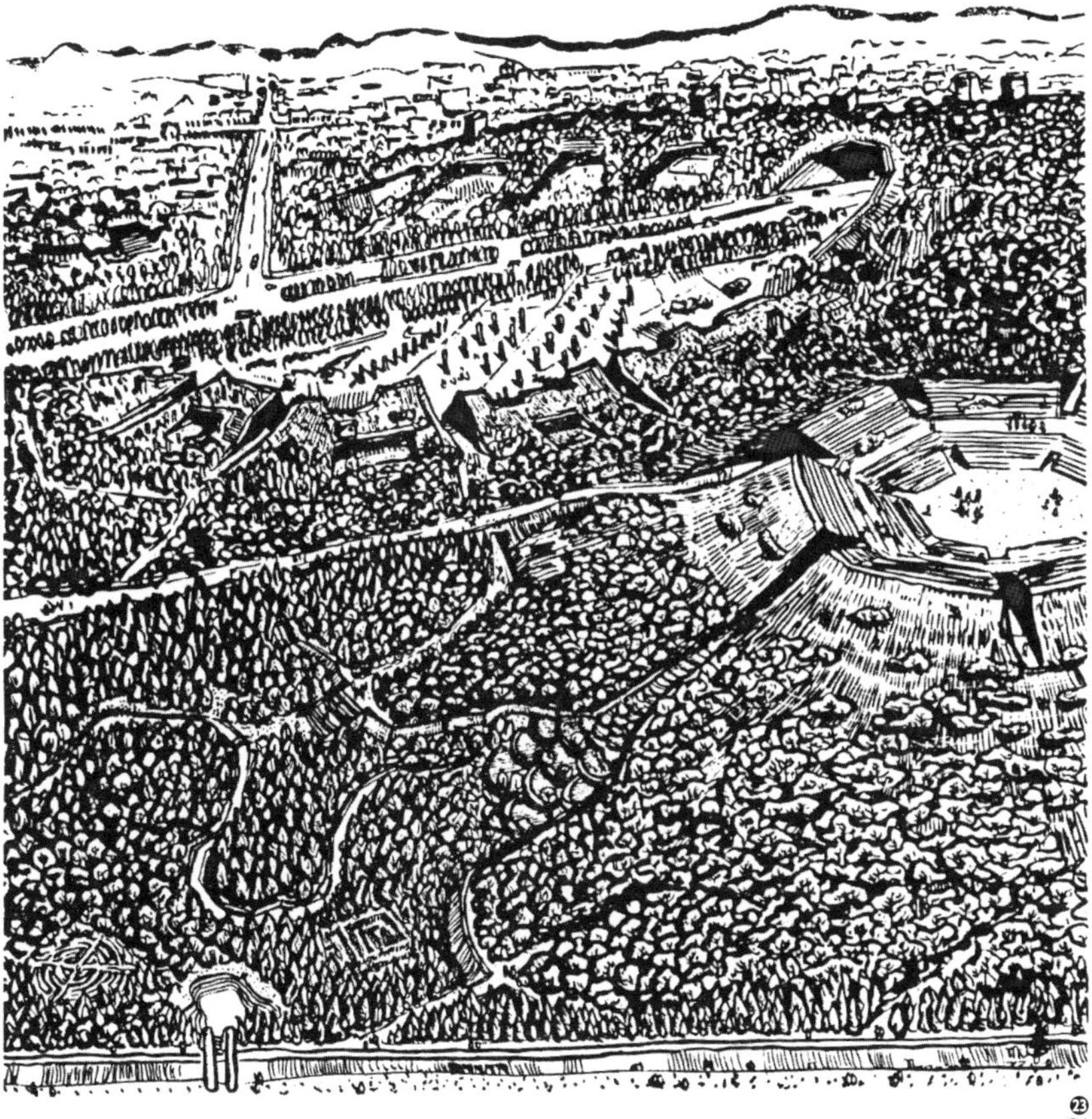

㉓21世紀の海辺の森とルーカス（★15）

そして、そこには豊かな木々や花の密やかな匂いが感じられ、人々がいつでも海のさざ波や川のせせらぎに触れ、そよ風を楽しむことができる空間なのです。さらに必要ならば、いつでも世界の人々と、インターネットをとおして平和について語り合えるルーカスでもあるのです。その新しい広場は、海と山と世界の人類を再び結び付け、人類に新しい活力を与える空間となるでしょう。あの日本海の重油流出事故では、大勢の若者たちがボランティアとして漁師たちと共に頑張りました。そのエネルギーは、「人類は二一世紀の海辺に新しいルーカス（広場と森）を創造するであろう」という確信を、私に与えてくれました。

そしていま、社会資本論も国際的にもまったく新しい展開を見せています。それは、官僚的、土木的発想から大きく飛躍して、「自然環境」や「愛と信頼」「地域と文化」などが共通社会資本として評価されつつあるのです。

さて、私たちの先人は、海のかなたから魚を引き寄せる「魚付林（うおつけりん）」という素晴らしい発見をしてそれを育成してきましたが、二一世紀の新しいルーカスは、魚付林というよりは新しい「人付林（ひとつけりん）」と新しい「海港（かいこう）——海辺ルーカス」を創造する可能性がありそうです。それは、次のような夢想があるからです。

かつてイルカやクジラたちが、陸上生活の後に再び「なつかしい海」に戻ったように、あと千年もたったら私たちの子孫は、「新型のエラ」を持つ「新たな両性人類」となって、再び海中を漂い、海のルーカスと陸のルーカスを往来するのではないかと思われるからです。それは、地球の温暖化や環境ホルモンに苦しめられた私たちの子孫が長い時間をかけて、母の胎内（海）で遺伝子の記憶からエラを発達させて、危機的な地上ではなく海で暮らす術を身に付けることになると想定されるからです。「イルカ語」（？）を研究する生物学者キャスリン・ドゥジンスキの姿は、十分にその可能性を示していると思われます。

それは、たぶん「人類の海への四度目の旅」と呼ばれることになるでしょう。

おわりに――二一世紀のことなど

まず、この「暴論」の掲載を心良くお引き受けいただいた東京水産振興会に、深く感謝をしたいと思います。本論の掲載によって、本誌の評価が下がらないことを祈るばかりです。稿が進んでから、この論文のジャンルをどうしようかと悩みはじめました。例えば、海洋民族学や海洋民俗学をはじめ海洋文明論や海洋国家論、あるいは海洋建築・集落論・漁港・漁村論などがありますが、どれも、この一〇年間考え続けたイメージに相応しくないのです。結局のところ支配者的論理になりがちな文明論でもなく世間の狭い建築論や漁村論でもなく、とんでもないことに「新しい人類学」を構想することになってしまいました。

その多くは、たぶん長い間接した能登の海女家族が忘れられなかったからだと思います。例えば、本文では紹介されていませんが、結婚はほとんど恋愛結婚、きわめて低い離婚率、季節的に離合集散する元気な家族、届けのいらない島の分校への通学、家賃タダで借られる島の家、漁閑期に料亭やバーで働く若い元気な海女たちなど、その破天荒なライフスタイルには、敬服させられるばかりでした。最近中学生をめぐる悲惨な事件が続いていますが、彼らが、この輪島や舳倉島で一年間過ごしたら、大きく成長するだろうな、という思いにかられています。

ここで最後の妄想を披露したいと思います。私は、二一世紀ごろに人類は、三種類ほどに分化しているのではないかと考えています。ひとつは、先に触れた海に住むために「良好なエラを持つ人類」ですが、あとひとつは高地（森林や山岳）に住むために「強い肺を持つ人類」と、最後はコンピューター社会に対応するために、バイオテクノロジーにより改造された「ハイパー・バイテク人類」です。人類がいまの状態を続けていると安全に暮らせるのは山地（標高四〇〇メートル以上）と海洋だけになるのではないかと思います。「バイテク人類」とは、ですから地球温暖化に耐え、コンピューターによる酷使に耐えられるように改造させられた人類のことを表します。

そしてエラと新たな肺を持つ人類にとっての最大の課題のひとつが「体を小さくすること」ではないかと思いま

す。そうすれば住宅も車も小さくてすみますし、エネルギー（食料）の消費や環境への負荷も級数的に小さくなり、海中や山中も軽快に動き廻ることができるからです。

最後に、調査でお世話になった輪島市はじめ全国の漁村や漁協、漁港関係の皆様と、このような研究の端緒をいただいた我が恩師、故・吉阪隆正早稲田大学教授と故・宮本常一武蔵野美術大学教授に深甚の謝意を捧げたいと思います。

そして「日暮れて、道遠し」ですが、これからも少しずつ研究を続けて行きたいと考えています。

★01——L・ワトソン「なぎさと地球」『世界なぎさシンポジュウム神奈川、1990』
★02——宮本常一「海洋民と床住居」「瀬戸内海文化の系譜」『日本文化の形成』全三巻、そしえて 1981.12
★03——地井「〈舟ずまい〉の〈陸上がり〉に関する仮説的考察その1〜その3」日本建築学会大会梗概集 1985-89
地井「船住居の陸上がりによる漁家住宅の形成—日中の海上交流と住居の形成に関する仮説的考察」日中伝統民家・集落研究シンポジウム、北京 1992
★04——南満州鉄道株式会社経済調査会『支那住宅志』1932
★05——石沢良昭編『おもしろアジア考古学』連合出版 1997.12
★06——松下電工株式会社『世界のおもしろ住宅』1993.5
★07——鳥越憲三郎、若林弘子『倭族トラジャ』大修館書店 1995.12
★08——文献02
★09——オックスフォード大学A・ハーディ教授の説（森下敬一『失われゆく生命』美土里書房 1964.6とデズモンド・モリス『舞い上がったサル』飛鳥新社 1996.4に紹介されている。ただし、原著や原論文はパソコンによる情報検索によっても見つかっていない）。
L・ワトソンの説（文献01に紹介されている）
★10——「熱帯のペンギン」はA・ハーディ、「ビーチウォーカー」はL・ワトソンの命名による
★11——文献06
★12——重村力他「円型土楼とその集落の研究」『神戸大学大学院自然科学研究科紀要10—B』1992
★13——ジョン・パーリン、安田喜憲訳『森と文明』晶文社 1994
★14——仲松弥秀『古層の村』沖縄タイムス社 1978
★15——象設計集団「21世紀の森計画」沖縄県名護市 1975

クイズの正解　①の正解は「せっかちな鳥」、②の正解は「腹が減った魚」。

●——『水産振興』1998.4

付録

都市のORGANON

——現代建築への告別の詩——

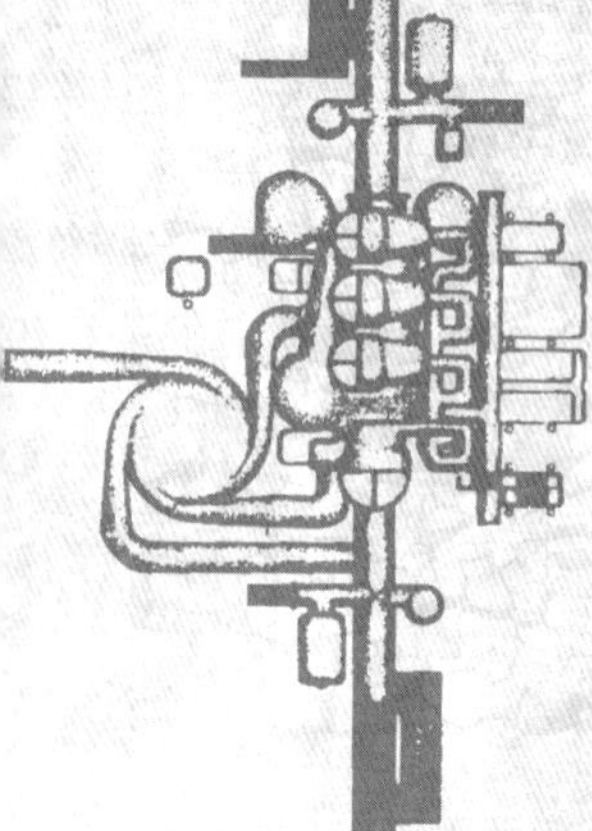

これまでの私にとって、卒業設計とは編集者の言葉を借りれば、〈ひたすら遠のいていく原点〉としての表現であったと思う。しかしまだその〈遠のいた〉という距離まで到達していないので、もう少し遠のかなければならないだろう。そしていつか再び、ひたすら〈恥かしながら〉という思いを込めながら帰っていく時が、私にとってやってくるかどうかは定かではない。しかし私にとって、卒業設計が少なくとも近代建築とそこから非才な私が垣間見ることが出来る現代建築への告別の詩（少しキザだが）といってもいいことは確実であったように思う。

そして建築に告別の詩を送り、以来これまで日本の漁村の研究に熱中してきた私が、今なにをしているのかも明らかにしなければならないというこの企画は、なんと残酷なものであることか。しかしかくいう私も、この企画に乗った以上いわばマゾヒスティックな趣味があるといえるのかも知れないのだが。

冗談はさておき、どうして卒業の時点で建築に告別したのかという当時の状況を正確に思い出すことは不可能に近いが、大学二年から四年にかけての時期は、数多くの建築家や思想家の影響をまともに受けつつ、自分を見失うまいとただひたすらに〈何か〉を画きまくって行くという、いわば台風の中にまき込まれたような時代であった。そして11月頃、卒業論文を書き上げた時分にある種の〈全体的直観〉によって、私は名誉ある村野賞もあきらめるという決意のもとに、三週間で仕上げたのが私の卒業設計である。その作品については図版を見ていただき、ここで私が学生時代に影響を受けた人々との出会いのようなものを述べ、そしてどのような手法で、何を託して線を引いたかを述べて、私の〈卒業設計〉をご明察いただくより他はない。

F・L・ライトは、私にとって、最初の建築との出会いであった。高校三年の時ある建築家から見せられたライトの作品の数々の美しいカラー写真によって、私は建築へ進む決心をいよいよ固くした。その後大学二年後半から四年前半までの二年間位は、黒川紀章氏のアトリエで様々なコンペや計画案などを手伝いながら、氏からは建築、思想、行動など実に数多くのことを学ぶことになった。一方大学の内では、今和次郎先生の姿を時々拝見しながら、同時にその名著『日本の民家』などから日本の建築家の在り様といったものを学ぶことになった。さらに今井兼次先生の有名なガウディ建築の講義は、一番前で欠かさず聴講したように思う。そして先生は時々熱演のあまり、口から泡を飛ばされていた。またその頃私の好きなベニス・ビエンナーレの日本館やヴィラ・クックーなどの作品の印象と共に、探検家・吉阪隆正の姿をいつも後から遠慮がちに眺めていた。大学祭・建築展の委員として評論家・栗田勇氏に講演をお願いしようと出かけて以来は、氏のガウディ建築論や日本の空間論に強く魅了されることになった。また黒川氏のアトリエに通っていた頃、氏を通して教えられたオランダのA・v・アイクやアフリカ・モザンビークのA・D・ゲデスなどの作品をひたすら真似しようとしたこともあった。そしてこうした一種の熱病状態を決定的にしてしまったのが、A・v・アイクが強い影響を受けたといわれるイスラエルの思想家M・ブーバーの哲学であった。

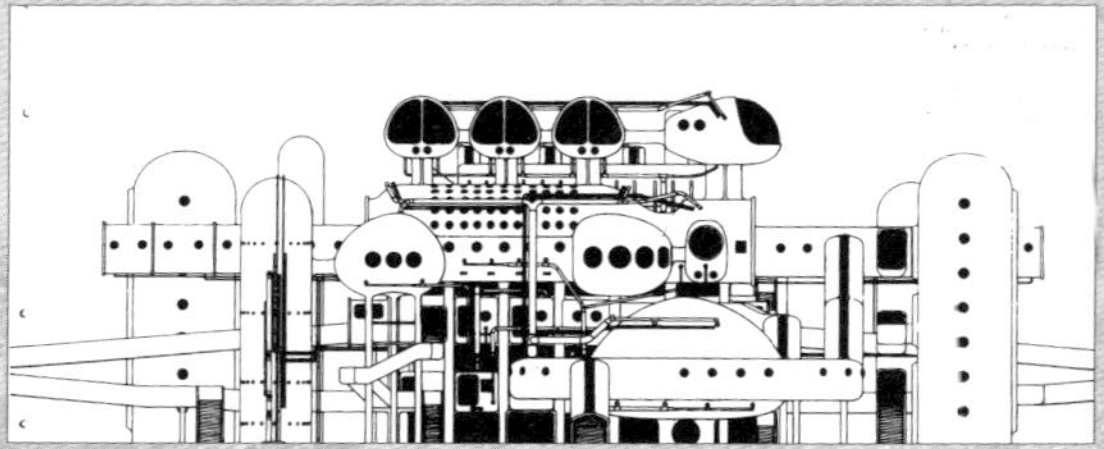

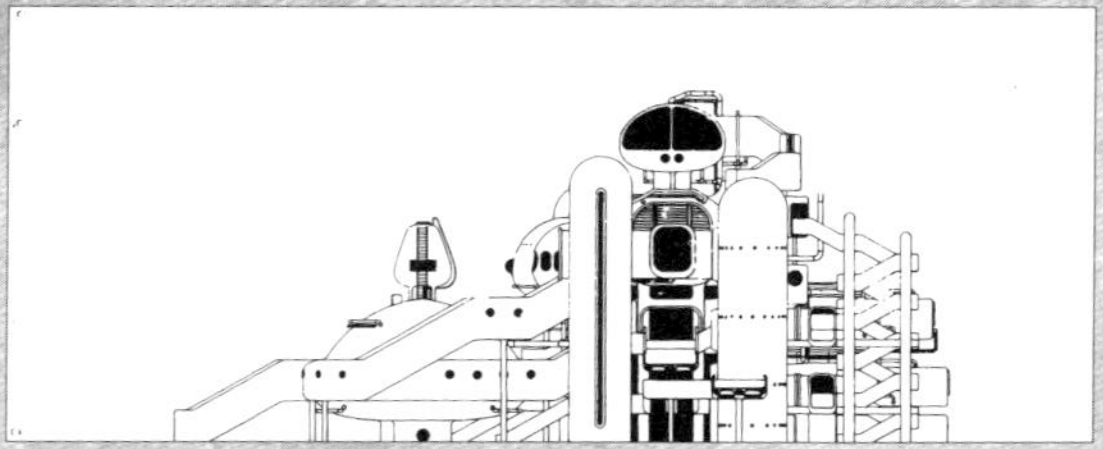

★01——いづれも
『孤独と愛——我となんじの問題』
野口啓祐訳・創文社刊より

彼の名著『孤独と愛』や『もう一つの社会主義』などに示された、〈対話〉による世界構築のイメージは、十数年前に私の世界観を全く塗りかえてしまったといっても良いものでもあり、現在でも私のゼミナールの必読文献のひとつとなっている。たとえば吉阪先生の都市計画のリポートも、全部ブーバーの思想と言葉で埋めてしまったこともあった。シオニスト、神秘主義者、実存主義者、ユダヤ主義者、マルクス主義者、アナーキストなど彼への評価は実に多様だが、ブーバーの思想と言語は私にとって、それまでのどんな建築家の思想や作品よりもはるかに明快に〈空間・世界のイメージ〉を教えてくれるものであった。それは昨今の俗物政治家たちが好んで使う〈対話と参加〉などや、俗流コミュニティ論などとは全く無縁な、毅然とした〈高み〉である。

幻の建築家J・B・ピラネージの絵が、ヨーロッパ空間の〈崩壊感覚〉を鋭く提示するものであるとすれば、ブーバーの思想と言葉は同じ西側の一角から、新しい〈空間構築〉を呼びかけるものではないのか。訳者野口啓祐氏はこう述べている。〈……400年前におけるデカルトの『方法序説』が近代的思想の基礎となったと同様に、(ブーバーの「われとなんじ」の思想は)来るべき新時代のいしずえになるといっても過言ではあるまい〉。

ここであまり長くブーバーの思想に停まることはできないが、少し引用してみよう。★01

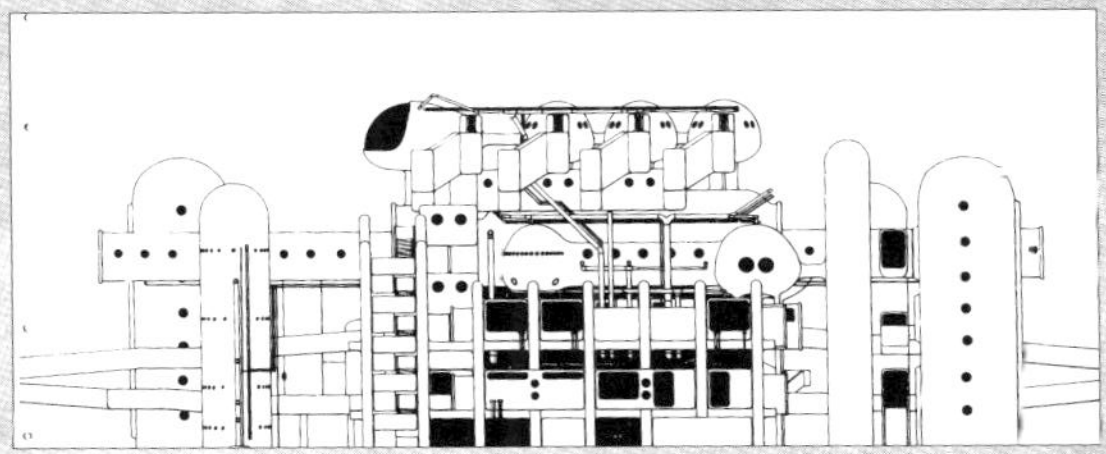

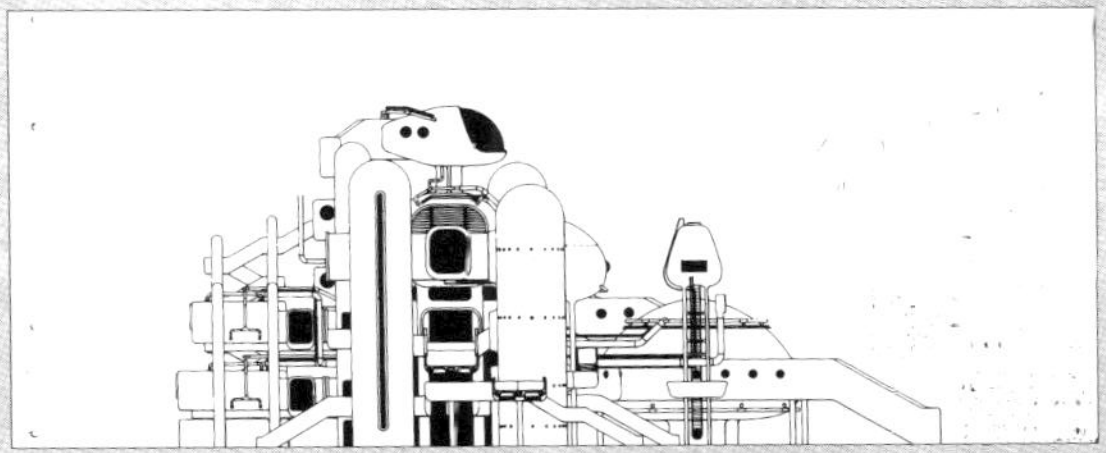

「われは、われだけでは存在し得ない。存在するのは、われ一なんじにおけるわれか、われ一それにおけるわれのみである」。

「こうして、この木に属するすべての事柄は、まさにわれ一なんじの関係にふくまれてしまう。木の形も構造も、色も、科学的組織も、自然力や星との交りも、すべてが単一なる全体のうちにひそんでしまうのである」。

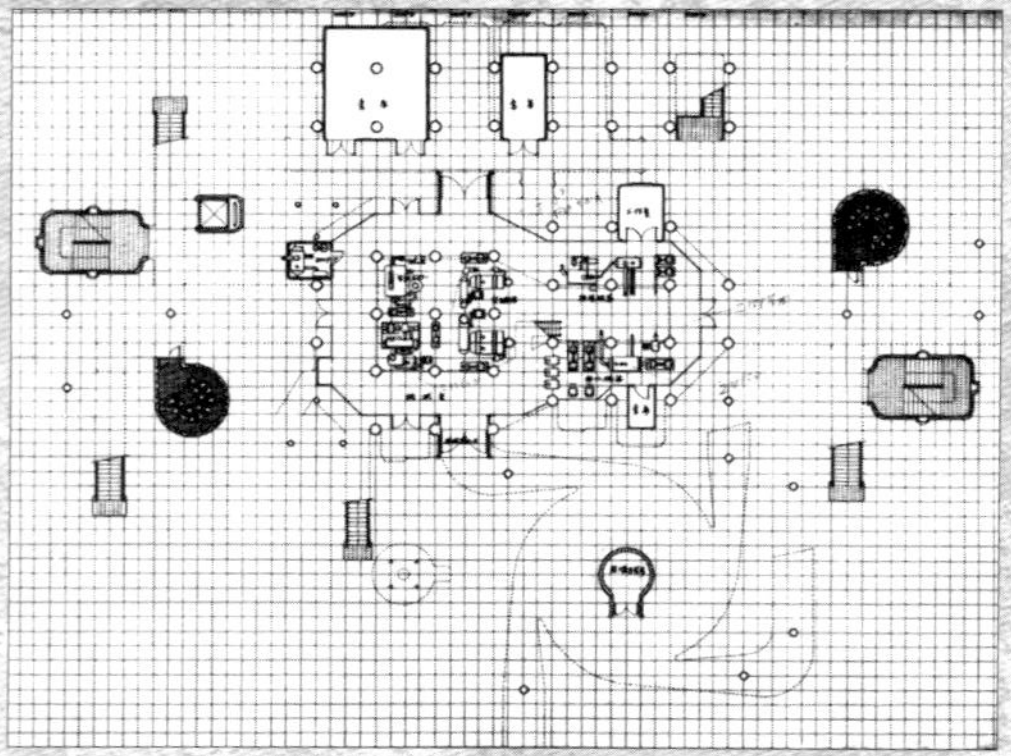

「わたしは、自分の精神にあらわれたかたちを客観的に経験したり、記述したりすることができない。わたしは、ただそれを体現することができるだけである。それにもかかわらず、もしもわたしが、われ一なんじの関係のまばゆい光のうちにそれを眺めるならば、経験的世界のいかなるものよりもはっきりと、そのかたちを認めることができるであろう」。

「〈行動する〉とは〈作り出す〉ということである。〈作り出す〉とは〈見出す〉ということである。〈形づくる〉とは〈発見する〉ということである。わたしがあるものを〈作る〉とは、わたしがそれを〈あらわにする〉ということである」。

とてもこの程度の引用では全くどうにもならないが、とにかく私にとって建築は急に色あせたものになってしまった。機能主義建築論はいうまでもなく、その否定すらも私には〈日暮れて道遠し〉という

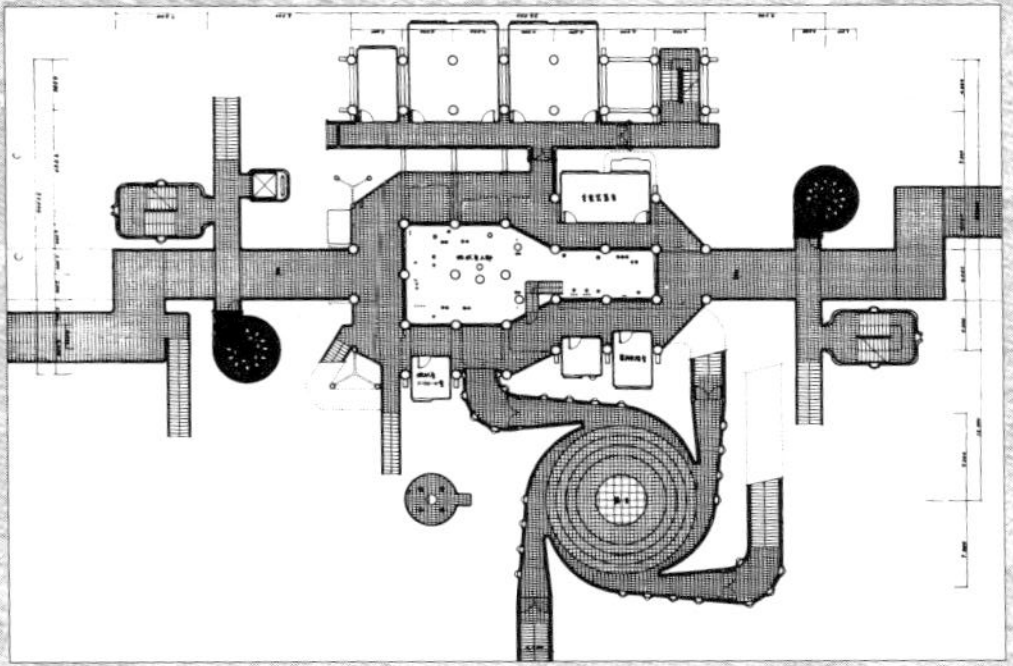

感じであった。むしろ私の中に胚胎しつつある〈空間・世界のイメージ〉を、現実の世界の中に探って行くことの方が早道ではないのか。そのような〈建築家〉がいても良いのではないか。建築を〈作ること〉の集積の行きつく先は、世界によって建築が〈作られること〉であるはずだ。なぜなら〈世界〉はすでに在るのだから……。私たちのできることは、〈未だ在らざる世界〉へ向かってその空隙を少しずつ埋めて行くことでしかない。それ以来私の辞書には、自我、主体性、創作といった言葉はなくなってしまったといってよい。建築家が世界を創作する主体などでは全くなく、むしろ建築や建築家が世界内と歴史に客体化されるという地平である。

したがって卒業設計とは、私にとって建築家としての主体性の放棄宣言であり、また〈作るもの〉がどう集積して、どのようなメカニズムの中で〈作られるもの〉に転化し得るのかを、図面という表現手段を用いて実験することであった。そのためにA・ブルトンらのシュールレアリズムの基本的手法ともいうべき〈オートマティスム〉を借用し、〈作るもの〉をいわば自動表現方式に乗せて、〈作られるもの〉に転化させようとした。つまり〈作るもの〉としての単体の集合に

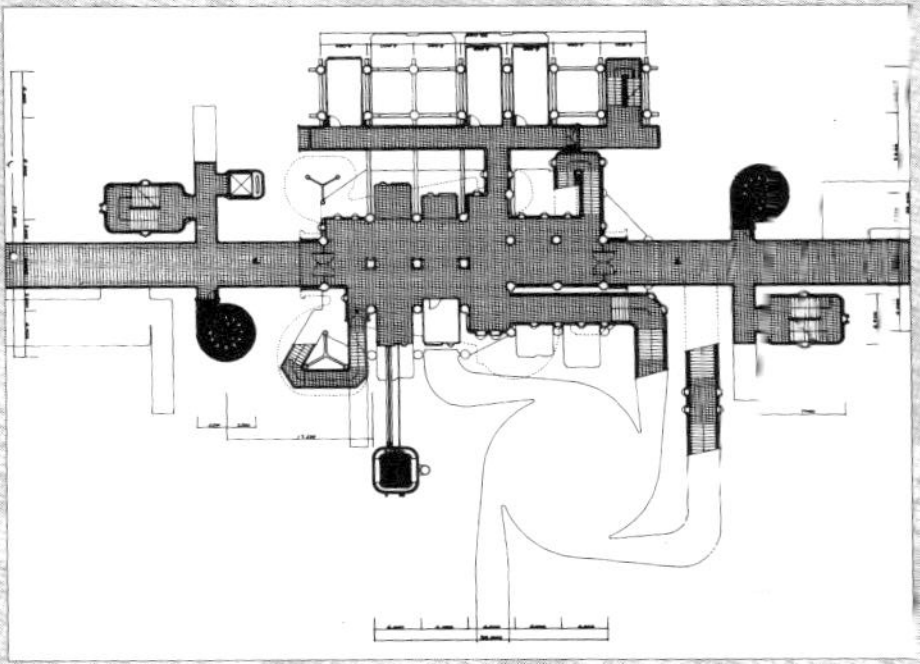

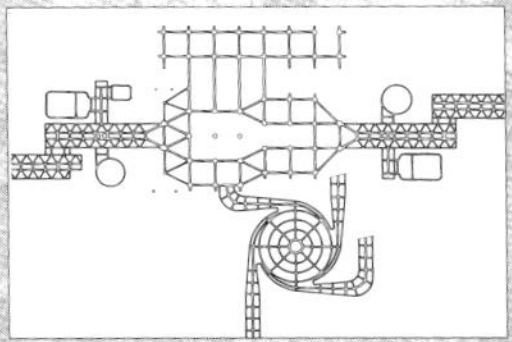

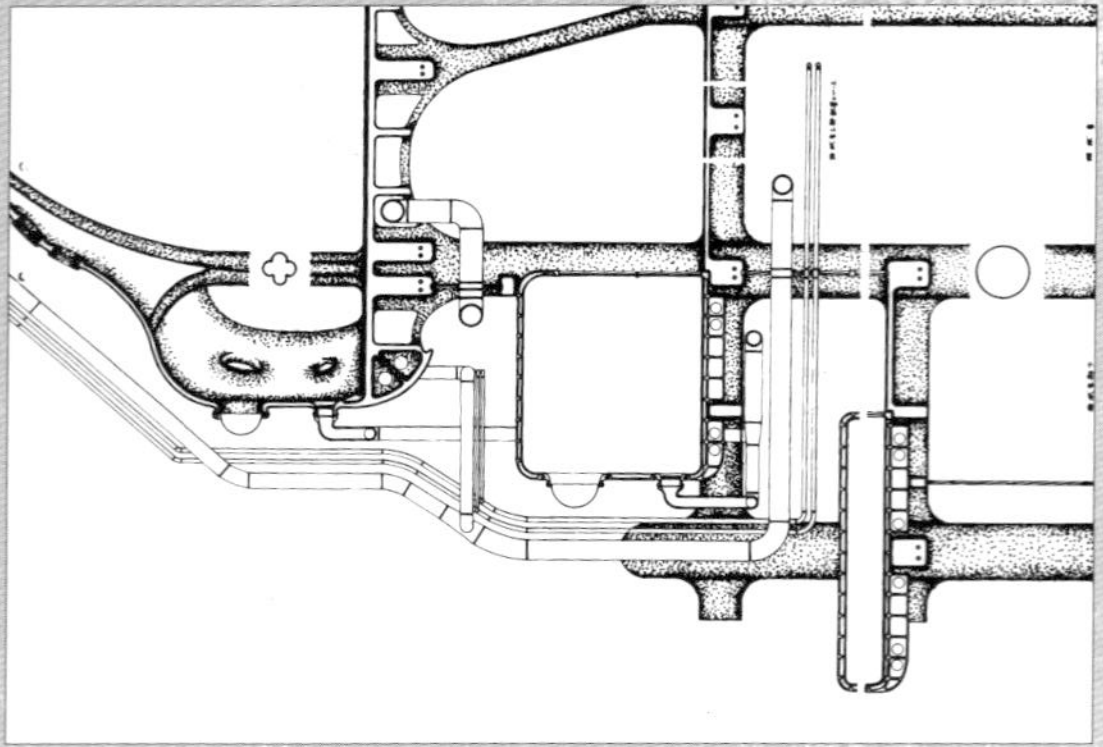

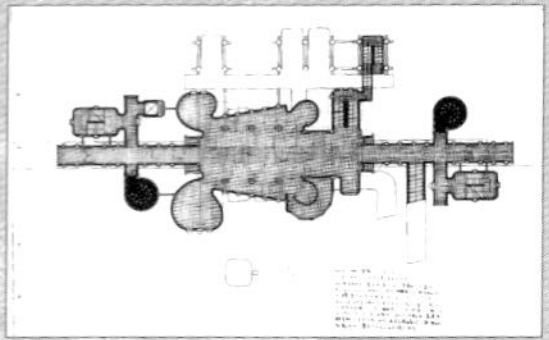

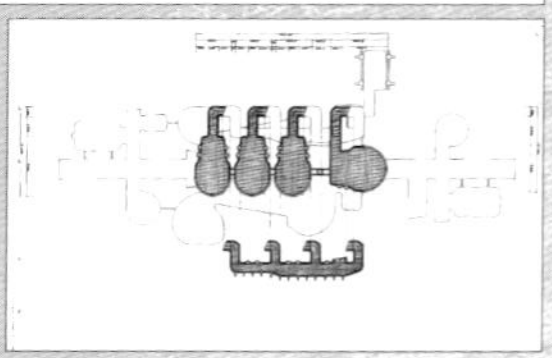

よってある種の〈世界〉を表現し、そこから自動的に〈作るもの〉を〈作られるもの〉へ転化させようという試みである。手法としてはまず〈都市のオルガノン〉と称される建築らしき単体を画き出し、その図面をC・H［極薄手印画紙］に縮少してそれを繋ぎ合わせたものを再び撮影して都市像をあぶり出すというものであった。そしてあぶり出された都市像は、再び単体としての都市のオルガノンへオーバーラップされて行くはずのものであった。しかもこの都市のオルガノンをできるだけ非主体的ないし没主体的に画き出すために、その形態の個別的要素はすべて機械工学におけるジェットエンジンなどの図面から借りることにしたのである。しかしフリーハンドによらないこの図面は、たとえば今井先生からは大変に辛い点をいただくことになってしまったのは、私の不徳のいたす所であったといえるだろう。またここで都市のオルガノンを説明するために、卒業設計の最後に書かれている当時の私の誠に気負った稚拙な文章を〈恥かしながら〉引用しよう。

> 部分が相互作用により全体の目的の実現に道具（オルガン）として役立つとき、それを有機的（オルガニュス）とするというアリストテレスの規定は意味が深い　そして有機的という規定はヴィトルヴィウス以来の様々な規定にもまして偽ライト主義者にとって皮肉なことに機械というものを素直に表現している……都市＝文明にとって計画は今や民主主義を盲信し自らの主体性を売ったところの無気力化したファシズムに転化

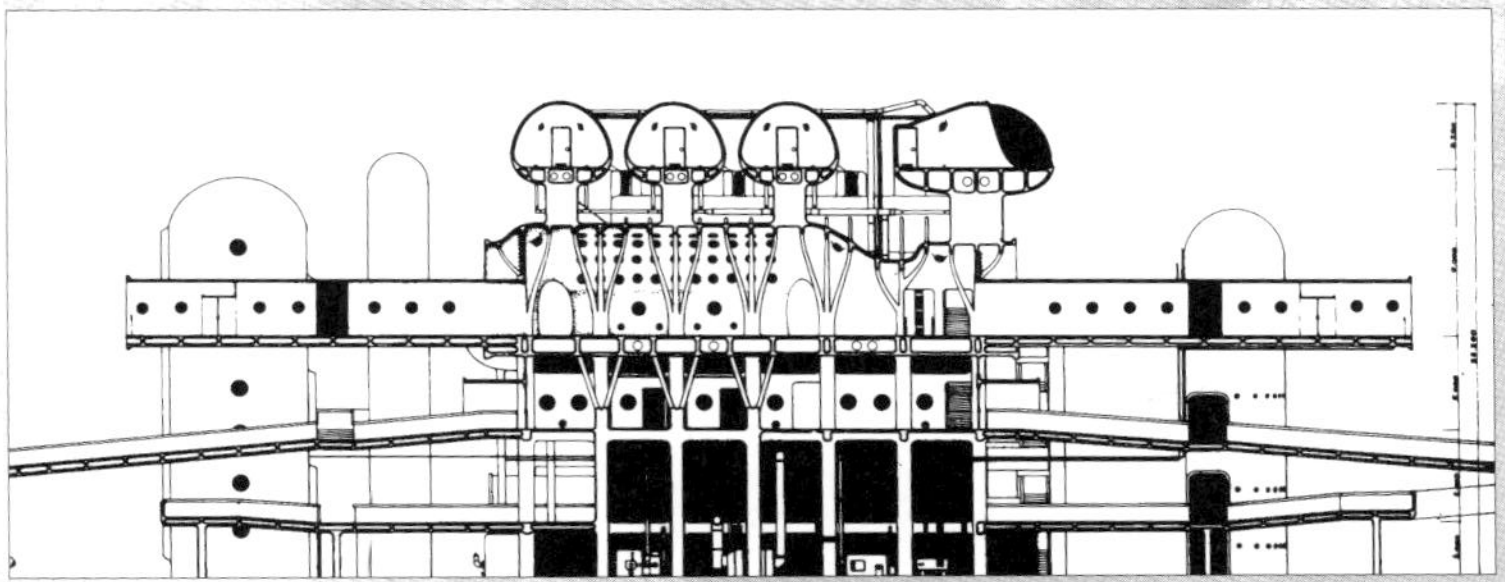

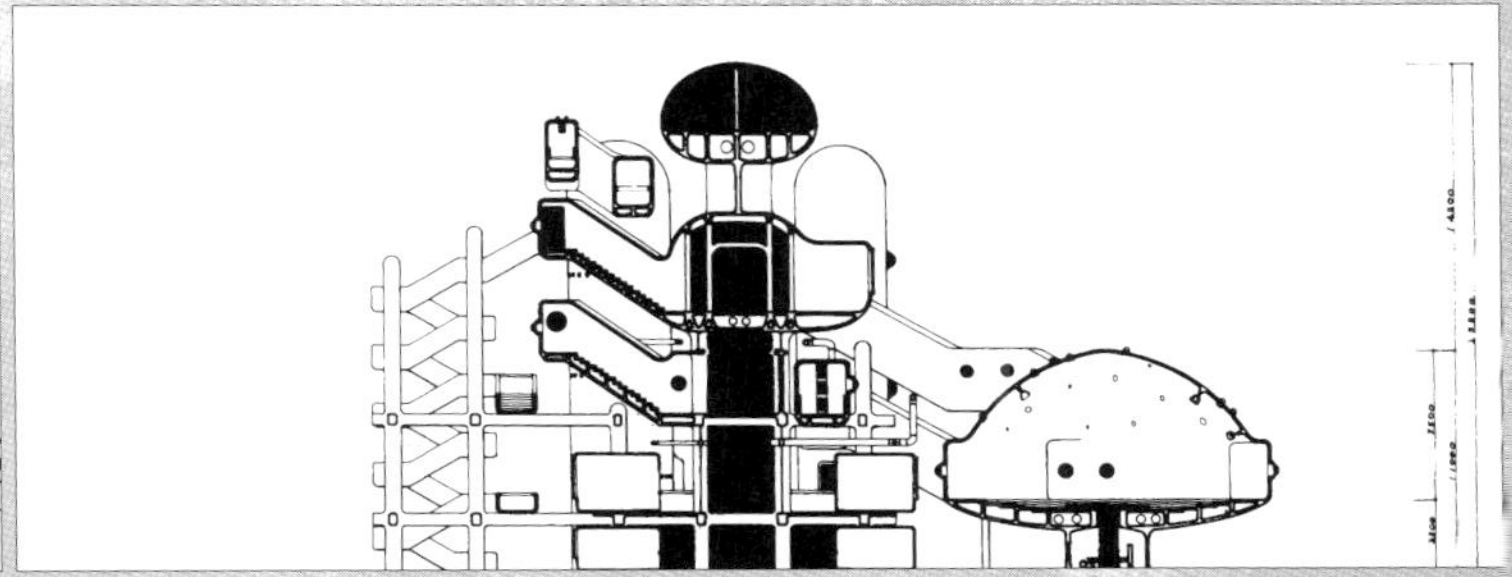

しようとしている　都市はこれからも都市計画と建築を超えたところに存在しつづけるであろう　自己否定と共にある〈共存しつつ生きる〉という全体の崇高な目的に我々は参加している……そして現代の対話法とは真の意味でのORGANON（科学的研究の原則）を持たなければならない　そこでは多レベルの機能は常に一つとして提出されているのである　私は私の卒業設計を、都市のORGANONと名付けよう。

今こうして引用してみると何だか分ったようで分らない文章であるが、ともかくこうして私は現代建築に告別することになったのである。
またこの卒業設計にとりかかる前に、私は建築に告別する決心を固めるために、新しい〈空間・世界〉を求めて京都に一ヶ月近く滞在し、各所の社寺や町並みを歩き廻ることになった。しかし二〜三の興味ある場所があったものの意外にもジャズ喫茶以外に私を満足させてくれる場所はなく、〈趣味のいい〉文化人にあふれる一方の愚劣な歴史観光に満ちた京都に失望して大学へ戻ることになった。そして行き場のない絶望的な気持をかかえながら大学院へ進むことになったが、その直後友人の勧めで大火に遇った伊豆大島の復興計画に吉阪グループの一員として参加することになり、建築に告別した私は新たな〈空間・世界〉と出会うことになったのである。

生来私はどうやら熱病に罹りやすい性質であるらしい。伊豆大島で見た波浮の港や泉津集落や元町の共同墓地などの前で、私は息を呑みほとんど立ちつくしてしまっていた。そこに在る空間とは〈作るもの〉の集合などでは全くなく、ひとつの〈世界〉の中にひとつひとつの建物（建築ではなく）が作られて、支えられているという〈空間の構造〉らしいものを皮膚感覚的に読みとることのできる世界であった。以来二年間復興計画のための基礎調査、研究としての意味も含めての漁村あるいは集落研究らしきものが吉阪グループの他のメンバーとともに行なわれることになった。そしてそれが一応の終りを告げるころ、私達は〈発見的方法〉[★02]とでもいうべき全く新しい方法論が存在し得ることを確信することになった。

またそのころ私は週刊雑誌の一枚の写真に目を釘付けされることになった。それは以後の私の漁村研究を決定づけた京都府・丹後伊根浦の一枚の写真であったが、取るものもとりあえず伊根に駆けつけた私は、そこで再びそして決定的に〈打ちのめされて〉

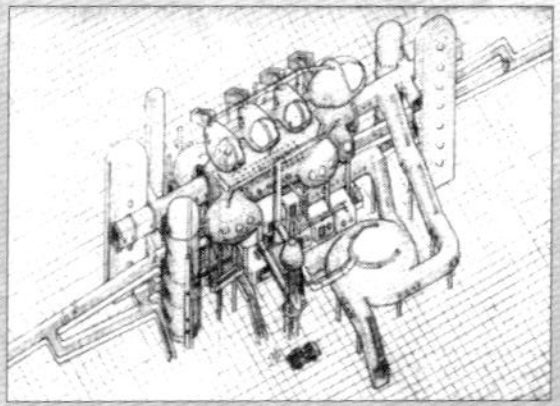

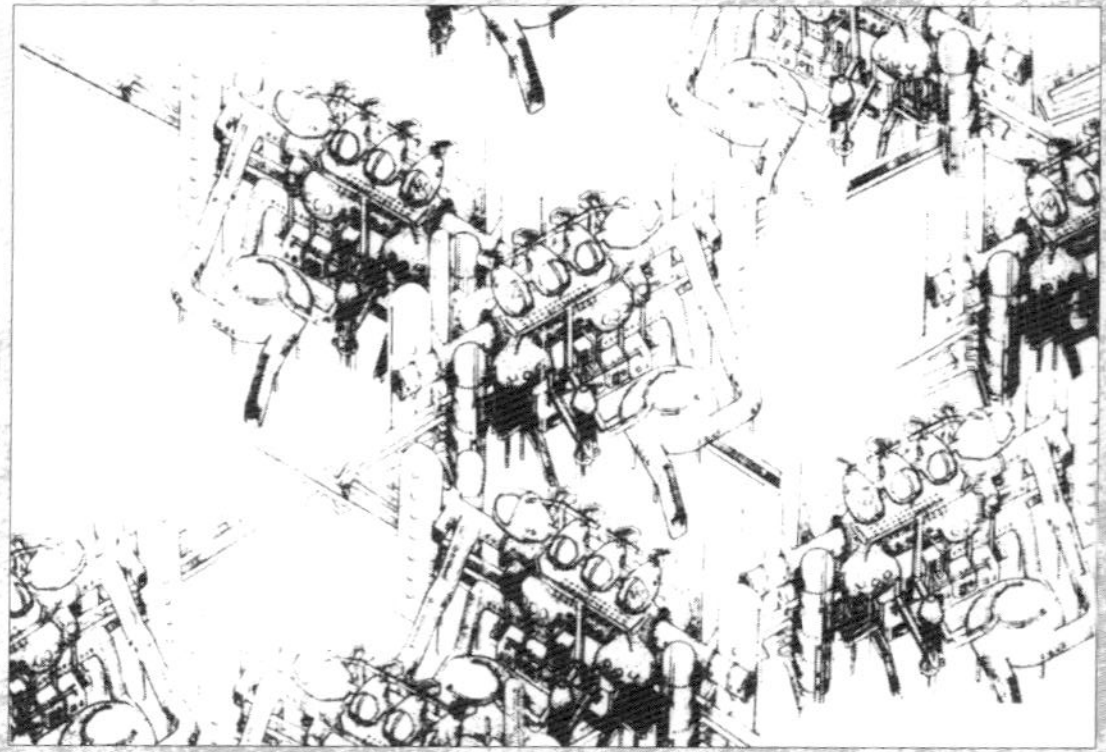

★02――『都市住宅』1975.8「発見的方法」吉阪研究室の哲学と手法・その1［3-2］など参照

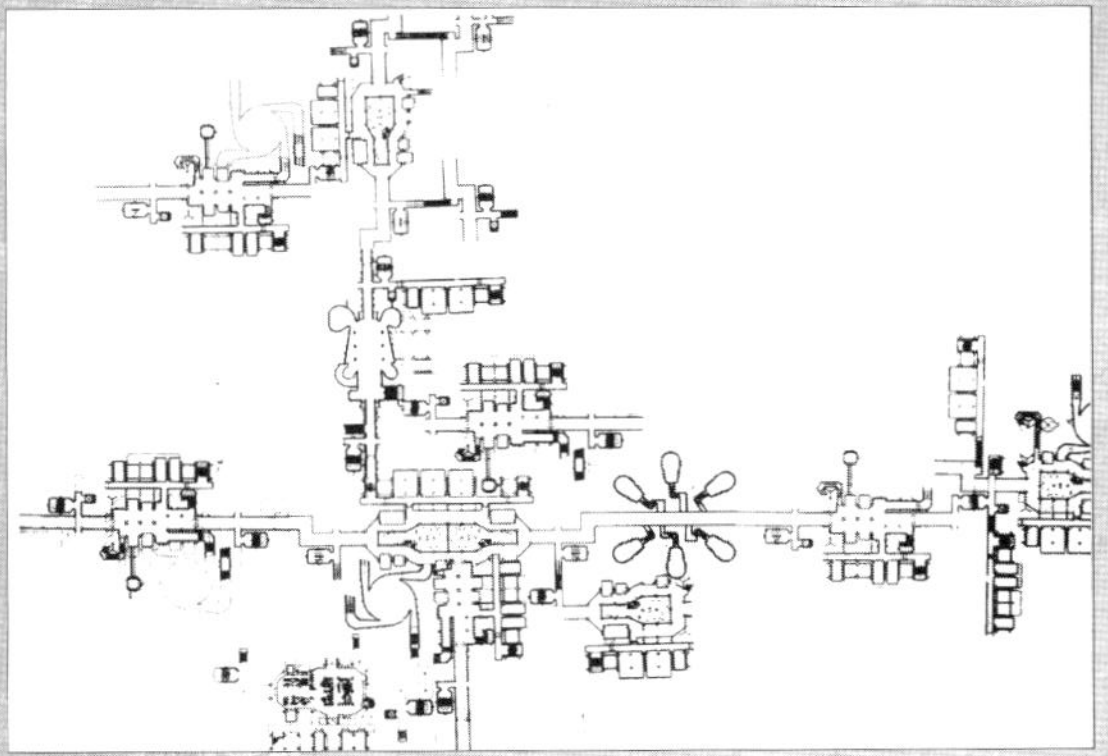

しまったのである。小さな湾内の波打際に二階建の舟小屋が所狭しと並ぶその光景を前に、私は日本にもこんな素晴らしい〈空間・世界〉があったのかという深い感慨にとりつかれて、旅館での夜もほとんど寝ることができなかったことを思い出す。それはほとんどオートマティスムの世界そのものであり、あるいは集落全体がオートマトン（自動機械）といっても良いほどの見事な記憶素子と論理回路を内在させている世界であった。記憶素子とは漁師であり漁家であり、論理回路とはエトス（共同体意志）であり、インプットとしての母なる海は土地を媒介として見事な集落景観（アウトプット）を生み出してきたといえるだろう。しかし、伊根浦のような漁村がオートマトンであるというのはいささか荒唐のそしりもまぬがれないので、ここで少し論理的にその空間形成のメカニズム（空間構造）を整理してみよう。[★03]

この伊根浦における見事な舟小屋の問題は、単体としてあるいは形態の問題からは充分に認識されることはできない。それらは集合としてあるいは形態（現象）を支える土地（実体）などの問題を通してはじめて理解されるものである。即ち図［1-2 図❶］を見ても理解されるように、完全に個人または家のものとしての舟小屋が同時に集団としてのあるいは集落としての集合を前提として成立しているのである。つまり個々の舟小屋とは、ある集まり（ひとつの空間・世界）を可能にする形態と

★03——詳しくは『建築』1969.4「丹後・伊根浦の研究・序」［1-2］に述べられている

して存在し、一方集落としてのひとつの世界はその中に、個々の舟小屋を成立させ得る基本的形式を含むものとして存在するという、個と集合空間の弁証法的なメカニズムを見ることができるのである。先に述べた言葉でいえば〈作るもの〉としての舟小屋は同時に、ひとつの世界の中で〈作られるもの〉として作られるのである。そしてかつてはこの湾内では、カガリ火を焚いて村人総出で鯨を捕るという劇的空間が展開されたという。まさに近代社会が失って久しい〈空間・世界〉が、今日なお確実に再生産されているのである。

漁村は土地が狭いから密集するなどという現象しか見ない俗流地理学的知識が、いかに我々の目を濁らせてきたことか。現象（形態）の背後には、それを支える実体的条件があり、その実体的規定によって漁村空間は高密度なものとなる。そして〈作るもの〉が〈作られるもの〉に転化し得る実体的条件として、集落の土地ないし土地割形式が存在するのである。伊根浦でいえば、母屋と舟小屋という関係つまり一定の居住単位形式を含むものとしての短冊型宅地割こそが、集合を前提とするあるいは集合によって規定される形式に他ならないのである。ここに〈世界内で客体化される建築〉の見事な論理モデルが成立することになる。そしてここでは詳しく述べることはできないが、この短冊型集合の論理はまた本質的条件としての漁業生産（海とのかかわり）の論理によって支えられあるいは規定されることになるのである。昨今こうした漁村は建築ジャーナリズムを賑わすデザイン・サーベイという不可思議な分野にもよく登場するが、こうした形態を支える土地や海を見ないつまり空間形式のメカニズムを看過した方法論で、いくら平面プランの特集やディテールを探っても、その集合の秘密を解き明かすことができないことはすでに明らかであろう。まして観光気分で出かけた海外の集落においてをや、である。

思えば我々の目はすっかり濁らされてしまったといえるだろう。こうした時、初心に返ることが肝心のように思われる。このきわめて人間的な要求＝どうしたらものが良く見えるかという

点について、たとえばR・デカルトは発見術書ともいわれる『精神指導の規則』[★04]の中でこう述べている。「規則第12・最後に、悟性、想像力、感覚、記憶の与えるすべての助力を用いるべきである。或いは単純な命題を判明に直観するために、……或いはそのように互いに比較すべき事物を発見するために、つまり人間の用いうるいかなる手段をも、閑却してはならないのである」。そしてまた「規則第14条・上の問題を物体の実在的延長に移し、あらわな図形(figura)によってすべてを想像に呈示すべきである。なぜなら、かくすればそれを以前より遥か判明に悟性は覚知するであろうから」。なんとみずみずしい原則(オルガノン)であることか。しかし人間的なすべての能力から、ある部分のみを拡大してきた近代科学はもはや完全に破綻し世界は今新たな予告を求めている。

科学と詩学を論じて高内壮介はいう[★05]。「……存在論という如き哲学が、数学を指導することなどあり得ないと思うだろうが、僕はそうは思わない。存在論からひき出されるもっとも重要な結論は、〈見る〉ということである。どうしたらものがよく見えるかという問いかけこそ、今までの学会組織を瓦解させる指導理念になろう。……ともかくそういう存在へのまえもどりが我が国に於いても一九六〇年をすぎると、もっとも実力のある数学者によって唱えはじめられたのである。湯川秀樹博士の〈同定理論〉小平邦彦博士の〈発見の論理〉佐藤幹夫博士の〈代数解析への帰還〉そして北川敏男博士の〈営存の論理〉などは、それぞれの立場の相違にかかわらず、何等かの意味で、創造の主観性からの脱却をめざしているかに見える。創作は主観的であっても、真の創造は授与的である。創造の授与性こそ、創造の秘密だ。真の創造は構成ではなく、対象からの発見なのだ。……」

少し引用が長くなりすぎたが、私の現代建築への告別と私たちの伊豆大島から始まった発見的方法の展開とその漁村研究への応用は、その後全国各地において試練に立たされることになった。都市において、山村において、農村において、漁村において、島において。そしてそれはまだ充分なものにはなっていないが、新たな空間・世界が存在することについてだけは確信がある。そもそも空間計画とは、認識論的にいえばいまだ隠された世界の〈合理と自律〉を発見し、自己を空間・世界に客体化する条件を見い出し、いまだあらざる世界の〈新たなる顕現〉を決断することに他ならない。新たな空間創造の原則(オルガノン)を獲得すべき時代が始まってすでに久しい。そしてそれはまた「現代建築・第三の世代[★06]」などとも全く次元を異にする新たな地平からすでに始まっている。私達にとってそれは伊豆大島であり伊根浦であり、沖縄であった。そこは悠久たる黒潮に洗われる空間・世界であり、また黒潮のふるさとともいうべきニライ・カナイ(あらゆるものの根源の海の国)であるかも知れない[★07]。

●——『建築知識』1977.7

★04——R・デカルト
『精神指導の規則』
野口又夫訳・岩波文庫

★05——高内壮介
『暴力のロゴス』母岩社 1973

★06——
フィリップ・ドゥルー
『現代建築・第三の世代』
三宅理一訳・
鹿島出版会などの定義

★07——
「山原の郷土計画から」
大竹、地井、重村、
日本建築学会『建築雑誌』1975.5、
「集落研究の諸問題」
日本建築学会『建築雑誌』1975.1
など参照

【解題】地井昭夫の漁村研究・漁村計画

幡谷純一

◉漁村との出会い、漁村研究の経緯と成果

地井昭夫は、早稲田大学大学院を修了後、広島工業大学（建築学科）、金沢大学（教育学部）、広島大学（学校教育学部）、広島国際大学（社会環境科学部）で、主に漁村を対象とする研究と建築計画、住居論などの家政学について教鞭をとった。それまで建築家の道を志しながら建築（家）のあり様に疑問を感じていた地井が、大学教員の道を選択し、漁村を研究の対象にしようと決心した大きな契機は、西伊豆の漁村と丹後伊根浦との出会いであった。西伊豆の漁村と出会った時の感動は、例えば本書2-3「漁村の生活環境を考える」の冒頭（講演のまくら）では、「あたかも漁村全体がひとつの建築であるかのような光景を見て目を洗われる思いがしました。……」と語っている。

伊根浦との出会いは、地井自身が「私の漁村研究を決定づけた丹後伊根浦」（『建築知識』1977）と書いているように、進むべき道だけでなく、研究の主要なモチーフである「空間構造論」の端緒となり、伊根浦は終生のフィールドとなった。伊根浦の研究は、はじめに本書1-2「丹後・伊根浦の研究・序（集落構造論の試み）」として建築雑誌に発表された。伊根浦は、その美しい舟小屋の景観から、たびたび写真やポスターで紹介され、デザインサーベイの対象にもなったが、地井は、舟小屋や母屋の間取り、集落の空間構成を調査しながら、単なるデザインサーベイや空間の由来を地形などの自然条件だけに帰納させるのではなく、舟小屋の集落空間を成り立たせているのは短冊型土地割を媒介とする生産様式（株制定置網）との関係にあることを発見し、生産様式と居住様式の構造的関係を把握することが重要であるとした。本書では紙幅の関係から割愛したが、伊根浦のまとまった研究成果として他に「舟小屋と伊根浦集落の海洋地理学的考察」（伊根浦伝統的建造物群保存対策調査報告書2004）があり、ここでは漁業集落の陸上がり形成（船を住居とする集団や漁場を求めて移動した集団が定着して漁村が形成されたこと）、日本海型妻入り型町並みの形成等、地井が抱き続けていたモチーフにも論及している。

広島工業大学の時代（1969,29歳～1981,41歳）は、博士論文をまとめる必要もあり、主に瀬戸内海の漁村を対象に最も旺盛にフィールドワークを行った時代である。博士論文は「自律圏としてみた漁業集落の構造性に関する研究—日本の沿岸漁村における集落構造論・序説」（1976）であり、主要なテーマは漁業集落の地域構造の分析である。地井は、漁村の個別性（類型性）を表出させる基本的仕組みを「地域の構造」と呼び、漁村の構造とは「漁業生産条件（生産様式）と沿海居住条件（生活様式）の相補的・矛盾的関係である」と概念を規定し、その規定に基づき（論理構成の厳密さは地井の真骨頂の一つである）構造を定量的に把握するため構造度、構造型という概念を提出し、構造類型と類型の変化に関する分析を行った。構造度とは漁村形成にあずかる基本的な力（寄与率）を表す概念であり、生活施設充足率、生産施設充足率、漁業生産額比率、漁業就業人口比率の相加平均で表したものである。構造型とは生産条件としての海洋（資源）との関係、市場圏との関係、居住条件としての山野（土地）との関係、生活圏との関係（の関係）とその強弱によって表される漁村の類型的な姿である。また、構造度と構造度を表す四つの指標の座標化による構造類型を抽出した。抽出された漁村の構造類型は、一次分類では定着型集落（小規模集落、半農半漁集落をイメージされたい）、展開型集落（純漁村、水産都市等）、変動型集落（都市化などの外的影響を強く受け変動・衰退する集落）の三類型であり、さらに細分化した六類型、一二類型を抽出している。なお、構造度、構造型、構造類型による分析は、「漁村集落計画」（『新建築学体系18　集落計画』彰国社 1986）などでその概要を知ることができる。また、この時代には、瀬戸内海の野島、牛島、走島、家船で著名な吉和や日本海の島戸浦など、空間構造論や漁業集落の陸上がり形成に係るいくつかの重要な漁村に出会っている。山口県島戸浦では、その空間構成を調査し、本書1-3「漁村空間における漁港の役割」などに掲載されているように、特に漁港と神社などの信仰空間やそれらを結ぶ骨格となる道などの構成が明確な漁村の空間を来訪神型空間として位置づけた。この概念は、漁港やその周辺空間を「神への門構え」としての性格をもつものとし、漁港整備のあり方にも影響を与えた。

金沢大学（1982,42歳～1990,51歳）では、主に家庭科の教師となる学生を対象に住居論などを担当した。金沢に居を移した地井は、能登の漁村、特に福岡県鐘ヶ崎から移動して形成されたとされる輪島市海士（あま）町に出会い、漁家の住居、家族、生活構造を中心に調査研究を行った。本書1-1「住宅と集落はどこからきたのか？」は、海士町七ツ島の調査をもとに漁家住宅の変遷から舟住まい陸上がり漁村形成の仮説を実証しようとしたものであり、抑えきれない感動が伝わってくる。宮本常一の漁民伝来のルートと住居の特徴に関する仮説で論及されていた船と同じ平面構成―直列型三間取りの住居跡を発見し、海士町における行商住居兼用船（コテント舟）→直列型三間取り住宅→通庭（土間・板間）のついた現在の住居という漁家住宅の変遷と舟住まい陸上がり漁村の形成に一つの根拠を与えたものと言えよう。本書2-1「輪島市・海士町の海女家族」は、漁家の家族構成や相続の仕方などは、漁業の生産様式や生産力の変化に対応して多様であり、伸縮性を持っていることなどを指摘した家族構造論である。後年、流動的な生活スタイルと居住様式の選択を提案したが、例えば親は元々の漁村に住み、後継者は通勤可能な都市に住む二拠点居住による後継者の確保の提案などの背景の一つになっていると思われる。本書2-2「漁村の生活と婦人労働の役割」は、農水省の広報誌に載せたものであり、「漁家の生活構造と漁村の生活環境に関する研究—婦人労働の役割からみた漁村の生活構造」をもとに行政への提言を中心に寄稿したものである。この研究は、農水省農林水産特別試験研究補助金を得て全国七漁村をモデルに調査したもので、漁家女性の漁業労働、家事労働や生活時間、健康状態などを明らかにするとともに、研究的視点からは漁家の生活構造をどうとらえるかを提示したものであり、生活改善などの実践的立場から時間構造（生活時間）と就労意識を把握することが重要であるとする生活構造論でもある。

●漁村計画の実践、行政施策への影響と理論的支援

地井は研究者、教育者であるとともに、あるいはそれ以上に計画者であり、オルガナイザーでもあった。計画者地井昭夫は、専門分野に特化した分析的研究に飽き足らず、国、地方公共団体、水産や離島振興に係る公益法人等に積極的にかかわり、それらの委員、講演、機関紙誌への寄稿などをとおして行政施策や活動指針に影響を与え、施策・活動の理論的支援を行った。また、漁村の振興整備を志向した研究組織の必要を感じ、経済、社会、家政、土木、建築などの分野を横断した漁村研究会の設立発起人となり、長く代表幹事を務めた。

委員等で係わった分野は、漁村に関するものだけでも漁港整備、集落環境整備、資源管理や漁場整備、漁家の生活改善、漁村・漁業者の福祉と離島振興等幅広い分野にわたる。漁港や漁業集落の環境整備に関する論文、寄稿、講演録は数多いが、本書1-3「漁村空間における漁港の役割」や2-3「漁村の生活と環境を考える」でその一端を窺うことができる。従来の漁港は漁業生産の手段として、機能充足の観点から整備されてきたが、地井は、漁港には生産空間としての役割に加え、生活空間としての役割、空間価値としての役割があるとし、漁港を空間として捉え、さらに背後の集落空間と一体的な漁港村として捉えて整備する必要を提起した。漁港整備のあり方や内容は時代の要請に対応して変化しているが、この提起は、レクリエーション、都市との交流、防災避難などを加えた漁港の多機能化や広場、緑地などの漁港の環境整備などの事業に反映していると思われる。また、農村整備の一環として行われるものを除き、一九七〇年代中ごろまで漁村の総合的な環境整備事業はなかったが、地井等は事業に係る調査研究を行い一九七八年に漁業集落環境整備事業として発足した。

6-1「拝啓　大前研一様——二一世紀の海を拓くために」は、リゾート法華やかなりし頃、大前研一氏の漁業権制度等の海洋の漁業利用や漁港整備に対する批判に反論したものであり、沿岸漁業者の生活スタイル、漁港の役割や漁村の高密度分布等の意義について説明している。組織的な漁家の生活改善（当時は食生活改善、冠婚葬祭の簡素化、合成洗剤追放などの環境美化などが中心課題）は、漁業協同組合婦人部が主たる主体として活動し、行政は都道府県の生活改良普及員を中心に生活改善活動の指導助言を行った。地井は農水省生活改善課が行う生活改良普及員の研修事業や漁協婦人部の研修会の講師などを務め、漁家の生活改善、特に漁村女性の活動を支援した。

漁村を研究する当然の帰結として早くから離島振興にも目を向けていた。本書5-3「島と本土の防災地政学」、5-4「しまなみ海道とポスト架橋の地政学」、5-6「島—国土の〈入れ子〉構造と島嶼地政学の課題」は、離島振興協議会の機関誌『しま』に連載されたもので、防災・災害時の避難補給機能、本土架橋に対する離島の対応など、本土と離島の地政学的関係を切り口にそれらの相補的関係の構築や離島振興に関する課題・方向について提起したものである。

地井昭夫の研究、計画、教育・啓蒙活動に一貫して流れていたのは、漁村の人たちや漁村の共同体的社会、漁港や集落の高密度環境、生活スタイルなど、漁村に対する肯定の姿勢であろう。「世界の人口が爆発的に増える二一世紀には、……狭い土地を住みこなす日本の漁村の人々の知恵が学ばれる時期が必ず来ると思います」、「村張りなどという古めかしい組織と技術によって、国ですらできなかった老齢年金を組合独自で可能にしているのです。……組合がむしろ資本主義の後進性を補う役割を果たしている」……。講演や寄稿のまくらで漁村の特徴を説明する場合には二一紀の高密度集住や高齢化社会のモデルとして、漁村社会や漁村空間の魅力を伝え、漁業者や漁村女性、若い計画者にエールを送り続けた。

もう一つ言えば、地井にはモビリティ（のある家族、生活スタイル、社会）に対する憧憬と肯定が強く流れていたと思われる。本書6-2「人類の海への三度目の旅」は、水産団体の機関誌に寄稿したものである。この機関誌は、その号一冊を一人の執筆者にまかせ、紙幅の制約もなかったこともあり、地井はそれまで抱いていた考えを試論として展開したのであろう。浅学な筆者にとっては、途中で?と立ち止まる事も多く正確に解題できないが、流れているモチーフの一つは、狩猟採集型文化の再評価と新しい創造、すなわちモビリティのある生活スタイル・社会の再評価と創造にあると思われる。地井は、本稿を暴論と謙遜しながら「新しい人類学」を構想することになってしまいましたと、自負と意欲を見せている。そして、漁村とモビリティに対する肯定的姿勢に通底する思想は、近代社会の批判とその超克であり、建築を棄てて漁村に飛び込んだ地井に流れる一貫した問題意識であったに違いない。

地井昭夫は漁村の魅力を伝える文章のレトリックや計画のモチーフを一言で伝えるキャッチフレーズ作りの名手であった。発見的方法、逆格差論、モノカルチャーから複合的・相補的産業・社会に、舟住まいの陸上がり、来訪神型空間、ゆるく結びあう社会、しなやかな家族、……本誌の中にもこれらのキーワードを見つける事が出来る。この本の読者、特に学生、若い研究者、漁村の計画に携わる人々が地井の言葉に刺激を受け、漁村へのロマンを感じてくれれば、と思う。

【解説】地井昭夫の仕事＝海村へのオマージュ

重村 力

●地井昭夫との出会い

地井昭夫の原像を心に強く刻むことになった出来事は、一九六六年秋の伊豆大島、吉阪研究室の一週間の調査が終わったあとの元町の船着き場であった。みな仕事が終わったあとの充実感と軽い疲労と解放感にみちて、当時あった江ノ島行きの東海汽船に乗ろうとしていた。入港する船に、スピーカーから都はるみの「あんこ椿は恋の花」の曲が大音声で流れる。「三日遅れの便りを乗せて船が行く行く波浮港」。小さな体に人一倍大きなキスリングザックを背負った地井だけが、乗船者の仲間から船を見送る側に回ったのだ。「どうしてですか」といぶかしがる私に、「あそこ、熱海の沖に初島が見えるだろう。重村君、初島は面白そうだよ、一種の原始共産制の島だったらしいんだよ。次の船で行くんだ」と遠くにうっすらと見える別の島の調査に、もう目を輝かせている。私は早稲田大学の学部二年生、大島での約一週間の調査と作業は、新しい発見と体験に満ちていたのだが、それでも旅館の広間に布団が積み上げられたような大部屋での生活から、ようやく家に帰れるという気持ちになっていた。博士課程二年の院生、地井の探求心と行動力がまぶしく見えた。それがいまも続いている。

●大島計画と発見的方法

吉阪隆正（1917-80）は早稲田大学理工学部建築学科教授、登山家、探検家、国際人、生活学者であり、異色の建築家・都市計画家として、そのゼミ＝吉阪研究室、設計組織＝U研究室から、多くの人材を輩出した。現存する代表作、大学セミナーハウス、アテネフランセ。本文に関係する門下には、地井昭夫、幡谷純一および筆者に加え、戸沼幸市や寺門征男、象設計集団の大竹康一、樋口裕康、富田玲子、平井秀一などがいる。

一九六五年一月一一日から一二日にかけ、伊豆大島元町で大火が起きる。私たちの師、吉阪隆正は一二日のうちにスケッチを描き、翌一三日大島の焼け跡で演説する。「みなさん希望を失ってはいけない。すばらしい街をこれからつくりましょう」と山型住宅によるまちづくりを提案する（偶然だが二〇一一年末、東日本大震災復興に向けて伊東豊雄氏が、釜石市に提案している案はやや大きいが似ている）。一ヶ月後、東京都は区画整理手法を導入することを決定し、吉阪研究室の案はそのままでは実現しないことになった。吉阪研は東京都や大島町と協議を重ね、可能な範囲で区画整理事業にさまざまな提案作業を行った。区画整理という道路と宅地区画しか定義しない制度に対して、建築のイメージや街の細部（ディーテイル）の提案や素材の提案を行い、いくつかの小公共施設の設計とともに実現させていった。代表的なものが斜面地の歩道と建物の取り付き方の工夫や歩車共存道路の提案であり、吉谷神社の参道を市街地の軸とする提案である。そのプロセスで発見的方法が生まれた。というよりは地井によって発議された。

当時吉阪研では大島計画を原寸の都市計画とよんでいた。いま思い返せば七〇年代にオランダのデルフトで始まったとされるボンネルフwoonerfに先立つこと数年、世界初の歩車共存道路の計画であり、いまでいうワークショップ＝住民懇談会を通じたまちづくりでもあり、大島元町環境基本計画という名称で環境を意識し、六〇年代に二一世紀のまちづくりを先取りした、まことに先端的なアーバンデザインであった。当初吉阪が焼け跡で提案した山型住宅や水取山などの計画こそ実現しなかったが、都が震災復興手法として採用した区画整理事業を骨格計画として受け入れつつも、これに肉付けするようにつくられた非常に現実的な事業デザインである。当時撤去されはじめた都電の敷石を敷き詰めた吉谷神社の参道計画などが実現し、三原山斜面に広がる畑の防風林網となっていた椿を街路樹として積極採用し、のちに椿のトンネルを形成することになった。地井がこれらを策定する手法として提案した発見的方法は、あらかじめできあがった都市計画理論やそのモデルやパーツを地域に押しつけるのではなく、地域のもつ潜在的力を引き出し、地域の独自のすがたをつくりつつ都市の課題を解決する漢方療法的な計画方法であった。地井は「吉阪隆正展2004〝頭と手〟」のヴィデオインタビューで次のように言っている。「大島計画は、今和次郎（1888-1973　早稲田大学名誉教授・住居学者・考現学創始者・吉阪隆正の師）などの観察方法に学びながら、島に歴史的に蓄積されてきた知恵や空間をどう現代的に再生させていくのかについて、住民や町役場や東京都と住民懇談会を積み重ねながら、あらゆる立場の人、それこそ共産党から自民党までが話し合ってまちづくりを考えた計画」であり、「発見的方法とは、大島の模索の中から生まれた実践的コンセプトであり、いわば眠っているもの、見捨てられたもの、潜んでいるものの上に覆い被さっているいらないゴミを取っ払うと、地域の中にすばらしい財産があることが発見される」。それをもとに環境を再生してゆくのだと言っている。中でも地井が力を入れた海岸線のプロムナード計画では浜辺にある一様に見えるさまざまな要素を評価しながら、再生して一つのプロムナードに織り込んで行く圧巻の計画デザインであった。墓地や聖水（井戸）や浜の宮のような民俗的事物、客船の船着き場である桟橋、その近くで市の開かれる小広場、漁港、海水浴場、磯、それらが、たまりや流れのあるドラマティックな散歩道で結ばれて一つ一つがさらに生き生きと輝いてくる。近代主義的な方法が消し去ってしまう場所性を顕在化させるという意味でも優れた計画デザインであり、テクスチャーをともなった都市計画であった(3-1, 3-2)。

●下宿

この頃地井は結婚し、長男が生まれ新宿区諏訪町の、戦前から建ち残る絵に描いたような東京風しもた屋の借間に住んでいた。玄関から二階へ階段を上がってすぐの八畳間に住んでいて、奥さんがお産で帰省していた頃、私はよくこの借間に泊まった。時に成瀬弘(現パリ在住建築家)と一緒だったこともある。びっしりと積まれた本の重みで、床の根太が緩んだのか、畳がシュール絵画のようにうねっていた。地井の読書法は、また実に独特で早稲田通りや神田の古本屋で、関心ある領域の書物に端から目を通す、何時間もそうして本を読み、予備知識なしで文章や著者と向き合い、心にふれると財布と相談して買って耽読する。まことに発見的方法である。地井が数時間古本屋で熱中して本を選んだあと、古書店主はまるで往診に来た医師にするように金だらいとタオルを盆にのせて出すという。私など書物を選ぶときはこの著書はどういう出自の人でどのように評価されているかという外形の他者評価をつい先に知ろうとしてしまう。結果として文章にふれる前に、変な予備知識を持ってしまうので素直に著者の書く言葉と真正面から向き合っていない。だが地井は逆で無防備に言葉の世界へ入ってゆく。そうして出会うのである。本当に値打ちのある論稿や記述に出会うとき、この方が遙かに深い出会いと感動がある。人と出会うときもそうで実にどこでも人なつっこく地域の人々と旧知のように話をすることができた。ただ床の間などに何本も塔のように平積みされた書物は本当に雑多であった。

●建築デザインとの訣別

学生時代から地井はよく京都に旅行していた。丹後伊根浦にどう出会ったのか。地井は修士課程の二年、一九六五年一〇月に伊根と出会ったと言い、この美しい漁村のとりこになってしまった。地井は吉阪研究室の院生として研究室に所属するまでは、建築家黒川紀章の設計事務所でバイトをし、黒川にも信頼されていくつかの設計に関わり、黒川経由で海外の建築デザイン事情にも通じていた。六五年から建築学生になる私にもアーキグラムなどのメカニックな建築イメージ、アールド・ヴァン・アイクのシステムのような建築やアントニオ・ゲデスやキースラーなどのオルガニックな建築についてよく熱く語ってくれた。地井の卒業設計六四年は「都市のオルガノン」というはなはだコンセプチュアルなタイトルをつけた作品であったが、造形的にはメカニックでかつポエティックな優れた作品であった

（地井自身バイク乗りで名車を駆っていた。自動車やバイクのエンジンに高校生時代から精通していた）。しかし地井はこの卒業設計を最後に建築のデザインをやめてしまう。世間が高度成長から科学技術至上主義一辺倒に走る中で、私たちは建築家のつくる世界に絶望し、建築家以前につくられてきた人間の生活空間のすばらしさにあこがれた。これも地井が教えてくれた本だが、B・ルドフスキーの『建築家なしの建築』に私たちは熱狂し、パキスタン・ハイデラバードの風の塔が林立する民家群の迫力を語り合ったものだ。

●伊根浦　漁村空間との出会い

地井は以下のように書いている。「そのころ私は一冊の週刊雑誌の一枚の写真に目を釘付けにされることになった。それは以降の私の漁村研究を決定づけた京都府・丹後伊根浦の一枚の写真であったが、取るものもとりあえず伊根に駆けつけた私は、そこで再びそして決定的に〈打ちのめされて〉しまったのである。小さな湾内の波打際に二階建ての舟小屋がところ狭しと並ぶその光景を前に、私は日本にもこんな素晴らしい〈空間・世界〉があったのかという深い感慨にとりつかれ」たと述べている。地井は、伊根浦は「ほとんどオートマティズムの世界」そのものであると述べ、母なる海は土地を媒介として見事な集落景観を生み出し「集落全体がオートマトン（自動機械）といっても良いほどの見事な記憶素子と論理回路を内在させている世界であった。記憶素子とは漁師であり漁家であり、論理回路とはエトス（共同体意志）である」と言う。波打際に舟小屋が美しく並ぶ伊根浦はいまもその景観をとどめている。地井はこの集落の構造を研究しつつ、後年は世界遺産とするべく活動した。

伊根の景観はさまざまな興味の種を持っている。干満の差のない日本海の中央部の若狭湾の西側に突き出た丹後半島の付け根をさらに内側に囲むように形成された伊根浦では舟小屋の内部に海面を引き入れた構成が可能となる。海辺をみなで分かち合うようにつくられた短冊地割は漁村の株制度とも関係し、漁村の共同体のかたちであると地井は説く。舟小屋は屋根の切り妻側を海と裏の道路に向けた妻入りであり、道路のさらに裏にある主屋は軒を道に向けた平入りである。地井は当初からこの謎に取り組む。妻入りだと入り口が突然の落雪や強い降雨から守られている。舟小屋は雪から船を守るためか日本海側に多く、稀に台風常習地の伊豆や志摩などにもある。地井は舟小屋の分布に関する今和次郎の論稿を読んで「こっちが何十年もやってわかりかけたことを今先生は二行で片付けちゃうんだから」と感心する。一般に民家も雪国や多雨地帯では多く入り口を雨や雪から守るために妻入りとなることが多い。引き起こしによる家屋の建て方や梁間方向の材が短かく済むなどの用材の合理性からも説明はつく。だがそれならなぜ平入りもあるのか？　謎はつきない。山陰や近畿北部北陸の舟小屋は妻入りだ。妻入りの民家の町並みは、さらに北へ東北から北海道沿岸までの日本海側に多く残るが、本州の内陸部に入ると越前・加賀・越中の民家や信州の本棟づくりのように梁間の長く奥行きの短い妻入りの民家がある。むしろこの妻入りで短冊型地割をともなう、海辺に多くある妻入り民家や舟小屋は海辺の民の独特の形ではないのかと地井は考えるようになる。

●漁村の構造　伊根浦研究から発展するもの

地井は伊根の短冊地割を調べつつ、もともと舟小屋と主屋の間に隣家へと続くニワの連なりはあっても、いまのように道はなく、交通路は船だったのではないかという推理を「丹後・伊根浦の研究・序　日本の沿岸漁村における集落構造論の試み」として六九年に発表している(1-2)。短冊型地割が海辺を分かち合うように囲み連なるという空間の持つ第一義的な豊かさを深く考察し、そこから道ができ複雑さを持つようになるというのだ。さまざまな地域調査や考察を経て二〇〇四年に京都府教育委員会の調査報告書に「舟小屋と伊根浦集落の海洋地理学的考察」を書いたときには、江戸期・明治期・昭和期の地籍図を比較して、かつてはいまよりも密に家屋が密集していて、主屋が現状の平入りでは成り立たず、当初は間口の狭い妻入りであったことの根拠を明らかにしている。舟と切り妻屋根が湾を取り巻いて並ぶ伊根のかたちを原点に、地井の漁村空間への洞察は、海を分かち合い海から来たものを迎え感謝する、共同体とその信仰からなる意識空間や、複雑に発展する漁村の実体的空間の解明へと一方では進む。他方では、漁家の構造から家船や島の一時的な住まいへと家族の内側にも進む。地井は宮本常一の説にも支えられて、海女のいる漁業が家船の生活を成り立たせ、その集合が集落化して行くすがたを構想する。能登の舳倉島に近い無人島の七ツ島の住居跡で一列型の漁家の平面を発見し、家船の部屋配列と同様であることを確認する。

そこにもう一つ介在するのは、地井独特の家族への視点である。定住型の農民でイメージされる直系複合家族やその家父長的モデルとは大きく異なり、女の存在が大きく、海を渉り家を移動する、海の遊牧民(渉漁民)とも言える漁民の家族像である。渉漁する民のすがたを原型に考え、地井は海辺に住まう家族のおおらかさたくましさを、男と女の分業や協業を通じて説き明かす。夏島冬里の能登舳倉島の男女共漁の海女の家族では、男が舟を操り、女が潜る。男と女は命綱でつながっている。沖縄の糸満の漁民家族では、夫はかならず妻に魚を売り、小遣いを手にする。夫の専属仲買人である妻は市場で高く売り、その差額が家計収入となる。力強く豊かな広がりのある家族像が浮かび上がる。地井は伸縮性と移動性という言葉でこのたくましく優しい漁民家族を論じる。現代都市文化において、定住が相対化し、個々人がネットワーク化した家族とその生活が、再び力を取り戻すことを考える上で、貴重な暗示を含んでいる。

●島戸浦とスージグヮーの街

漁村の実体的空間の発展に関して地井がよくモデルとして扱う漁村集落がいくつかあり、西日本が多い。山口県豊浦郡豊北町にある島戸浦は漁港を中心として発達した空間システムのモデルとして地井がよく引用する集落である。伊根浦が住家と舟小屋が入り江にそって並び初期の集合の完成に近いモデルであり、舟小屋を中心とする漁村空間の一つのシンプルなモデルであるとすると、島戸浦は入り江の中央に漁港(波止)を発達させ、そこを中心として集落形状が成り立っているやや複雑系のもう一つのモデルとして位置づけることができる。漁港から放射状に、社会経済活動に関わる道が延び、環状線上に生活に関わる道が編み込まれる。これら放射状の道の行き止まりには社寺などのシンボル空間がある。地井が着目するのは、漁港から微高地の八幡神社に向かう中央部の幹線軸である。実際に見ると、この海へ向かう八メートル幅の馬場と呼ばれる長く広い共同空間の景観は素晴らしく劇的である。神社から漁港を見通し海への広がりを望む景観は、かつて市の場であったであろう、だから古い魚市場はこの軸の海側に建っていた。流鏑馬の馬が走る馬場でもあり、神輿を練って歩きそのまま海へと神を送る(迎える)祭祀の道でもあった。三〇〇年前の享保年間の地籍図にすでに現状の構造が成立していた。地井は、このような漁村の空間の中心の漁港付近は徹頭徹尾共同空間から成り立っていること、放射状の道はかつて対立することもあった浦方(うらかた)と地方(ぢかた)を結びつける役割を持っており、これらは来訪神型空間を構成していると述べている(1-4)。

地井は一九七二年の沖縄復帰以降、私たち(大竹康一・地井昭夫・重村力・中村誠司ら)とともに、沖縄県北部のまちづくりに関わることになる。後に二〇〇四年頃、地井は琉球大学の清水肇らと、沖縄の海辺の集落のスージグヮーの町の研究をする。スージグヮーとは、「筋っこ(小さいスジ)」と言う意味で沖縄の碁盤状集落の地割で南入りの民家の入り口を結ぶ東西の小街路である。地井が島戸浦で環状の道は生活空間に特化していると描くように、沖縄のスージグヮーは庭先を連ねる住居領域が隣保の共同領域と重なる道であり、瀬戸内では挨拶をして通る道(仁義道)とも同様な道であると述べている。伊根浦の家々を結ぶ庭先の連なる道への関心から発して、一般に高密に形成される漁村集落が、現代の建築基準法の接道条件や区画整理などでできあがる住宅地と異なり、いわば一つのよく発達した大きな集合住宅として成り立っているということを解明し、漁村のすばらしさを明らかにしたいとする地井の強い関心が見えてくる。

●沖縄と逆格差論

一九七二年以降、私たち（地井、大竹、重村、樋口、丸山ら象設計集団を中心とするグループ）は、沖縄県各地の復帰以降の環境整備に関わることになった。沖縄は日米戦の戦場以降二七年間の米軍統治を経て、環境の体系や公共施設が明らかに本土の水準には満たない実態があった。だが私たちは沖縄の強烈な個性を持つ豊かな集落空間と共同性を維持した社会や民衆芸術の発達した地域文化と出会い心を動かされた。通常の方法で都市計画・公共施設計画や各種の国土計画など全国一律的な環境づくりを行うと、これらがみな死んでしまうことになることに気づき、どのように地域性を再評価し、現代の環境整備と両立させるかという方法を模索することになった。それはまさしく大島計画以来の発見的方法第二ラウンドであった。七二年の恩納村基本構想は、私を中心に潜在的資源の評価というアジェンダを提出したが、村全体の合意には至らず、幻の報告書を自費出版するに終わった。

隣の名護市ののちに市長になる企画室の岸本建男から、それならこちらでやってくれとの依頼を受け、地井が加わり逆格差と言う概念を提起した。当時の主流の議論では全国平均に比して沖縄の所得水準はかくも低く、向上させる必要があり、そのために工場や装置型産業や観光産業を大量に誘致する必要があり、その用地として珊瑚礁を埋め立て、大規模に開発しようとするものであった。実際当時各地で大規模な埋め立てが行われ、誘致産業は来ず広大な埋め立て地がいまも各地に残る。名護市の計画では、このような方法ではない、着実な経済建設の道があるはずだ、地域性を活かした環境整備をしようという論理を構築し、実際に経済学者たちとの審議会や市議会で議論をした。逆格差論では、低い所得ではなく、どのような生活が得られているのかを問題とする。衣食住や医療文化などの内容や、その経費を計算すると、むしろ沖縄県北部では所得は低いが、生活は逆に全国平均より豊かではないのかという試算が成り立った。これが逆格差である。ドルと円、フィートやエーカーとメートル法など換算がやっかいであった。持ち家率の高さ、食事の豊かさと健康長寿、衣替えのいらない衣料費の低さなどが幸いし、沖縄は低い収入に比して豊かな生活が得られている。ただ軍政下において公共政策が不在で、医療福祉などを充実する必要があった。このような理解から名護市では地域を着実に段階的に充実してゆく政策をとる方針を決定し、土地利用計画、施設配置、環境整備が行われた。

二〇一二年現在、宜野湾市の普天間基地の名護市の辺野古地区への移転問題が一〇年以上の国家的論争対象となっている。私たちの策定した名護市土地利用計画ではヴェトナム戦争終結後辺野古地区に立地する米軍キャンプ・シュワーブ海兵隊基地は地主へ早期に返還され、文教施設地区になっているはずであった。一九九七年辺野古への米軍ヘリポート移設問題として普天間問題が浮上した時に、地井は朝日新聞に「沖縄振興のもう一つの視点」(3-4)を書き、あらためて逆格差論を主張している。

●災害に対する地井の視点

東日本大震災という巨大な地震と津波災害、数百を超す漁村集落の被災と原子力発電所の炉心溶融による放射能汚染という複合大災害に直面して、この震災の五年前に他界した地井ならどう行動し、どう発言したのだろうかという思いを禁じ得ない。地井の研究の原点になっている六五年の大島計画も災害復興計画であった。八六年の三原山噴火における大島全島民八〇〇〇人の整然とした待避、九三年の奥尻島の津波被災も大いに地井の関心を惹いたが、一九九五年の阪神大震災では、神戸市の被災を漁船や漁港がサポートした事実や、淡路島の漁村集落の被災と復興を論じている。地井は沿岸部に立地する発電所の安全問題や環境破壊にも強い関心を示しており、特に七〇年代には周防灘の大規模埋め立てによる豊前火力発電所建設には、松下竜一・加藤仁美・石丸紀興らとともに署名活動を展開したこともあり、原発のすさまじい環境破壊と汚染物質の農山村や海洋への拡散に地井はどう怒っただろうか。

この間の地井の災害に対する視点を三つに整理してみる。

①——海を含む防災ネットワーク　災害から学べ

陸路が断たれ、被災した都市は一時的に島の状態に置かれる。内陸部でも分散多拠点の国土が望ましい。周囲を海洋に囲まれた日本では、海上からの救援・消火・補給などが有効であり、神戸では消防艇が有効であったし、一〇〇隻を超す漁船が支援した。洋上からの支援体制を常に用意するべきであるという。二〇一一年の東日本大震災では、これが実証された。壊滅した沿岸都市とインフラ体系に対し、洋上の米軍と海上自衛隊、内陸拠点からの陸上自衛隊によって初期の救援活動＝トモダチ作戦などが行われた。地井が言うように洋上・離島を含めた国土の網の目状の防災ネットワークの事前構築が必要であろう。

地井はまた、クラインガルテン(市民農園)やグリーン・ツーリズムなどの都市農村共存は非常時の避難場所・延焼防止帯・食料供給地としても有効なのだと強調する。ドイツのワイツゼッカー元大統領の「戦争の歴史から未来の平和を学べ」という意味の日本講演から「われわれは過去から学べるという教訓を手にしていない」という言葉を地井は引いている。

②——集落空間の持続性

地井は集落や居住地の社会的空間を壊さず、これらの持続性に十分な配慮を行って復興するべきであり、全面的区画整理などの改変手法ではなく小規模な修復と環境整備の積み重ねによる復興を目指すべきことを主張している。漁村のように高密度に居住する集落環境は、延焼の危険などの問題が指摘されることが多いが実際の被災においては、必ずしも高密度であるが故に危険であるとは言えない。

実際に阪神大震災における淡路島旧北淡町室津では、六〇四世帯の内二四七棟の住家が全半壊したが、死者ゼロ火事ゼロであった。各家の住み方を近隣住民が知っていたので、すべて救助することに成功し、続けて消防団はプロパンガスの元栓を閉めて回ったために通電火災や被災後の誘発火災を未然に防ぐことができたと地井は報告している。

室津に隣接する旧北淡町富島地区では、大規模な区画整理事業が行政から提起され、集落を二分する論争が起きた。事業と改変の大きさからこの案の実現には十数年を要した。地井はこの区画整理手法に対し、過大な道路と減歩率が問題であることを指摘して疑問を投げかけた。奥尻島青苗地区が、もともと地井・幡谷純一らが制度設計に協力した漁業集落環境整備事業をここでは適用し、防災集団移転事業と組み合わされ、すみやかに復興したことなどを引いて、柔軟で創造的な制度運用を提案した。最近この富島地区区画整理事業は完成されたが、もともとの集落構造は消え、非常に広い道路網と漁村らしからぬ都市住宅地のような風景が実現し、世帯数は激減するとともに、広すぎる道路はまばらに自動車が駐車する間の抜けた空間となり、コミュニティ空間の特質は損なわれた。

一方で島の反対側にある淡路島旧東浦町仮屋地区では、山崎寿一が報告するように漁業集落環境整備事業と木造住宅密集地区整備事業を合併施行し、従前の集落構造を骨格にしつつ、被災した敷地を対象に小規模な公園・道路整備や、共同住宅の建設、過密居住の解消などの修復的段階改善の事業を行い、集落は生き生きとよみがえっている。

集落の災害復興に際して、集落社会を支えてきた空間の特質を継承しないと本当の復興にならないと言う地井の考えはいまそれを強調する必要がある。

二〇〇五年地井の死の前年に、福岡県西方沖地震が起き、博多湾に浮かぶ玄界島が被災した。建築学会の調査グループ（岡田知子・河野泰治・加藤仁美・後藤隆太郎・重村ら）は、この集落の空間構造と被災後の地盤の安全をも評価した上で、この集落の空間構造を活かした復興を提案したが、ほぼ全面的に集落構造を改変してしまう復興計画が実行された。この計画は住民の合意形成をはかりつつスピーディに行われたことは評価される。だが集落空間は高台に建設された戸建て住宅地区と浜付近から立ち上がった公営集合住宅からなる空間に二分された。私たちが提案した階段室とエレベータを組み合わせたタワーで上下の空間はどうにか結ばれているが、雁木段と呼ばれた徐々に上部に登る縦の階段道と、地井の言うスージグヮーにも似て家々の庭先を横に結ぶヨコミチがあったが、これらは失われた。隣と簡単に行き来ができた昔のコミュニティを住民たちは懐かしんでいる。東日本大震災では、津波に強い集落をつくるために高所移転（高台移転）を進めようとしている。私の作業グループはこのような考え方から、大規模な集落の改変とならないよう、集落の高所に住居を差し込んで、村並を充実してゆくような復興整備をいくつかの地域に提案している。

③――防潮堤万能主義からの脱却

津波問題（防浪計画）に対して地井は一九三三年の昭和三陸津波の後の復興活動について報告している(5-1)。大槌町吉里吉里地区での高所移転が当時の漁協を中心とする産業組合の青年たちが集まって理想漁村建設の運動として行われたこと、被災から四ヶ月で六〇ページの計画書をつくりあげたことを紹介し、コミュニティ主導かつ行政官と技術者・専門家の協働という体制が重要であると言っているが、まさしくいまの三陸で必要なことはこのような内容をもった協働である。地井はまた高い防潮堤（防波堤）をはりめぐらす復興のあり方にも疑問を投げかけている。浜との交通を妨げ、景観を損ね、流入する海水の排水が問題になることを指摘している。これもいままさに東北で論争が起きていることで、他にも海が見えずかえって危険だ、依存して避難しなくなる、水門（閘門）を閉めに行く消防団員が被災する、などなどの問題が指摘されている。地井の考えでは高所移転を原則としつつ、浜には必ず漁業施設があるのだから、津波の予知、警報、避難施設等の社会政策を含めた総合対策こそ必要なのである。

●漁村の復元力

「漁師はなぜ海を向いて住むのか」と言う地井の投げかけたフレーズを頭のどこかにおきながら、昨年3.11以降東北の復興に関わってきた。過去に日本をおそった多くの災害後の復興を調べるにつけ、現在の政治体制の意志決定システムの欠陥による対策の遅さに怒りを禁じ得ない。だが海を望む村々のリーダーたちは実に立派でたくましい人たちである。

五月に釜石の唐丹の漁協組合長の話を聞いた。漁協事務所は小白浜の集落にあり、昭和の津波以降海を見下ろす一〇メートルを超す高台にある。それでも津波が襲い、組合長は屋上から向かいの崖にジャンプして難を逃れた。「津波の翌日から、みな茫然として毎朝だまって海を見てんだ。こいじゃあどうにもなんねと思って、できることをはじめた」。船や網の引き揚げで台船=クレーン船が取り合いになることを予想して、台船を手配した。造船所がいっぱいになる前に、九州と日本海の造船所に船を発注した。水没した事務所内部を修復し、外装を塗り換えることを発注した。感傷に浸っている暇はないと組合員を叱咤し、すばやく引き揚げ作業を開始した。まもなく漁具・漁船引き揚げ・瓦礫撤去の補助金もつき、台船も到着し、当然この漁協管内の引き揚げがもっとも進む。定置網も大規模なものになると、一ヶ統（一張り）一億五千万円もする。そうこうするうちに明るい桜色に塗った漁協の外装が仕上がってきた。組合長も話をしながらいつも窓の外の海に目をやっている。明らかにこの唐丹の浜には活気がある。

『津浪と村』など山口弥一郎の著作には、この漁協のある小白浜に隣接する唐丹本郷のすさまじい被害と復興の歴史が描かれている。一八九六年明治三陸津波で三〇〇戸の内、出漁中の一〇名を除いてわずか四名しか生存しないという被害を受けたが、出稼ぎ者や親族縁者が集まって村を再興した。さらに一九一三（大正二）年山火事で集落が全焼したが再興、一九三三年の昭和三陸津波でも大被害を受け、一一三戸中一〇一戸が被災し、三〇〇名以上が死亡したが、以降に計画的に街区造成し、集団で高所移転した。今回の津波では高所部は無事であったが、昭和の移転以降に二〇メートル以下の低地部に建てられた住宅は被災した。この過程からは集落社会と集落空間を持続するすさまじい復元力のエネルギーを感じる。

今回の数百を超す集落の津波被害からの復興には、地盤の沈下による港湾と周辺設備の壊滅的被害の克服と再建、漁船漁具の不足の解消、減災的集落空間の建設など多くの困難な課題がある。この三陸の海に寄り添って住まう居住様式は、よく発達した資源管理型の沿岸漁業や沖合・遠洋漁業などが広域の地域経済構造と密接に関連しながら形成されて来ており、海産物や加工品を通じて広く日本の文化の基底を支えてきた。漁村を復活しよう、復興しようとする地域からわき上がる強い復元力を多くの人が理解し、支えることが必要である。災禍をもたらす海は、日々豊かな富をもたらす海でもある。地井昭夫の漁村研究の生涯の仕事に学び、これを承け継ぎ、復興に活かすことが求められている。

●謝辞（敬称略）

この本の編集にあたっては、地井家の方々、地井昭夫氏に早稲田大学で卒業論文の指導を受けた十川治江をはじめとする工作舎の方々の多大なご尽力を得ている。神奈川大学重村三笠研究室に所属した多飯田友里、平山悠希、西村翼には原文テキスト化、編集整理などの作業を通じ三年間の長きにわたって協力を得た。同じく成田佑弥、杉崎瑞穂、大貫至紀、武富俊太、倉重翔太、福島透には図版のリファインや再制作等の協力を得ている。ここに名前を掲げて感謝したい。

【地井昭夫・年譜】

●作成＝地井童夢

1940	12月16日	北海道室蘭市で出生。
		日立市にて少年時代。水戸第一高校卒。
1960		早稲田大学建築学科入学。学部時代の教授に、吉阪隆正・今和次郎・今井兼次ら。
		黒川紀章の事務所で働く。マルティン・ブーバーを愛読。
1963		卒業論文「幻想の建築から」
1964		卒業設計「都市のORGANON―現代建築への告別の詩―」。早稲田大学大学院修士課程。
1965	10月	京都府伊根町の舟小屋群調査。
		吉阪研究室の一員として「大島元町復興計画」に参画（〜67）、「発見的方法」。
1966		結婚。
	7月	修士論文「伊豆大島における道を中心とした町構成の研究」。
1967		早稲田大学大学院博士課程。
1969	4月	広島工業大学　工学部　建築学科講師。草葺きの民家生活を実践。
		瀬戸内と中国地方を中心に数多くの農山漁村の調査・研究。
1971		安佐町「農住都市構想」。
1972		「名護市総合計画」、「逆格差論」（〜73）。
1975	10月	博士論文「自律圏としてみた漁業集落の構造性に関する研究（日本の沿岸漁村における集落構造論・序説）」。
1976	3月	工学博士（早稲田大学）。
	4月	広島工業大学　工学部　助教授。
1977	3月	芸術選奨文部大臣新人賞「沖縄県今帰仁村中央公民館の計画及び設計」（象グループ）。
	5月	都市計画学会石川賞受賞「名護市等沖縄北部都市・集落の整備計画」（象グループ）。
	12月	（幡谷らと）漁村計画研究所の設立。
1979		愛車ハーレーダビッドソン取得。
1981	7月	漁業漁村にかかわる分野を横断した研究組織「漁村研究会」を発起人として設立。以後、長く代表幹事。
1982	4月	金沢大学　教育学部　助教授。能登を中心に漁村調査・研究。

1984	3月	作品「瀬戸田町　ベルカント・ホール」基本計画（漁村計画研究所）。
	4月	『吉阪隆正集1　住居の発見』解説。
	7月	輪島市七ツ島（御厨島）の住居跡調査。「舟住まいの陸上がり」確認。
1985	8月	金沢大学　教育学部　教授。
		作品「安佐町農協町民センター」。
1986	2月	共著『新建築学大系18　集落計画』。
	7月	第4回甍賞　金賞（通商産業大臣賞）（安佐町農協町民センター）。
1987	9月	米国マサチューセッツ工科大学大学院で講師として演習指導。
1989	8月	共著『図説　集落　その空間と計画』。
1990		「瀬戸田町長期総合計画　せとうち・せとだ21プラン」（漁村計画研究所）。
1991	4月	広島大学　学校教育学部　教授。
	7月	第3回日仏海洋学シンポジウムに団長として参加。フランス　ベリール島訪問。
1992	3月	共著『世界なぎさシンポジウムから なぎさ　海とともに生きるには』。
1993	3月	広島市安佐北区に山荘「偕林庵」。米作り・実験的生活。
	4月	参議院・農林水産委員会参考人。
1994	4月	日本建築学会　農村計画委員会委員長（～98.3）。
1995		建築学会兵庫県南部地震特別研究委員会委員。被災調査。
1996	4月	農村計画学会理事（～98.3）。
		イタリア　チンクェ・テーレなど調査。
1998	4月	「21世紀の海辺に新しいルーカス（広場）を―海帰人類学の試み」。
1999	9月	共著『中国地方のまち並み――歴史的まち並みから都市デザインまで』。
2000	4月	広島大学　教育学部　教授。
2003		広島市公共事業見直し委員会座長。
2004	4月	広島国際大学　社会環境科学部　教授。広島大学名誉教授。
2005	7月	共著『集住の知恵　美しく住むかたち』。
	12月	共著『吉阪隆正の迷宮』。
2006		伊根町　伝統的建造物群保存地区保存審議会委員。
	6月28日	没。

●著者／解題・解説者　紹介

地井昭夫［CHI-I Akio 1940−2006］
北海道室蘭市生まれの漁村研究者、地域計画家、建築家。早稲田大学理工学部建築学科、大学院修士課程・博士課程に学び、建築家・吉阪隆正（1917-80）に師事。大学院在学中に伊豆大島の元町復興計画を手がけ、「発見的方法」を主唱するとともに、舟小屋で名高い丹後伊根浦の漁村空間に魅せられ、漁村空間・社会の研究を開始。広島工業大学工学部建築学科（69-82）、金沢大学教育学部（82-91）、広島大学学校教育学部・同教育学部（91-2004）、広島国際大学社会環境科学部（04-06）などで建築学や住居学を教える。工学博士（早稲田大学76）・広島大学名誉教授（04）。漁村計画研究所を幡谷純一らと設立し全国の漁村計画を行うとともに、水産関係者や地域計画研究者らと漁村研究会を組織し、漁村の環境改善と生活改善に関する研究と提案を行う。地方都市や農山村の計画にも多くの足跡を残し、国土交通省・農林水産省や自治体の審査員をつとめる。後年はアジア・アメリカ・ヨーロッパとの交流を深め、国際研究を広く行う。日本建築学会農村計画委員長（94-98）、農村計画学会理事（96-98）。所属学会＝日本建築学会、農村計画学会、日本家政学会、日本島嶼学会、地域漁業学会、漁業経済学会。
共著に『建築学大系18　集落計画』（彰国社86）、『図説集落』（都市文化社89）、『集住の知恵――美しく住むかたち』（技報堂出版05）、建築作品に安佐町農協町民センターなど。URL▶http://chi-i.jp/akio/

幡谷純一［HATAYA Jun-ichi 1944−］
水戸市生まれ、岩間農楽会農場代表、元漁村計画研究所代表。博士課程時代の地井に卒業論文の指導を受け、その後、漁村計画研究所や漁村研究会を通して長く、国や地方公共団体の委託調査を中心に地井との共同研究を行う。共著に『日本漁業の構造分析』（農林統計協会91）など。

重村力［SHIGEMURA Tsutomu 1946−］
横浜市生まれ、建築家・地域計画家。神奈川大学教授、いるか設計集団主宰、神戸大学名誉教授、工学博士、アメリカ建築家協会名誉フェロー、日本建築学会副会長（2003-05）。建築作品に脇町立図書館（吉田五十八賞）、弘道小学校（ARCASIA金賞）ほか、共著に『いるか設計集団』（建築ジャーナル12）、『田園で学ぶ地球環境』（技報堂出版09）、『ブルーノ・タウト』（トレヴィル94）ほか。「コミュニティ研究に立脚した災害復興の研究」で建築学会論文賞受賞（12）。

漁師はなぜ、海を向いて住むのか？——漁村・集住・海廊

発行日——二〇一二年六月二八日第一刷　二〇一二年一二月三日第二刷
著者——地井昭夫
編集——重村力＋幡谷純一＋地井童夢＋三笠友洋
出版協力——地井絹代＋地井昭夫遺稿集刊行会
エディトリアル・デザイン——宮城安総＋小倉佐知子
印刷・製本——株式会社精興社
発行者——十川治江
発行——工作舎　editorial corporation for human becoming
〒169-0072　東京都新宿区大久保2-4-12　新宿ラムダックスビル12F
phone：03-5155-8940　fax：03-5155-8941
URL：http://www.kousakusha.co.jp　e-mail：saturn@kousakusha.co.jp
ISBN978-4-87502-446-0

【地井昭夫遺稿集刊行会会員】（五十音順）

阿部暢夫・有村桂子・粟野善治・池田順・石丸紀興・伊藤靖・岩田英来・内田文雄・遠藤精一・岡田知子・岸健太・小林志朗・近藤真司・齊木崇人・齊藤祐子・坂井淳・重村力・椙山健治・象設計集団台湾事務所・象設計集団東京事務所・種市俊也・寺門征男・富田宏・富田玲子・中根淳・長野章・中村茂樹・難波祐介・幡谷純一・濱田甚三郎・樋口裕康・町山一郎・松永巖・松波龍一・丸山欣也・森行世・山崎寿一・吉田佐柄子・吉村雅夫・渡邊章亙